JN329440

多変数の微分積分学

一松 信

現代数学社

はしがき

　本書は「理系への数学」2006年5月号から翌年4月号まで1年間連載した講座「多変数の微積分」を編集整理補筆して単行本化したものです．

　単行本化にあたり当初は準備として1変数の微積分に関する要約を書き加えることも考えました．しかしそれが多量になることと，その方面のよい教科書が多数あるのでこれは取りやめました．ただし後述の第2部にその一部分があります．

　上記の講座を第1部　多変数の微分積分学講義　として各回（章に相当）を講とよびました．順序を微分法6講積分法6講にまとめかえることも考えましたが，結局もとのままにしました．この部分はなるべく原形を残し，誤植の訂正，引用の修正，予告文の削除など最小限の整理に留めました．果たしてこの形で大学初年級の半年の講義に使用できるかどうか，経験がないので何ともいえません．ただ私なりに工夫したつもりなので活用を計って下されば幸いです．

　しかし，各講に精粗の差があり，さらにそれ以前に同じ雑誌に「数学夜話」「院への解析学周遊」として掲載した記事の中にその補充となる内容がいくつかありましたので，それらを第2部　関連事項補充としてつけ加えました．当初は付録とするつもりでしたが分量が多いので第2部とし，各章を話とよびました．

　第2部にさらに次の2種類の記事を加えました．その一つは連載の折に紙数の関係で割愛せざるをえなかった話題の補充で，いわば書き下ろしの増補です．他はずっと以前に同じ出版社から刊行した拙著

偏微分と極値問題　1971

からその一部の補充です．実はこの本の改訂新版の打診も受けたのですが，本書と重複する部分が多いので，これはお断りしました．しかし本書第1部に含まれず，今でも意味があると思った内容をいくつか追加しました．

具体的には第2部第8話と第9話の一部（クーン・タッカーの定理）がそれに該当します．旧著ではさらに極値問題の具体例として変分法と線型計画法を論じました．しかしこれらは本書の趣旨からは異質であり，またそれぞれの分野に良書が多数ありますので，線型計画法と双対問題の簡単な一例を取り上げるだけに留め，それ以上本書に再録するのを見合わせました．

第2部は各章(話)ばらばらに近い話題の羅列であり，必ずしも同じ番号の第1部の各講と対応していません．第5, 7, 11話は連載中にはみ出した内容補充の書き下ろしであり，他の大半は院への解析学周遊（第4話のみ数学夜話）に掲載した記事の加筆です．必要な箇所を関連する第1部の該当箇所に示しましたので，必要に応じて参照ないし補充する形でご利用下さい．

というわけで教科書としてはまとまりが悪い本です．しかし第1部を学習しつつ必要に応じて第2部から補充して頂く形をとれば，かえって柔軟にいろいろの場面に広く利用できることを期待いたします．筆者としては第1部の最初の5講が，1変数の微分積分学に続く多変数の微分積分学の最低必須内容であり，続く7講（特に第9講，第10講）ができるだけ学習してほしい話題と理解しております．

本書には特に演習問題をつけませんでしたので，学習書として不満が多いと思います．しかし本文中や第2部の例題などで読者に解答をまかせるとした課題が，演習問題として活用できると思います．そのいくつかは付録に略解をつけました．

本書全体の方針は，連載講座の折に第1回の冒頭に記した「はじめに」を，若干修正してはしがきの次に収録しましたので御参照下さい．

この原稿は4年前にまとめましたが，種々の事情で出版が遅れました．そこで付録として若干の補充と，本文の例題の略解をつける形の増補をしました．連載記事および単行本化に当って終始お世話になった現代数学社の方々に感謝の詞を述べます．

2011年6月　著者しるす

はじめに

　はしがきに述べた通り，本書はなるべく実用向きに多変数（主に2変数）の微分積分学を扱います．既に多くの名著があり，ことさら異をたてるつもりはありませんが，全体として次の方針を心掛けます．

$1°$　1変数の微分積分学の一通りの知識は既知と仮定する．準備的な内容の長広舌を避け，不可欠な予備知識は「現地調達」の方針で，できるだけ「読み切り」を目指す．相互の引照には十分注意を払う．

$2°$　基礎理論を軽視せず，普通の教科書に詳しく記述されていない部分も積極的に解説するなどに努めた．しかし理論の細部に深入りしない．

$3°$　1変数の結果の「形式的拡張」ではなく「内容の実質的拡張」を心掛ける．多変数の1個の関数だけでなく，複数の関数の組すなわちベクトル値関数や微分方程式をも積極的に扱う．

$4°$　理論を体系的に扱うとすれば，微分法6講・積分法6講とそれぞれまとめるのがよい．しかしそれでは重要事項が後回しになるなどの難があるので，偏微分の基礎，重積分の基礎，陰関数関連，線積分・面積分という形で各3講ずつ，微分法と積分法を交互に論ずるようにまとめた．

$5°$　いわゆる "postmodern analysis" には留意するが，それに従うことはしない．一例としてフレシェ微分など演算子関連の発展的題材は取り上げなかった．

$6°$　証明のあらすじだけを述べた場合は略証とした．多くの場合熱心な読者なら証明を補充できると思う．

$7°$　第2部は本文（第1部）と若干重複があるが，適宜相互参照や演習問題の補充に活用してほしい．

目次

はしがき .... *i*

はじめに .... *iii*

第1部　多変数の微分積分学講義 *1*

第1講　偏微分の形式的扱い *2*
1.1　多変数の関数 *2*
1.2　一様微分可能性 *4*
1.3　2変数関数の一様微分可能性 *5*
1.4　ベクトル値関数に関する量 *8*
1.5　微分法の連鎖律 *10*

第2講　接平面・極値問題 *13*
2.1　3次元空間のベクトル *13*
2.2　接平面 *15*
2.3　変数変換・ヤコビ行列 *18*
2.4　極値問題の例 *21*

第3講　高階偏導関数 *24*
3.1　高階偏導関数 *24*
3.2　偏微分の順序交換定理 *25*
3.3　2次式による近似 *30*
3.4　テイラー展開 *34*

第4講　累次積分 *36*
4.1　体積の計算をふりかえる *36*

iv

	4.2	区分求積再考と順序交換定理 ·············	*38*
	4.3	体積の計算例 ····························	*41*
	4.4	直交座標と極座標の変数変換 ·············	*44*
第 5 講	重積分 ·······································	*48*
	5.1	ジョルダン零集合 ························	*48*
	5.2	重積分の概念 ····························	*49*
	5.3	重積分の直接計算例 ······················	*52*
	5.4	重積分と累次積分 ························	*54*
	5.5	積分と微分の順序交換 ····················	*56*
第 6 講	重積分の変数変換 ·······························	*60*
	6.1	変数変換定理の意味 ······················	*60*
	6.2	変換定理の実例 ··························	*62*
	6.3	変換定理の証明 (1) サードの定理 ·········	*65*
	6.4	変換定理の証明 (2) 像の面積 ·············	*67*
	6.5	変換定理の証明 (3) 定理 6.1 の証明 ······	*69*
第 7 講	陰関数 ·······································	*71*
	7.1	陰関数の微分公式 ························	*71*
	7.2	陰関数定理 ·······························	*73*
	7.3	2 曲面の交線 ·····························	*75*
	7.4	陰関数の具体的構成 (1) 逐次反復 ·········	*78*
	7.5	陰関数の具体的構成 (2) $\phi[f]$ の性質の検証 ·····	*80*
第 8 講	逆写像・関数関係 ·······························	*83*
	8.1	多変数の逆写像 ··························	*83*
	8.2	関数関係 (1) 必要条件 ·····················	*86*
	8.3	関数関係 (2) 十分条件 ·····················	*88*
	8.4	関数間の一次従属性 ······················	*90*

第 9 講　条件付き極値問題 ……………………………………… *94*

- 9.1　条件付き極値問題 …………………………………………… *94*
- 9.2　ラグランジュ乗数の意味 …………………………………… *95*
- 9.3　定理 9.1 の停留点は鞍点である …………………………… *99*
- 9.4　不等式制約条件下の極値問題 ……………………………… *100*
- 9.5　罰金法について ……………………………………………… *103*

第 10 講　線積分 …………………………………………………… *106*

- 10.1　線積分の定義 ………………………………………………… *106*
- 10.2　線積分の性質と例 …………………………………………… *108*
- 10.3　グリーンの定理 ……………………………………………… *110*
- 10.4　グリーンの定理の応用 ……………………………………… *113*
- 10.5　曲線 C で囲まれる面積 …………………………………… *116*

第 11 講　面積分 …………………………………………………… *119*

- 11.1　曲面積 ………………………………………………………… *119*
- 11.2　曲面積分 ……………………………………………………… *121*
- 11.3　ガウスの定理とその応用 …………………………………… *122*
- 11.4　ストークスの定理 …………………………………………… *126*
- 11.5　ベクトル・ポテンシャル …………………………………… *128*

第 12 講　全微分方程式 …………………………………………… *130*

- 12.1　全微分方程式とは …………………………………………… *130*
- 12.2　2 変数の全微分方程式 ……………………………………… *131*
- 12.3　3 変数単独の全微分方程式 ………………………………… *133*
- 12.4　3 変数の連立全微分方程式 ………………………………… *135*
- 12.5　ヤコビの最終乗式 …………………………………………… *136*
- 12.6　常微分方程式への応用例 …………………………………… *139*
- 12.7　むすびの言 …………………………………………………… *141*

第 2 部　関連事項補充　………………………………………… *143*

第 1 話　一様微分可能性について　………………………………… *144*
1.1　一様微分可能性の意味　……………………………………… *144*
1.2　接平面の定義について　……………………………………… *145*

第 2 話　微分法の平均値定理　……………………………………… *147*
2.1　微分学の基本定理　…………………………………………… *147*
2.2　微分法の平均値定理　………………………………………… *150*
2.3　2 変数への拡張　……………………………………………… *152*

第 3 話　最大最小問題補充　………………………………………… *156*
3.1　1 変数の最大最小問題　……………………………………… *156*
3.2　多変数の場合 ——鞍点に注意　……………………………… *159*
3.3　一つの幾何学的極値問題　…………………………………… *161*
3.4　ふたたび鞍点に注意　………………………………………… *163*
3.5　曲線上の最近点　……………………………………………… *166*
3.6　ある極値問題と不等式　……………………………………… *167*

第 4 話　包絡線の実例　……………………………………………… *172*
4.1　包絡線とは　…………………………………………………… *172*
4.2　放物線になる例　……………………………………………… *173*
4.3　2 直線にまたがる線分　……………………………………… *174*
4.4　2 次曲線になる例　…………………………………………… *177*
4.5　シムソン線の包絡線　………………………………………… *179*

第 5 話　多変数のベキ級数　………………………………………… *182*
5.1　2 変数のベキ級数（付優極限）　……………………………… *182*
5.2　関連収束半径　………………………………………………… *183*

第 6 話　積分の応用例補充　………………………………………… *186*

vii

6.1	面積の例	*186*
6.2	体積の例	*188*
6.3	連続分布の統計量	*192*

第 7 話　多変数の変格微分 … *194*

7.1	全平面で正値関数の積分	*194*
7.2	絶対収束する変格積分	*196*
7.3	条件収束する例	*198*

第 8 話　凸関数と不等式 … *201*

8.1	凸関数の基本的性質	*201*
8.2	凸関数の応用と拡張	*204*
8.3	不等式への応用	*205*
8.4	陰関数の描画について	*208*

第 9 話　条件付き極値問題補充 … *212*

9.1	ラグランジュ乗数の意味（続き）	*212*
9.2	潜在価格が負になる例	*213*
9.3	不等式制約条件の例（続き）	*217*
9.4	クーン・タッカーの定理について	*221*

第 10 話　曲線の長さと曲線で囲まれる面積 … *225*

10.1	曲線の長さ	*225*
10.2	曲線の長さの例	*226*
10.3	閉曲線で囲まれる図形の面積	*229*
10.4	4次曲線で囲まれる面積	*232*
10.5	ルーレット曲線に関する一般的な定理	*233*

第 11 話　調和関数の基本性質 … *238*

11.1	調和関数の例	*238*
11.2	調和関数の性質	*239*

第 12 話　曲面積 ·· *243*
　12.1　曲面積の定義 ·· *243*
　12.2　曲面積の基本公式 ·· *244*
　12.3　曲面積の実例 ·· *246*
　12.4　球面三角形の面積 ·· *250*
　12.5　高次元超球面の表面積 ···································· *252*

付録　解説補充と例題の略解 ······································ *256*

参考文献 ·· *266*

索引 ·· *267*

第1部

多変数の微分積分学講義

第 1 講　偏微分の形式的扱い
第 2 講　接平面・極値問題
第 3 講　高階偏導関数
第 4 講　累次積分
第 5 講　重積分
第 6 講　重積分の変数変換
第 7 講　陰関数
第 8 講　逆写像・関数関係
第 9 講　条件付き極値問題
第 10 講　線積分
第 11 講　面積分
第 12 講　全微分方程式

第1講 偏微分の形式的扱い

1.1 多変数の関数

実用上の多くの関数は，複数の独立変数 $x_1, \cdots, x_n$ のおのおのの値に対して値（以下原則として**実数値**）が定まる多変数の関数 $f(x_1, \cdots, x_n)$ です．3辺の長さがそれぞれ x, y, z の直方体の体積が $x \times y \times z$ と表されるのが簡単な一例です．ただし本書では主として2変数 x, y（一部3変数 x, y, z）の関数を考えます．

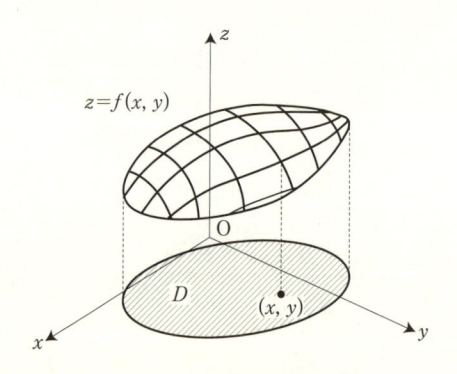

図 1.1　2 変数関数のグラフ

2変数の関数 $f(x, y)$ は，(x, y) を座標平面の点として，その定義域 D における値を高さ z とすれば，$z = f(x, y)$ の形でそのグラフが3次元空間内の曲面として表現できます（図1.1）．ときには $z = c$（定数）である**等高線**を平面上に描いて表現することもあります（図1.2）．3変数の関数 $f(x, y, z)$ のグラフは図1.1と同様には表現できませんが，(x, y, z) を3次元座標空間の点とし，**等高面**

$f(x, y, z) = c$ で表すことが可能です．これらにならって n 個の変数 $x_1, \cdots, x_n$ の組を「n 次元空間の点」ともよびますが，これは単にそういう名前だと思ってください．

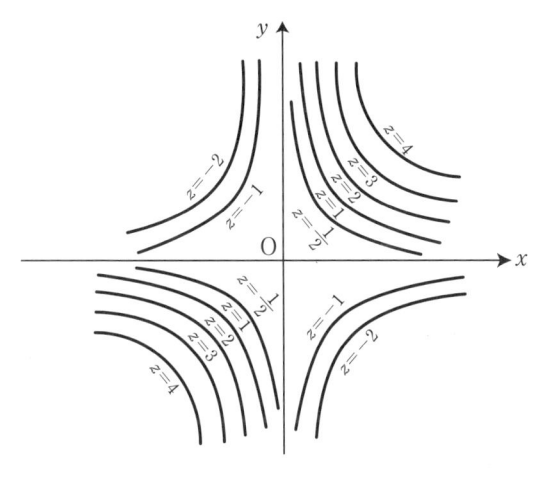

図 1.2　$z = xy$ の等高線

複素数 $z = x + iy$ の関数 $f(z)$ も，複素数 z を実部 x と虚部 y の組と考えれば，2 変数 x, y の関数 $\tilde{f}(x, y)$ と見なすことができます．$f(z)$ の値が複素数なら，実部 u と虚部 v に分けて，2 個の 2 変数の関数を併せた $u(x, y) + iv(x, y)$ とみなすことができます．複素数関数は本書の直接の対象外ですが，形式的に視野に入れます．

うるさいことをいうと，同じ 2 変数の関数といっても，平面上の点を座標 (x, y) で表した場合と，時間変数 t と 1 次元の空間変数 x との関数 $f(t, x)$ を扱う場合とでは微妙に差があります．数学の理論は「抽象化」されていて，その種の意味の差を超えて適用できる「汎用性」がありますが，偏微分方程式を論じる場合には，その性格の差に注意しなければならない場面も生じます．

多変数の関数の極限値や**連続性**については，独立変数の組 $(x_1, \cdots, x_n)$ の近づき方に応じて微妙な例が豊富ですが，それらは必要な箇所で個々に注意することにします．

第1部

多変数の微分積分学講義

1.2 一様微分可能性

微分の概念は特定の点の付近での関数の挙動を対象とした「局所的」な考えです．しかし近年ではそれを大域的性質と結ぶために，次のような進め方があります．

定義 1.1 1変数の関数 $f(x)$ が区間 $a \leq x \leq b$ において**一様に微分可能**とは，$\{a \leq x \leq b, a \leq u \leq b\}$ で定義された2変数 x, u の連続関数 $F(x;u)$ が存在してつねに

$$f(x) - f(u) = (x-u)F(x;u) \tag{1}$$

が成立することである．このとき対角線 $x = u$ 上の値 $F(x;x)$（1変数の x の関数）を f の**導関数**（derivative）といって $f'(x)$ とか $\dfrac{df}{dx}$ と表す． □

$F(x;u)$ 自体には特別な名がありませんが，名前がないと不便です．ここでは $x \neq u$ なら

$$F(x;u) = \frac{f(x) - f(u)}{x - u} \tag{2}$$

と表されるので，19世紀に差分法の理論で使われた**差分商**（divided difference）という語を F に対して使うことにします．

定理 1.1 $f(x)$ が一様に微分可能であることは，通常の意味で C^1 級，すなわち各点 x で

$$f'(x) = \lim_{h \to 0} \frac{f(x+h) - f(x)}{h} \tag{3}$$

が存在し，$f'(x)$ が連続なことと同値である．

略証 定義 1.1 の意味で一様微分可能ならば，

$$F(x;x) = \lim_{u \to x} \frac{f(u) - f(x)}{u - x} = (3) \text{の意味の } f'(x)$$

第 1 講
偏微分の形式的扱い

であって，$f'(x)$ が連続である．逆に C^1 級なら差分商を，$x \neq u$ なら

$$F(x;u) = \frac{1}{x-u}\int_u^x f'(t)dt \ ; \ F(x;x) = f'(x)$$

とおけば，F は x, u について連続で (1) を満たす． □

さらに詳しくは第 2 部第 1 話 1.1 節を参照ください．
「ビブンのことはビブンでせよ」とか，微分法の定理の証明に積分を使うのは違法だなどと文句をいわないほうがよいと思います．
この形で微分法の諸公式が証明できますが，以下ではそれを 2 変数の形で論じます．

1.3　2 変数関数の一様微分可能性

定義 1.1 を 2 変数の場合に拡張するとすれば，次のようになるでしょう．

定義 1.2　2 変数関数 $f(x, y)$ が定義域 D （例えば区間 $\{a \leq x \leq b, c \leq y \leq d\}$）で**一様に微分可能**とは，$(x, y) \in D, (u, v) \in D$ で定義された 4 変数の連続関数 $P(x, y;u, v), Q(x, y;u, v)$ （**偏差分商**とよぶ）が存在して，つねに

$$\begin{aligned}&f(x, y) - f(u, v) \\ &= (x-u)P(x, y;u, v) + (y-v)Q(x, y;u, v)\end{aligned} \tag{4}$$

が成立することである． □

一様に微分可能な関数はもちろん D で**連続**です．

例 1.1　$f(x, y) = x^2 - y^2$ なら，$P(x, y;u, v) = x + u, Q(x, y;u, v) = -(y+v)$ とおけばよい．
$f(x, y) = xy$ なら，$P(x, y;u, v) = v, Q(x, y;u, v) = x$ とおけばよい．
ただし後者では $P(x, y;u, v) = y, Q(x, y;u, v) = u$ としても成立します．対称性を重んじて

5

$$P(x, y; u, v) = \frac{1}{2}(y+v), \quad Q(x, y; u, v) = \frac{1}{2}(x+u) \tag{5}$$

とおくほうがよいかもしれません．

このように偏差分商は一通りに定まらない欠点があります．ただ多くの場合，(5)のようにすなわち

$$\left.\begin{array}{l} P(x, y; u, v) = \dfrac{1}{2(x-u)}[f(x, y) - f(x, v) + f(u, y) - f(u, v)] \quad (x \neq u) \\ Q(x, y; u, v) = \dfrac{1}{2(y-v)}[f(x, y) - f(u, y) + f(x, v) - f(u, v)] \quad (y \neq v) \end{array}\right\} \tag{6}$$

の形に採るのが標準的です．

定理 1.2 (4)において，偏差分商そのものは一意的ではないが，「対角線」上の値

$$\left.\begin{array}{l} P(x, y; x, y) = f_x(x, y) = \dfrac{\partial f}{\partial x}(x, y) \\ Q(x, y; x, y) = f_y(x, y) = \dfrac{\partial f}{\partial y}(x, y) \end{array}\right\} \tag{7}$$

は一通りに定まる．それらを(7)のように記して，f の（それぞれ x, y に関する）**偏導関数**(partial derivative)とよぶ．

証明 (4)で $y = v$ と置けば，x だけの関数 $g(x) = f(x, y)$ (y は定数とする)は $P(x, y; u, y)$ を差分商として一様に微分可能であり，$P(x, y; x, y) = g'(x)$ ($g(x)$ の導関数)として一通りに定まる．$Q(x, y; x, y)$ も同様である． □

偏導関数を求める操作を，f を (x, y) について**偏微分**するとよびます．偏微分する操作を微分演算子として ∂_x, ∂_y と記し $f_x = \partial_x f, f_y = \partial_y f$ と表すこともあります．偏微分の計算自身は，例えば x についてなら，y を定数とみなして変数 x について微分する計算をすればよいので，形式上では特別な問題はありません．

いいかえれば点 (a, b) で**偏微分可能**とは，次の極限値が存在することです．

$$\left.\begin{array}{l}\dfrac{\partial f}{\partial x}(a,\ b) = \lim_{h\to 0}\dfrac{f(a+h,\ b)-f(a,\ b)}{h} \\ \dfrac{\partial f}{\partial y}(a,\ b) = \lim_{k\to 0}\dfrac{f(a,\ b+k)-f(a,\ b)}{k}\end{array}\right\} \tag{8}$$

例 1.2 $f(x,\ y) = \sqrt{x^2+y^2}$ なら,

$$\dfrac{\partial f}{\partial x} = \dfrac{x}{\sqrt{x^2+y^2}},\ \dfrac{\partial f}{\partial y} = \dfrac{y}{\sqrt{x^2+y^2}}.$$

ただしこの関数は原点 $(0,\ 0)$ が「特異点」であり,その近傍では一様に微分可能ではありません.

定理 1.1 と平行して次の事実に注意します.

定理 1.3 $f(x,\ y)$ が 2 変数 $x,\ y$ の区間 $D = \{a \leq x \leq b,\ c \leq y \leq d\}$ で一様に微分可能なことは,通常の意味で C^1 級 (偏微分可能で偏導関数 $f_x,\ f_y$ が D で連続) なことと同値である.

略証 一様に微分可能なら,$f_x(x,y) = P\{x,y;x,y\}$ は D で連続である.逆に C^1 級なら,式 (6) と対応するように

$$P(x,\ y;u,\ v)$$
$$= \dfrac{1}{2(x-u)}\int_u^x [f_x(t,\ y)+f_x(t,\ v)]dt\quad (x \neq u),$$
$$P(x,\ y;x,\ v) = \dfrac{1}{2}[f_x(x,\ y)+f_x(x,\ v)],$$
$$Q(x,\ y;u,\ v)$$
$$= \dfrac{1}{2(y-v)}\int_v^y [f_y(x,\ s)+f_y(u,\ s)]ds\quad (y \neq v),$$
$$Q(x,\ y;u,\ y) = \dfrac{1}{2}[f_y(x,\ y)+f_y(u,\ y)] \tag{9}$$

とおけば,D で連続であって等式 (4) を満たす.以下偏差分商は (9) の形を標準形とする. □

第1部

多変数の微分積分学講義

> **注意**
> 記号 ∂ はラウンド（丸い）・ディーとか，パーシャル・ディーとよばれます．この記号は案外新しく，広く使われるようになったのは 19 世紀末頃からです．$f_x(x, y)$ などは便利な略記号ですが，何を定数とみなして x で微分したのかが明記されていないので，座標変換したときなどそれを正しく判断する「読解力」が要請されます．

一様微分可能な関数は一定点 (x_0, y_0) のまわりで

$$f(x, y) = f(x_0, y_0) + (x - x_0) f_x(x_0, y_0) + (y - y_0) f_y(x_0, y_0) + \varepsilon \tag{10}$$

ここに剰余項

$$\varepsilon = (x - x_0)[P(x, y; x_0, y_0) - P(x_0, y_0; x_0, y_0)]$$
$$+ (y - y_0)[Q(x, y; x_0, y_0) - Q(x_0, y_0; x_0, y_0)]$$

は $\lim_{(x, y) \to (x_0, y_0)} \varepsilon \div (|x - x_0| + |y - y_0|) = 0$ を満たす，

という性質をもちます．(10) が成立するとき $f(x, y)$ は点 (x_0, y_0) で**全微分可能**(totally differentiable) といいます．

1.4 ベクトル値関数に関する量

関数 $f(x, y)$ の偏導関数 $p = \dfrac{\partial f}{\partial x}, q = \dfrac{\partial f}{\partial y}$ を両方同時に扱うときには，それらをまとめて 2 次元ベクトル (p, q) と考えるのが有用です．f からこのように作られるベクトル値関数を f の**勾配**（こうばい）**ベクトル**といって $\mathrm{grad} f$ あるいは ∇f で表します．これは等高線 $f = c$（の接線）と直交します（図 1.3）．偏微分係数は厳密にはベクトルの成分であって，通常の数（スカラー）ではありません．

8

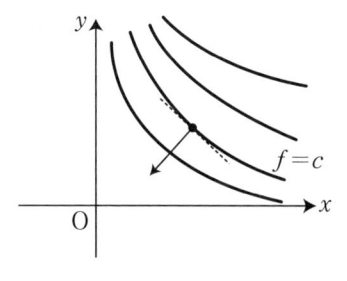

図1.3 勾配ベクトル

ここで grad は gradient（傾き）の略記号で，グラディエント，あるいはグラッドと読みます．記号 ∇ は**ナブラ**が正式の名です．昔の本に delta の逆読みで atled（アトレッド）ともいうとありましたが，これは誰かの悪ふざけ（？）だったらしく，正式には使わないほうがよいでしょう．——双曲線の片方を又曲線とよぶといった類のシャレです．

ベクトル値関数 (p, q) が $\mathrm{grad} f$ と表されるための条件は，第3講に論じる2階偏微分の順序交換定理により

$$\frac{\partial p}{\partial y} = \frac{\partial q}{\partial x} \tag{11}$$

です．このとき f は付加定数（積分定数）を除いて定まり，(p, q) の**ポテンシャル**とよばれます．その具体的な計算法や大域的な多価性の問題については，第10講以降で線積分の応用として論じます．ポテンシャルは1変数の場合の不定積分（原始関数）に相当する概念です．

複素変換 $z = x + iy$ の複素数値関数

$$f(z) = u(x, y) + iv(x, y)$$

が複素1変数 z の関数として一様に微分可能ならば

$$f(z) - f(\zeta) = (z - \zeta)F(z; \zeta) \quad (\zeta = \xi + i\eta)$$

です．差分商を実部と虚部に $P + iQ$ とに分けると

$$\left. \begin{array}{l} u(x, y) - u(\xi, \eta) = (x - \xi)P(z; \zeta) - (y - \eta)Q(z; \zeta) \\ v(x, y) - v(\xi, \eta) = (x - \xi)Q(z; \zeta) + (y - \eta)P(z; \zeta) \end{array} \right\}$$

となります．これから u, v の偏導関数の間に

$$\frac{\partial u}{\partial x} = \frac{\partial v}{\partial y} = P(z;z), \quad \frac{\partial v}{\partial x} = -\frac{\partial u}{\partial y} = Q(z;z) \tag{12}$$

という関係のあることがわかります．(12) は複素変数の微分可能関数 $f = u + iv$ の実部 u と虚部 v の間の成立しなければ基本的な関係式で，**コーシー・リーマンの関係式**とよばれます．

1.5　微分法の連鎖律

日本ではこれまで余り使われなかった用語ですが，合成関数の微分法の公式 $\left(\frac{dz}{dx} = \frac{dz}{dy} \cdot \frac{dy}{dx}\ \text{など}\right)$ を**連鎖律**（chain rule）とよぶのが英米での標準です．偏微分の連鎖律を順次考えます．

定理 1.4　関数 $x = \xi(t), y = \eta(t)$ がともに $a \leqq t \leqq b$ で一様に微分可能であり，値域がそれぞれ $\alpha \leqq x \leqq \beta, \gamma \leqq y \leqq \delta$ に含まれるとする．$f(x, y)$ が $\alpha \leqq x \leqq \beta, \gamma \leqq y \leqq \delta$ において一様に微分可能ならば，合成関数

$$g(t) = f(\xi(t), \eta(t))$$

は $a \leqq t \leqq b$ で一様に微分可能であり，**連鎖律**

$$g'(t) = f_x(\xi(t), \eta(t)) \cdot \xi'(t) + f_y(\xi(t), \eta(t)) \cdot \eta'(t) \tag{13}$$

が成立する．(13) の右辺は $\mathrm{grad} f$ と微分したベクトル $(\xi'(t), \eta'(t))$ との内積と考えてもよい．

証明　ξ, η に対する差分商をそれぞれ $X(t;s), Y(t;s)$ とする．t に関する別の値 s に対して $u = \xi(s), v = \eta(s)$ とおくと，それらの定義から

$$\begin{aligned}
g(t) - g(s) &= f(x, y) - f(u, v) \\
&= (x-u)P(x, y; u, v) + (y-v)Q(x, y; u, v) \\
&= (t-s)[X(x;u)P(x, y; u, v) + Y(y;v)Q(x, y; u, v)]
\end{aligned} \tag{14}$$

である．(14) の右辺の [ ] 内は t, s の関数として連続である．これは $g(t)$ が一様に微分可能なことを表す．特にこれから g の導関数は $t = s, x = u, y = v$ とした

$$g'(t) = \xi'(t) f_x(\xi(t), \eta(t)) + \eta'(t) f_y(\xi(t), \eta(t))$$

と表される．これは (13) に他ならない． □

系 x, y が z, w の一様に微分可能な関数 $x = \xi(z, w)$，$y = \eta(z, w)$ で表され，(ξ, η) の値域で $f(x, y)$ が一様に微分可能ならば，合成関数 $g(z, w) = f(\xi(z, w), \eta(z, w))$ は z, w について一様に微分可能で，偏導関数について連鎖律

$$\frac{\partial g}{\partial z} = \frac{\partial f}{\partial x} \cdot \frac{\partial x}{\partial z} + \frac{\partial f}{\partial y} \cdot \frac{\partial y}{\partial z}, \quad \frac{\partial g}{\partial w} = \frac{\partial f}{\partial x} \cdot \frac{\partial x}{\partial w} + \frac{\partial f}{\partial y} \cdot \frac{\partial y}{\partial w} \tag{15}$$

が成立する (証明は上記と同様)．

θ を定めて $x = x_0 + t\cos\theta$，$y = y_0 + t\sin\theta$ とし，t の関数 $g(t) = f(x_0 + t\cos\theta, y_0 + t\sin\theta)$ の $t = 0$ での微分係数 $g'(0)$ を θ 方向の**方向微分**とよびます．その値は $f_x(x_0, y_0)\cos\theta + f_y(x_0, y_0)\sin\theta$ です．

例 1.4 直交座標 (x, y) を極座標 (r, θ) に直し，関数 $f(x, y)$ を $g(r, \theta)$ に変換すると，$x = r\cos\theta$，$y = r\sin\theta$ から

$$\left.\begin{aligned}\frac{\partial g}{\partial r} &= \frac{\partial}{\partial r} f(r\cos\theta, r\sin\theta) = \frac{\partial f}{\partial x}\cos\theta + \frac{\partial f}{\partial y}\sin\theta \\ \frac{\partial g}{\partial \theta} &= \frac{\partial}{\partial \theta} f(r\cos\theta, r\sin\theta) = -\frac{\partial f}{\partial x}r\sin\theta + \frac{\partial f}{\partial y}r\cos\theta\end{aligned}\right\} \tag{16}$$

また逆関数は $r = \sqrt{x^2 + y^2}$，$\theta = \arctan(y/x)$ から

$$\left.\begin{aligned}\frac{\partial f}{\partial x} &= \frac{\partial}{\partial x} g\left(\sqrt{x^2+y^2}, \arctan\frac{y}{x}\right) = \frac{\partial g}{\partial r}\frac{x}{r} - \frac{\partial g}{\partial \theta}\frac{y}{r} \\ \frac{\partial f}{\partial y} &= \frac{\partial}{\partial y} g\left(\sqrt{x^2+y^2}, \arctan\frac{y}{x}\right) = \frac{\partial g}{\partial r}\frac{y}{r} + \frac{\partial g}{\partial \theta}\frac{x}{r}\end{aligned}\right\} \tag{17}$$

となります．(16) と (17) とは形式的には $\left(\dfrac{\partial f}{\partial x}, \dfrac{\partial f}{\partial y}\right)$ と $\left(\dfrac{\partial g}{\partial r}, \dfrac{\partial g}{\partial \theta}\right)$ が互いに逆

な一次変換であることを表します．ただし $r=\sqrt{x^2+y^2}$ は $(0, 0)$ の近傍で一様に微分可能でないことに注意します．

定理 1.5　$z=f(x, y)$ が $(x, y)\in D$ で一様に微分可能で，f の値域を含む区間で $\varphi(z)$ が一様に微分可能ならば，合成関数 $g(x, y)=\varphi(f(x, y))$ も D で一様に微分可能であり，偏導関数は次のように表される．

$$\frac{\partial g}{\partial x}=\varphi'(f(x, y))\frac{\partial f}{\partial x}, \quad \frac{\partial g}{\partial y}=\varphi'(f(x, y))\frac{\partial f}{\partial y} \tag{18}$$

略証　$\varphi(z)$ の差分商を $\Phi(z; w)$ とおくと，(4) と併せて

$$\begin{aligned}g(x, y)-g(u, v)&=\varphi(f(x, y))-\varphi(f(u, v))\\&=[f(x, y)-f(u, v)]\Phi(z; w) \quad (z=f(x, y), w=f(u, v))\\&=(x-u)\Phi(z; w)P(x, y; u, v)+(y-v)\Phi(z; w)Q(x, y; u, v)\end{aligned}$$

で条件を満たす．偏導関数は $\Phi(z, z)=\varphi'(f(x, y))$ と (7) に注意する．　　□

いずれにせよ微分法の連鎖律は，形式的には

$$\frac{\partial \widetilde{f}}{\partial y_i}=\sum_{k=1}^{n}\frac{\partial f}{\partial x_k}\cdot\frac{\partial x_k}{\partial y_j} \tag{19}$$

の形にまとめられます．そう記憶するとよいでしょう．上述の進め方の利点は，$x-u$, $y-v$ などで割った項がないので，たまたま中間に関数値が一致する場合が生じても，分母が 0 になるときの「例外処置」が不要なことです．

高階導関数の連鎖律は大変に複雑です．一般公式を求めるよりも個別に計算することにします．

第2講 接平面・極値問題

2.1 3次元空間のベクトル

数学教育の現状を鑑みると，空間の座標など3次元座標幾何の補充も必要ですが，最小限に留めます．

3次元座標空間で3次元のベクトル a は3成分 (a_1, a_2, a_3) の組として扱うことができます．他のベクトル $b = (b_1, b_2, b_3)$ との内積 $a \cdot b$ は $a_1b_1 + a_2b_2 + a_3b_3$ で与えられる量（スカラー）です．3次元ベクトルについては，このほかに

$$a \times b = (a_2b_3 - a_3b_2,\ a_3b_1 - a_1b_3,\ a_1b_2 - a_2b_1) \tag{1}$$

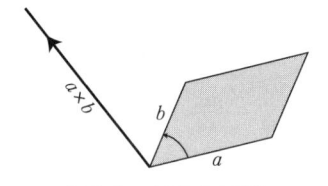

図2.1 ベクトルの外積

で与えられる**外積**（**ベクトル積**ともいう）が定義できます．図形的な意味は a, b の作る平面に垂直で，大きさが a, b のなす平行四辺形の面積 $|a| \cdot |b| \sin \theta$（$\theta$ は a, b のなす角）に等しく，向きは $\{a, b, a \times b\}$ がこの順に右手系をなすベクトルです．a, b が一次従属なら外積は 0 です．外積は積の順序が問題で反交換法則

$$a \times b = -b \times a,\ a \times a = 0$$

を満たします．「結合法則」は成立しません．ただし**三重積**（第3のベクトル $c = (c_1, c_2, c_3)$ と併せて）については

第1部

多変数の微分積分学講義

$$c \cdot (a \times b) = a \cdot (b \times c) = b \cdot (c \times a) = \begin{vmatrix} a_1 & a_2 & a_3 \\ b_1 & b_2 & b_3 \\ c_1 & c_2 & c_3 \end{vmatrix} \tag{2}$$

（右辺は3次の行列式）

を満足し，この値は3本のベクトル a, b, c のなす平行六面体の（符号つきの）体積を表します．

3変数の一様に微分可能な関数 $\varphi(x, y, z)$ があるとき，その偏導関数を成分とするベクトル $\left(\dfrac{\partial \varphi}{\partial x}, \dfrac{\partial \varphi}{\partial y}, \dfrac{\partial \varphi}{\partial z}\right)$ を $\nabla \varphi$ あるいは $\operatorname{grad} \varphi$ と記してポテンシャル φ の**勾配ベクトル**とよびます（第1講で述べた2変数の場合と同様）．特に一様に微分可能な2変数の関数 $f(x, y)$ のグラフ $S: z = f(x, y)$ に対して，$z - f(x, y)$ の勾配ベクトル $\boldsymbol{n}: \left(-\dfrac{\partial f}{\partial x}, -\dfrac{\partial f}{\partial y}, 1\right)$ を曲面 S の**法線ベクトル**（normal vector）といいます．英語の normal には法線という意味以外に正規，標準的という意味もあります．注意して読み分けてください．

ベクトル $\boldsymbol{u} = (u, v, w)$ の成分が (x, y, z) の一様に微分可能な関数のときには，その「微分」としての次の量が定義されます．

発散量（divergence）

$$\dfrac{\partial u}{\partial x} + \dfrac{\partial v}{\partial y} + \dfrac{\partial w}{\partial z} \quad (\text{スカラー}) \tag{3}$$

回転量（rotation, curl）

$$\left(\dfrac{\partial v}{\partial z} - \dfrac{\partial w}{\partial y}, \dfrac{\partial w}{\partial x} - \dfrac{\partial u}{\partial z}, \dfrac{\partial u}{\partial y} - \dfrac{\partial v}{\partial x}\right) \quad (\text{ベクトル}) \tag{4}$$

$\nabla = \left(\dfrac{\partial}{\partial x}, \dfrac{\partial}{\partial y}, \dfrac{\partial}{\partial z}\right)$ を形式的にベクトル型の微分演算子と考えますと，発散量は内積 $\nabla \cdot \boldsymbol{u}$，回転量（ベクトル）は外積 $\nabla \times \boldsymbol{u}$ に相当します（そう表すこともあります）．

日本語（漢語）では動作とそれに関連する量との区別があいまいなので，ここでは発散とよばず，特に「量」という語をつけ加えました．

ベクトル関数 $\boldsymbol{v}$ が，ある $\boldsymbol{u}$ に対して $\boldsymbol{v} = \operatorname{rot} \boldsymbol{u}$ と表されるとき，$\boldsymbol{u}$ を $\boldsymbol{v}$ の**ベクトル・ポテンシャル**とよびます．そうなるための条件は $\operatorname{div} \boldsymbol{v} = 0$ です．ただし

ベクトル・ポテンシャル u には $+\operatorname{grad} f$ の自由度があるので，見掛け上いろいろな解ができます．

例 2.1 $v=(y+z,\ z+x,\ x+y)$ は $\operatorname{div} v=0$ を満たします．そのベクトル・ポテンシャルの一例は $(x(y-z),\ y(z-x),\ z(x-y))$ です．$(xy+yz-zx,\ yz+zx-xy,\ zx+xy-yz)$ もそうですが，これは前の解に $\operatorname{grad}(xyz)$ を加えた組です（具体的な計算法は第 11 講 11.5 節参照）．

$\operatorname{rot} v = 0$ であるベクトル関数 v を**渦**（うず）**なし**，$\operatorname{div} v = 0$ であるベクトル関数を**泉**（いずみ）**なし**あるいは**湧き出しなし**とも呼びます．これらは曲面積分を扱う折に（第 11 講で）必要になります．

> **注意** 数学の抽象的理論では問題にしませんが，物理学などへの応用上では，3 次元ベクトルについて**極性ベクトル**（polar vector）と**軸性ベクトル**（axial vector）の区別が重要です．この区別は座標を裏返えす変換：$(x, y, z) \to (-x, -y, -z)$ をしたときに，成分の符号が変わるものが極性ベクトル，不変なものが軸性ベクトルです．前者はベクトルに添う「縦方向」に意味があるベクトルで，位置ベクトル，移動ベクトル，速度ベクトルなどがその例です．後者はベクトルに直交する「横方向」の平面に重要性があるベクトルで，回転を表すベクトルや外積，$\operatorname{rot} v$ が例です．勾配ベクトルは極性ベクトルです．しかし法線ベクトルは関数値が増加する方向に向きを採る習慣があります．それに従うと座標を裏返したときには向きが逆になるので，軸性ベクトルと考えられます．

数学の理論上ではベクトルの成分を読み替えるだけで相互に移ることができますが，電磁気学などに応用する場合には，この区別に留意する必要があります．

2.2 接平面

平面曲線 $y = f(x)$ 上の 1 点 $\mathrm{P}_0(x_0,\ y_0 = f(x_0))$ での接線 l は P_0 に近い点

PとP₀を結んだ直線の，P → P₀ とした極限として定義できます．しかし曲面 $z = f(x, y)$ 上の定点 $P_0(x_0, y_0, z_0 = f(x_0, y_0))$ での**接平面**を，P_0 に近い2点 P_1, P_2 をとって3点 P_0, P_1, P_2 を通る平面の $P_1, P_2 \to P_0$ とした極限としては不都合が生じます（第2部第1話，1.2節参照）．

例2.2 円柱面 $z = \sqrt{1-x^2}$ の原点上の点 $P_0(0,0,1)$ での接平面は $z = 1$ です．しかし点 P_1, P_2 を $(\pm a, b, \sqrt{1-a^2})$ (a, b は0に近い) ととり，3点 P_0, P_1, P_2 を通る平面 $\Pi(a, b)$ を作ると，その方程式は

$$z - 1 = -\frac{1}{b}(1 - \sqrt{1-a^2})y \tag{5}$$

です．$a, b \to 0$ のとき，その近づけ方によって，(5) の係数 $-\frac{1}{b}(1 - \sqrt{1-a^2})$ は必ずしも0に近づきません．例えば $a = b \to 0$ とすれば0に近づきますが，$b = a^2 \to 0$ とすれば $\frac{1}{2}$ に近づいて $\Pi(a, b)$ の極限は傾いた平面 $y + 2z = 2$ になります．$b = a^3 \to 0$ とすれば，極限の面は接平面と垂直な $y = 0$ になります．

このような奇妙な現象が生じるのは，$b = a^2$ や $b = a^3$ とすると，△$P_0P_1P_2$ が極端にひしゃげた三角形になるからです．一般的に点 P_i ($i = 0, 1, 2$) の座標を (x_i, y_i, z_i) とするとき，$P_0P_1P_2$ を通る平面 Π の方程式は

$$z - z_0 = A(x - x_0) + B(y - y_0),$$
$$A = \begin{vmatrix} z_1 - z_0 & y_1 - y_0 \\ z_2 - z_0 & y_2 - y_0 \end{vmatrix} \div \Delta,$$
$$B = \begin{vmatrix} x_1 - x_0 & z_1 - z_0 \\ x_2 - x_0 & z_2 - z_0 \end{vmatrix} \div \Delta, \; \Delta = \begin{vmatrix} x_1 - x_0 & y_1 - y_0 \\ x_2 - x_0 & y_2 - y_0 \end{vmatrix}$$

と表されます．f が一様に微分可能（全微分可能でよい）ならば

$$z_i - z_0 = p(x_i - x_0) + q(y_i - y_0) + \varepsilon_i \quad (i = 1, 2)$$
$$p = \frac{\partial f(x_0, y_0)}{\partial x}, \; q = \frac{\partial f(x_0, y_0)}{\partial y} \quad (\varepsilon_i \text{ は誤差項}) \tag{6}$$

$$A = p + [\varepsilon_1(y_2 - y_0) - \varepsilon_2(y_1 - y_0)]/\Delta,$$
$$B = q + [\varepsilon_2(x_1 - x_0) - \varepsilon_1(x_2 - x_0)]/\Delta \tag{7}$$

第 2 講
接平面・極値問題

と表すことができます．しかし Δ が $\sqrt{(x_1-x_0)^2+(y_1-y_0)^2} \times \sqrt{(x_2-x_0)^2+(y_2-y_0)^2}$ よりも急速に 0 に近づけば，(7) の末尾の剰余項は必ずしも 0 に近づきません．実際に例 2.2 はそのような例です．(7) の剰余項が 0 に近づくには，例えば $P_0P_1 \times P_0P_2 \div \Delta$ が**有界**といった条件が必要です．それは第 2 部 第 1 話 1.2 節で述べるとおり，△$P_0P_1P_2$ が**正則**である（その内角がすべてある正の定数 α に対して α と $180°-\alpha$ の間にある）ように限定することです．そう限れば Π は，p, q を (6) で定義して，期待される方程式の平面

$$z - z_0 = p(x-x_0) + q(y-y_0) \tag{8}$$

に近づきます．実用上では直接に (8) を**接平面と定義する**か，または法線ベクトルを先に作ってそれと直交する平面を接平面と考えたほうが簡潔です．

定理 2.1　関数 $z = f(x, y)$ が点 $Q_0(x_0, y_0)$ の近傍で一様に微分可能とする．f のグラフ $S: z = f(x, y)$ 上で Q_0 およびそれに近い点 Q に対応する点を P_0, P とする．このときベクトル $\overrightarrow{P_0P}$ を単位長に標準化したベクトルは，$Q \to Q_0$ とした極限において，P_0 での法線ベクトル $\boldsymbol{n}$ と直交する．

略証　$\boldsymbol{t}$ は $(x-x_0, y-y_0, f(x, y)-f(x_0, y_0))$ をその大きさで割った形で表され，法線ベクトル $\boldsymbol{n} : \left(-\dfrac{\partial f}{\partial x}(x_0, y_0), -\dfrac{\partial f}{\partial y}(x_0, y_0), 1\right)$ との内積は

$$\begin{aligned}
&f(x, y) - f(x_0, y_0) - \frac{\partial f}{\partial x}(x_0, y_0)(x-x_0) - \frac{\partial f}{\partial y}(x_0, y_0)(y-y_0) \\
&= (x-x_0)[U(x_0, y_0; x, y) - U(x_0, y_0; x_0, y_0)] \\
&\quad + (y-y_0)[V(x_0, y_0; x, y) - V(x_0, y_0; x_0, y_0)]
\end{aligned} \tag{9}$$

(U, V は第 1 講で述べた偏差分商だが記号を変えた）を $\boldsymbol{t}$ の大きさ $\geqq (|x-x_0|+|y-y_0|)$ の定数倍で割った量である．$|x-x_0|, |y-y_0| \leqq |x-x_0|+|y-y_0|$ であり，U, V は連続関数で $(x, y) \to (x_0, y_0)$ のとき (9) の右辺の [ ] 内は 0 に近づくので，内積は 0 に近づく．　□

17

したがって，接平面はこのようにしてできるベクトル t の極限ベクトル全体が生成する平面といってもよいでしょう．接平面は関数 $z = f(x, y)$ を (8) の右辺の 1 次式で近似した表現と考えることもできます．

関数のグラフ $S: z = f(x, y)$ の接平面は必ずしも曲面 S と接点だけを共有するとは限らず，また S が接平面の一方側にあるとも限りません．このこともしばしば初学者が違和感をもつ材料です．

例 2.3 $S: z = x^2 - y^2$ の原点での接平面は $z = 0$ ですが，これは S と $x + y = 0$，$x - y = 0$（$z = 0$ 上）の 2 本の直線を共有します（図 2.2）．S のうち $|x| > |y|$ の部分がその上側（$z > 0$），$|x| < |y|$ の部分がその下側（$z < 0$）にあります．S が接平面と接点 P だけを共有してその一方側にあるとき点 P を**楕円型**，上の例のように 2 本の曲線を共有するとき**双曲型**とよんで区別することもあります．

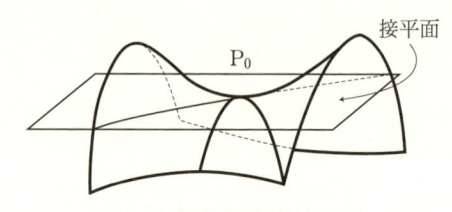

図 2.2 双曲型の曲面の接平面

2.3 変数変換．ヤコビ行列

D で定義された 2 個の一様に微分可能な 2 変数関数の組

$$u = f(x, y), \quad v = g(x, y) \tag{10}$$

は D から (u, v) 平面の値域 E への**写像**と考えられます．これをベクトル化した形で表すと，微分式により

$$\begin{bmatrix} du \\ dv \end{bmatrix} = \begin{bmatrix} \frac{\partial f}{\partial x} & \frac{\partial f}{\partial y} \\ \frac{\partial g}{\partial x} & \frac{\partial g}{\partial y} \end{bmatrix} \begin{bmatrix} dx \\ dy \end{bmatrix} = \begin{bmatrix} u_x & u_y \\ v_x & v_y \end{bmatrix} \begin{bmatrix} dx \\ dy \end{bmatrix} \tag{11}$$

となります．これは変換の「無限小変移」に相当する形です．(11) の右辺の 2 次 (n 変数なら n 次) 正方行列を**ヤコビ行列** (関数行列とも) とよび，しばしば $\left[\dfrac{\partial(u, v)}{\partial(x, y)}\right]$ と略記します．その行列式を**ヤコビアン**とよびます．これは注目している一点 (x_0, y_0) において写像 (10) に最も「接近」している一次変換を表す行列と解釈できます．第 6 講，第 8 講で解説しますが，ヤコビ行列は重積分の変数変換や f と g との関数関係を論ずる折に重要な役を果たします．

(x, y) 平面から (u, v) 平面に変換し，さらに (u, v) 平面から (ξ, η) 平面への変換を合成しますと，(x, y) 平面から (ξ, η) 平面への合成変換のヤコビ行列は，偏微分の連鎖律により

$$\frac{\partial \xi}{\partial x} = \frac{\partial \xi}{\partial u} \cdot \frac{\partial u}{\partial x} + \frac{\partial \xi}{\partial v} \cdot \frac{\partial v}{\partial x},$$

$$\frac{\partial \eta}{\partial y} = \frac{\partial \eta}{\partial u} \cdot \frac{\partial u}{\partial y} + \frac{\partial \eta}{\partial v} \cdot \frac{\partial v}{\partial y}$$

などと表されます．これらをまとめて行列の積の形で

$$\frac{\partial(\xi, \eta)}{\partial(x, y)} = \frac{\partial(\xi, \eta)}{\partial(u, v)} \cdot \frac{\partial(u, v)}{\partial(x, y)} \tag{12}$$

と表すことができます (行列の積の定義を復習)．特に (10) が 1 対 1 で，E から D への逆写像ができれば

$$\frac{\partial(u, v)}{\partial(x, y)} \cdot \frac{\partial(x, y)}{\partial(u, v)} = I \text{ (単位行列)}$$

です (逆写像の微分可能性も証明できます)．

平面の座標変換も一種の写像とみることができます．

例 2.4 平面の極座標 (r, θ) を直交座標 (x, y) に変換すると，変換は

$$x = r\cos\theta,\ y = r\sin\theta \tag{13}$$

であり，

$$\frac{\partial(x, y)}{\partial(r, \theta)} = \begin{bmatrix} \cos\theta & -r\sin\theta \\ \sin\theta & r\cos\theta \end{bmatrix},\ 行列式 = r \tag{14}$$

となります.その逆変換

$$r = \sqrt{x^2+y^2}, \quad \theta = \arctan(y/x)$$

は $r=0$ で一様に微分可能でなく，θ の多価性も生じます．しかし右半平面 $(x>0)$ で原点の近傍を除けば

$$\frac{\partial(r,\theta)}{\partial(x,y)} = \begin{bmatrix} x/r & y/r \\ -y/r^2 & x/r^2 \end{bmatrix}, \text{ 行列式} = \frac{1}{r}$$

です．これは (14) の逆行列になっています．

例 2.5　3 次元空間の極座標．球座標ともいいます．

3 次元の直交座標 (x, y, z) に対して，点 P の原点からの距離 (**動径**) r，正の z 軸からの角 (**天頂角**) $\angle z\mathrm{OP} = \theta$，P の x, y 平面への正射影点 Q の正の x 軸からの角 (**方位角**) $\angle x\mathrm{OQ} = \phi$ によって P の座標を表します．変換は

$$x = r\sin\theta\cdot\cos\phi,\ y = r\sin\theta\cdot\sin\phi,\ z = r\cos\theta \tag{15}$$

であり，ヤコビ行列は次のとおりです．

$$\frac{\partial(x,y,z)}{\partial(r,\theta,\phi)} = \begin{bmatrix} \sin\theta\cos\phi & \sin\theta\sin\phi & \cos\theta \\ r\cos\theta\cos\phi & r\cos\theta\sin\phi & -r\sin\theta \\ -r\sin\theta\sin\phi & r\sin\theta\cos\phi & 0 \end{bmatrix},$$

行列式は $r^2\sin\theta$

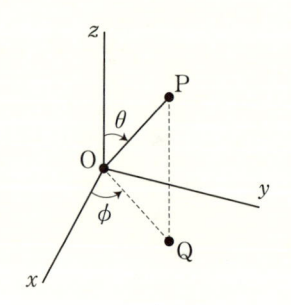

図 2.3　空間の極座標

(15) の逆変換は

$$r = \sqrt{x^2+y^2+z^2}, \; \theta = \arctan(\sqrt{x^2+y^2}/z),$$
$$\phi = \arctan(y/x)$$

と表されますが，$r=0$ で一様に微分可能でないことや，逆正接関数の値のとり方に注意を要します．

変換した座標での偏微分は連鎖律によってもとの座標での偏微分から換算できます．それらの公式は必要な折に求めますが，計算好きな読者の演習問題とします．

2.4 極値問題の例

関数 $z=f(x,y)$ が D で一様に微分可能とします．D 内で

$$\frac{\partial f}{\partial x}(x_0, y_0) = \frac{\partial f}{\partial y}(x_0, y_0) = 0 \tag{16}$$

を満足する点 (x_0, y_0) を**停留点**とよびます．D の内部で f の値が最大あるいは最小になる点は停留点です．ただし停留点の中には極値でない点も含まれます．特に双曲型の面では，ある方向に動くと値が大きくなり，他の方向に動くと値が小さくなる**鞍点**(あんてん)になります(図 2.2)．したがって (16) の解は単に**極値の候補**にすぎず，さらに吟味を要します．

多変数の極値問題で偏微分が有効な実例は意外と少ないようです．但し第 9 講で扱う条件つき極値問題のラグランジュ乗数法は有用です．多少の無理をして以下の問題を扱うことにします．例 2.6 は偏微分を使わず加法定理による変形だけで解くことができます(読者の演習問題，なお付録参照)．

例 2.6 平面三角形の 3 内角を x, y, z とするとき，積 $\cos x \cdot \cos y \cdot \cos z$ の最大値を求めよ．

解 直角三角形では 0，鈍角三角形では負なので，鋭角三角形だけを考えればよい．$z = \pi - (x+y)$，$\cos z = -\cos(x+y)$ として，$\{0 < x < \pi/2,\; 0 < y < \pi/2,$

$x+y > \pi/2$ で考える．

$$f(x, y) = -\cos x \cdot \cos y \cdot \cos(x+y)$$

とおくと，

$$\frac{\partial f}{\partial x} = \cos y \cdot [\sin x \cdot \cos(x+y) + \cos x \cdot \sin(x+y)]$$
$$= \cos y \cdot \sin(2x+y)$$
$$\frac{\partial f}{\partial y} = \cos x \cdot [\sin y \cdot \cos(x+y) + \cos y \cdot \sin(x+y)]$$
$$= \cos x \cdot \sin(x+2y)$$

だから D 内の停留点は

$$\sin(2x+y) = 0, \ \sin(x+2y) = 0$$

すなわち $2x+y = \pi, \ x+2y = \pi, \ x = y = \pi/3 \ (60°)$

を満たす場合だけである．これは**正三角形**の場合で $f(x, y) = 1/8$ である．これが実際に最大値であることを確かめることができる． □

例 2.7 幅 l の細長い長方形のトタン板がある．これを中心線に対して対称な2本の線に沿って対称に折り曲げ，切り口が等脚台形である樋（とい）を作る（図2.4）．この樋を流れる流量，すなわち樋の断面積を最大にするには，どの位置で何度の角に折り曲げればよいか？

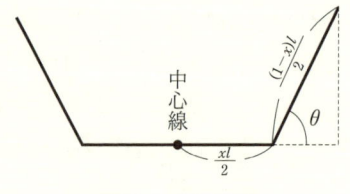

図2.4 樋の問題

解 中心線から $lx/2 \ (0<x<1)$ の位置で外角が θ（ラジアン，$0<\theta<\pi/2$）になるように折り曲げる．等脚台形の側辺の長さは $l(1-x)/2$ である．高さはこの $\sin\theta$ 倍であり，等脚台形の面積は

$$\frac{l(1-x)}{2}\sin\theta \times \frac{1}{2}(lx+lx+l(1-x)\cos\theta)$$
$$=\frac{l^2}{4}(1-x)\sin\theta[2x+(1-x)\cos\theta]$$

である．定数係数 $l^2/4$ を除いて $f(x,\theta)$ とおくと

$$\frac{\partial f}{\partial x} = 2(1-2x)\sin\theta - 2(1-x)\sin\theta\cdot\cos\theta \tag{18}$$

$$\frac{\partial f}{\partial \theta} = 2x(1-x)\cos\theta + (1-x)^2(\cos^2\theta - \sin^2\theta) \tag{19}$$

これらを 0 とおく．$\sin\theta > 0$ から，$\cos\theta = \dfrac{1-2x}{1-x}$．これを (19) に代入し $-\sin^2\theta = \cos^2\theta - 1$ と置き換えると

$$2x(1-2x) + 2(1-2x)^2 - (1-x)^2 = 0$$

これを展開整理すると

$$3x^2 - 4x + 1 = (3x-1)(x-1) = 0$$

となる．$x<1$ だから $x=\dfrac{1}{3}$, $\cos\theta=\dfrac{1}{2}$, $\theta=\dfrac{\pi}{3}$ (60°) が唯一の停留点である．このとき樋の断面は正六角形の半分であり，実際に最大値 $(\sqrt{3}\,l^2/12)$ を与える．
□

$\theta=$ 直角としたときには $x=\dfrac{1}{2}$ で折り曲げたときが最大で，断面積は $l^2/8$ になりますが，$\sqrt{3}\,l^2/12$ のほうが 15％ ほど大きいことに注意します．この問題も θ を止めて最大値を与える x を求め，次に θ を動かしてそれを最大にする，という形で解くことが可能です（付録参照）．

さらに他の例を第 2 部第 3 話に補充しました．また偏微分の他の応用例として包絡線を第 2 部第 4 話で扱います．

第3講 高階偏導関数

3.1 高階偏導関数

関数 $z = f(x, y)$ の偏導関数 $f_x(x, y), f_y(x, y)$ がさらに微分可能ならば，それらの導関数として2階偏導関数

$$\left.\begin{array}{l} f_{xx} = \dfrac{\partial}{\partial x}\left(\dfrac{\partial f}{\partial x}\right) = \dfrac{\partial^2 f}{\partial x^2}, \quad f_{yy} = \dfrac{\partial}{\partial y}\left(\dfrac{\partial f}{\partial y}\right) = \dfrac{\partial^2 f}{\partial y^2} \\[2mm] f_{xy} = \dfrac{\partial}{\partial y}\left(\dfrac{\partial f}{\partial x}\right) = \dfrac{\partial^2 f}{\partial y\, \partial x}, \, f_{yx} = \dfrac{\partial}{\partial x}\left(\dfrac{\partial f}{\partial y}\right) = \dfrac{\partial^2 f}{\partial x\, \partial y} \end{array}\right\} \quad (1)$$

が定義されます．(1) の各式の最右辺はそういう記号を使うという意味です．微分する変数が x, y と相異なるものを含むとき**混合型**（mixed type）ということもあります．いささかまぎらわしいのですが，f_{xy} のときは添え字の**左側の変数**から，$\dfrac{\partial^2 f}{\partial y\, \partial x}$ では**右側の変数から**演算するのが慣例です．さらに高階の偏導関数も同様に定義されます．

例 3.1 $f(x, y) = x^4 - 4xy^2 + y^3$ では

$$f_x = 4x^3 - 4y^2, \quad f_y = 3y^2 - 8xy,$$
$$f_{xx} = 12x^2, \quad f_{yy} = 6y - 8x,$$
$$f_{xy} = -8y, \quad f_{yx} = -8y$$

です．ここで $f_{xy} = f_{yx}$ であるのは偶然でなく，次節で述べる順序交換定理によって，両者が連続なら一致します．したがって高階偏導関数でも，それらが連続なら，偏微分する順序によらず，単に（n 変数の場合）x_1 で r_1 回，x_2 で r_2 回，

…, x_n で r_n 回偏微分した $m\,(=r_1+\cdots+r_n)$ 階混合型偏導関数 $\dfrac{\partial^m f}{\partial x_1^{r_1}\cdots\partial x_n^{r_n}}$ として扱うことができます．このとき可能な m 階偏導関数の総数が $_{m+n-1}\mathrm{C}_n$ であることは重複組合せと同じ考え方で証明できます．

$f(x,y)$ の m 階偏導関数がすべて連続なとき，f は $\mathbf{C}^m$ **級**に属すといいます．特に f が C^2 級のとき

$$\Delta f = (\partial_x)^2 f + (\partial_y)^2 f = \frac{\partial^2 f}{\partial x^2} + \frac{\partial^2 f}{\partial y^2} \tag{2}$$

を f の**ラプラシアン**（ラプラス演算子）といい，$\Delta f = 0$ を満たす $f(x,y)$ を**調和関数**とよびます．複素変数の C^2 級の複素数値関数 $u(x+iy)+iv(x+iy)$ の実部 u と虚部 v は，コーシー・リーマンの関係式（第 1 講参照）により，x, y の関数として調和関数です．3 変数 $f(x,y,z)$ ならばラプラシアンは

$$\Delta f = \frac{\partial^2 f}{\partial x^2} + \frac{\partial^2 f}{\partial y^2} + \frac{\partial^2 f}{\partial z^2} = \mathrm{div}(\mathrm{grad} f) \tag{2'}$$

となります．これらは後に面積分などで活用します（第 2 部 第 11 話参照）．

3.2 偏微分の順序交換定理

2 階混合型偏導関数の**順序交換定理** $f_{xy} = f_{yx}$ は，偏微分の理論の基本定理の一つです．

定理 3.1 $f(x,y)$ が (a,b) を含む範囲で一様に微分可能とする．さらに導関数 $f_x(x,y)$ が y について，$f_y(x,y)$ が x について，ともに (a,b) において偏微分可能とする．(a,b) を一頂点とする長方形（図 3.1）での**平均変化率**にあたる

$$\begin{aligned}&\frac{f(x,y)-f(x,b)-f(a,y)+f(a,b)}{(x-a)(y-b)}\\&= F(x,y;a,b)\end{aligned} \tag{3}$$

について，2 変数 $(x,y)\to(a,b)$ とした極限値 $D(a,b)$ が存在すれば，$f_{xy}(a,b)$

25

も $f_{yx}(a, b)$ も $D(a, b)$ に等しい．

略証 2 変数 $(x, y) \to (a, b)$ としたとき (3) の極限値が存在すれば，次の 2 個の累次極限値はいずれも $D(a, b)$ に等しい．

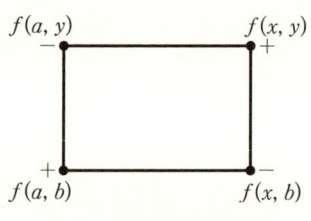

```
           f(a, y)          f(x, y)
              −────────────────+

              │                │
              │                │
              │                │
              +────────────────−
           f(a, b)          f(x, b)
```

図 3.1 定理 3.1 の長方形

$$\lim_{x \to a}\left(\lim_{y \to b} F(x, y; a, b)\right) = \lim_{x \to a}\frac{1}{x-a}[f_y(x, b) - f_y(a, b)] = f_{yx}(a, b),$$

$$\lim_{y \to b}\left(\lim_{x \to a} F(x, y; a, b)\right) = \lim_{y \to b}\frac{1}{y-b}[f_x(a, y) - f_x(a, b)] = f_{xy}(a, b) \quad \square$$

特に (3) において $x - a = y - b = h$ とした極限値

$$d(a, b) = \lim_{h \to 0}\frac{1}{h^2}[f(a+h, b+h) - f(a+h, b) - f(a, b+h) + f(a, b)] \quad (4)$$

が存在すれば (4) を点 (a, b) での f の**一般化された混合型 2 階偏微分係数**ということがあります．中心差分の形で

$$\lim_{h \to 0}\frac{1}{4h^2}[f(a+h, b+h) - f(a+h, b-h) - f(a-h, b+h) + f(a-h, b-h)]$$

とすることもあります．

定理 3.2 $f(x, y)$ が (a, b) の近傍で一様に微分可能とする．さらに $f_x(x, y)$ が y について，$f_y(x, y)$ が x について一様に微分可能とする．この条件は

高階偏導関数

$$\left.\begin{array}{l}f_x(x, y) - f_x(x, b) = (y-b)U(x;y, b) \\ f_y(x, y) - f_y(a, y) = (x-a)V(x, a;y)\end{array}\right\} \quad (5)$$

を満足する連続な $U(x;y, b)$, $V(x, a;y)$ が存在することを意味する．そのとき偏微分の**順序交換性**

$$\begin{aligned}f_{xy}(a, b) &= \frac{\partial}{\partial y}f_x(a, b) \\ &= \frac{\partial}{\partial x}f_y(a, b) = f_{yx}(a, b)\end{aligned} \quad (6)$$

が成立する．

系 (a, b) の近傍で偏導関数 f_x, f_y, f_{xy}, f_{yx} が存在してすべて連続ならば（したがって f が C^2 級ならば），偏微分の順序交換性(6)が成立する．

証明

$$f(x, y) - f(a, b) = (x-a)P(x, y;a, b) + (y-b)Q(x, y;a, b) \quad (7)$$

(一様微分可能性) の式から，2 変数の平均変化率 (3)（形式的な類似だが仮の名）を計算すると

$$(3) = \frac{1}{y-b}[P(x, y;a, b) - P(x, b;a, b)]$$
$$+ \frac{1}{x-a}[Q(a, y;a, b) - Q(a, b;a, b)]$$

と表される．偏差分商 P, Q に対して，第 1 講で扱った f_x, f_y による標準積分表示式，1.3 節の (9) を適用すると

$$(3) = \frac{1}{2(y-b)(x-a)}\left\{\int_a^x [f_x(t, y) + f_x(t, b) - 2f_x(t, b)]dt\right.$$
$$\left.+ \int_b^y [f_y(x, s) + f_y(a, s) - 2f_y(a, s)]ds\right\}$$
$$= \frac{1}{2(x-a)(y-b)}\left\{\int_a^x [f_x(t, y) - f_x(t, b)]dt\right.$$
$$\left.+ \int_b^y [f_y(x, s) - f_y(a, s)]ds\right\}$$

27

を得る．関係式(5)を代入すると

$$(3) = \frac{1}{2(x-a)} \int_a^x U(x;y, b)dt + \frac{1}{2(y-b)} \int_b^y V(x, a;s)ds \tag{8}$$

となる．ここで $x \to a$, $y \to b$ とすればその近づけ方に無関係に(8)は共通の極限値 $\frac{1}{2}[U(a;b, b) + V(a, a;b)]$ に近づくから，定理3.1によって順序交換定理が成立する．系は f_{xy}, f_{yx} が連続ならば，(5)の U, V を

$$U(x;y, b) = \frac{1}{y-b} \int_b^y f_{xy}(x, s)ds \quad (y \neq b),$$
$$V(x, a;y) = \frac{1}{x-a} \int_a^x f_{yx}(t, y)ds \quad (x \neq a),$$
$$U(x;y, y) = f_{xy}(x, y), \quad V(x, x;y) = f_{yx}(x, y)$$

とおけばよい． f が C^2 級ならこれらを含む． □

もっと細かく議論すると，f_{xy} か f_{yx} の一方が存在して連続なら，他方も存在して連続になるなどいくつかの精密化ができます．しかし理論の細部に深入りせず実用面に重きをおけば，以上の結果で十分でしょう．

もちろん無条件で順序交換定理は成立しないので，反例を示します．次の例3.2はほとんどの本にある標準例(?)です．多価関数も許せば，さらに多くの反例があります．

例3.2 $f(x, y) = \dfrac{xy(x^2 - y^2)}{x^2 + y^2} = \dfrac{1}{4} r^2 \sin 4\theta$，ただし $f(0, 0) = 0$ とする．

図3.2に $(0, 0)$ 近くの等高線の略図を示しました．

この関数は $(0, 0)$ の近傍で一様に微分可能であって

$$\frac{\partial f}{\partial x} = \frac{y(x^4 + 4x^2y^2 - y^4)}{(x^2+y^2)^2} = r\sin\theta(1 + 2\sin^2\theta \cdot \cos 2\theta),$$
$$\frac{\partial f}{\partial y} = \frac{x(x^4 - 4x^2y^2 - y^4)}{(x^2+y^2)^2} = r\cos\theta(-1 + 2\cos^2\theta \cdot \cos 2\theta),$$

図3.2 例3.2の等高線

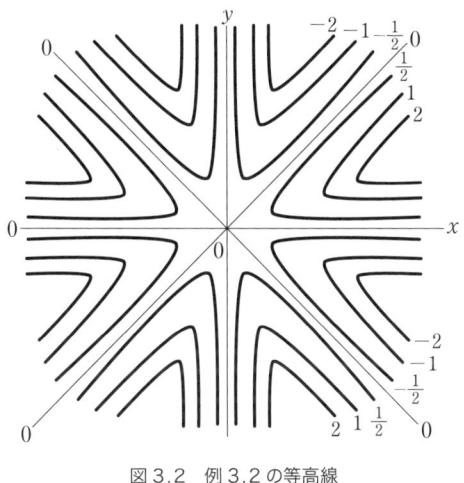

です．$f_x(0, y) = -y$ $(y \neq 0)$, $f_x(0, 0) = 0$ であり
$$f_{xy}(0, 0) = -1$$
です．他方 $f_y(x, 0) = x$ $(x \neq 0)$, $f_y(0, 0) = 0$ で
$$f_{yx}(0, 0) = 1$$
となり，上と一致しません．$(x, y) \neq (0, 0)$ のときは f_{xy} も f_{yx} も同じ式で
$$\frac{x^6 + 9x^4 y^2 - 9x^2 y^4 - y^6}{(x^2 + y^2)^3} = \cos 2\theta (1 + 2\sin 2\theta) \tag{9}$$
と表されます．しかし (9) は $(0, 0)$ で連続でなく，近づく方向によって極限値が異なります．

例3.2の原点は複雑な鞍点です．山と谷が4個ずつあるので，**四ツ谷鞍点**とよんではいかがでしょうか．（東京四谷にある上智大学の方の提案です．）

> **注意** $f_{xy}(a, b) \neq f_{yx}(a, b)$ が生じる点 (a, b) は特異点です．いたるところ（少なくとも「かなり大きな」集合の各点で）$f_{xy} \neq f_{yx}$ はありえません．

29

多変数の微分積分学講義

> **注意**　前記 (3) を平均変化率としてその極限値が混合型 2 階偏微分係数なら，逆に $F_{xy} = F_{yx} = f(x, y)$ である F を，f の「二重原始関数」とでもよびたくなります．しかしその計算は第 4 講以下で述べる累次積分によらざるをえず，概念上でも実用上にも余り意味はないようです．

3.3　2 次式による近似

$f(x, y)$ が (a, b) の近傍で一様に微分可能 ((7) が成立) とします．さらにその偏導関数 $f_x(x, y)$, $f_y(x, y)$ も一様に微分可能と仮定します．すなわち

$$\left.\begin{array}{l} f_x(x, y) - f_x(a, b) = (x-a)T(x, y; a, b) + (y-b)U(x, y; a, b) \\ f_y(x, y) - f_y(a, b) = (x-a)V(x, y; a, b) + (y-b)W(x, y; a, b) \end{array}\right\} \quad (10)$$

$$(T, U, V, W \text{ は 4 変数の連続関数})$$

とします．そのときまず (7) により (a, b) の近傍で

$$\begin{aligned} f(x, y) = & f(a, b) + f_x(a, b)(x-a) + f_y(a, b)(y-b) \\ & + (x-a)[P(x, y:a, b) - P(a, b;a, b)] \\ & + (y-b)[Q(x, y;a, b) - Q(a, b;a, b)] \end{aligned} \quad (11)$$

と表すことができます．ここで偏差分商 P, Q に，1.3 節の式 (9) による標準表示を適用すると，(11) の末尾 (2 行目以下) の項 (R とおいて**剰余項**とよぶ) は，

$$\frac{1}{2}\int_a^x [f_x(t, y) + f_x(t, b) - 2f_x(a, b)]dt$$
$$+ \frac{1}{2}\int_b^y [f_y(x, s) + f_y(a, s) - 2f_y(a, b)]ds$$

となります．これに (10) を適用すると剰余項は

$$\frac{1}{2}\int_a^x \{(t-a)[T(x, y;a, b) + T(t, b;a, b)] + (y-b)U(t, y;a, b)\}dt$$
$$+ \frac{1}{2}\int_b^y \{(s-b)[W(x, s;a, b) + W(a, s;a, b)] + (x-a)V(x, s;a, b)\}ds \quad (12)$$

という形になります．ここで次の補助定理を使います．

定理 3.3 $a \leq t \leq b$ で $f(t) \geq 0$ とし，$\alpha = \int_a^b f(t)dt > 0$ とおく．

$g(t, s)$ が $a \leq t \leq b, c-\delta \leq s \leq c+\delta$ において一様連続であり，$g(a, c) = 0$ ならば，(十分小さい) $\varepsilon > 0$ に対して $b-a, |s-c|$ を十分小さくとると

$$\left|\int_a^b f(t)g(t, s)dt\right| < \alpha\varepsilon \tag{13}$$

となるようにできる．

略証 ε に対し $b-a, |s-c|$ を十分小さくとると $g(a, c) = 0$ から $|g(t, s)| < \varepsilon$ とできる．したがって (13) の左辺は

$$\varepsilon \int_a^b f(t)dt = \alpha\varepsilon$$

より小さくなる． □

これを (12) の各項に，次のような形で適用します．

$$\frac{1}{2}\int_a^x (t-a)[T(t, y; a, b) + T(t, b; a, b)]dt$$
$$= \frac{2}{2}\int_a^x (t-a)T(a, b; a, b)dt$$
$$\quad + \frac{1}{2}\int_a^x (t-a)\{[T(t, y; a, b) - T(a, b; a, b)]$$
$$\quad + [T(t, b; a, b) - T(a, b; a, b)]\}dt$$
$$= \frac{1}{2}f_{xx}(a, b)(x-a)^2 + (後の項) \quad (T(a, b; a, b) = f_{xx}(a, b))$$

この後の項について，$t-a = f(t)$，[ ] 内を $g(t, s)$ ($s = y$ など) と考えて定理 3.3 を使えば，$|x-a|, |y-b|$ が十分小さなとき，$|後の項| \leq \frac{1}{2}(x-a)^2 \cdot \varepsilon_1$ となります．他の項にも同様の操作を施すと，$R = $ (12) は全体として

$$\frac{1}{2}[f_{xx}(a, b)(x-a)^2 + 2f_{xy}(a, b)(x-a)(y-b) + f_{yy}(a, b)(y-b)^2]$$
$$+ \frac{1}{2}[(x-a)^2\varepsilon_1 + (x-a)(y-b)(\varepsilon_2 + \varepsilon_3) + (y-b)^2\varepsilon_4]$$

と表されます．これを (11) に戻すと

$$\begin{aligned}f(x, y) = & f(a, b) + f_x(a, b)(x-a) + f_y(a, b)(y-b) \\ & + \frac{1}{2}[f_{xx}(a, b)(x-a)^2 + 2f_{xy}(a, b)(x-a)(y-b) \\ & \quad + f_{yy}(a, b)(y-b)^2] + R_2,\end{aligned} \qquad (14)$$

$$\lim_{(x,y)\to(a,b)} R_2 \div [|x-a|^2 + |y-b|^2] = 0 \quad (R_2 は 2 次の剰余項)$$

と表されます．まとめれば次のようになります．

定理 3.4 $f(x, y)$ が (a, b) の近傍で C^2 級ならば $f(x, y)$ は (a, b) の近傍で，(14) のような 2 次式 ＋ 2 次の剰余項 の形で近似される．　□

これはティラー展開の 2 次の場合と考えられます．

式 (11) あるいは (14) の最初の行は $z = f(x, y)$ を 1 次式で近似した式で，図形的には接平面を表します．これに対し (14) の剰余項を除いた部分は 2 次式による近似です．

例 3.3 $f(x, y) = \sqrt{1+x-y^2}$ を原点 $(0, 0)$ において 2 次式で近似しましょう．偏導関数を計算すると

$$\frac{\partial f}{\partial x} = \frac{1}{2\sqrt{1+x-y^2}}, \quad \frac{\partial f}{\partial y} = \frac{-y}{\sqrt{1+x-y^2}},$$
$$\frac{\partial^2 f}{\partial x^2} = \frac{-1}{4(1+x-y^2)^{\frac{3}{2}}},$$
$$\frac{\partial^2 f}{\partial x \partial y} = \frac{y}{2(1+x-y^2)^{\frac{3}{2}}}, \quad \frac{\partial^2 f}{\partial y^2} = \frac{-(1+x)}{(1+x-y^2)^{\frac{3}{2}}}$$

となり，求める 2 次式は $1 + \frac{1}{2}x - \frac{1}{8}x^2 - \frac{1}{2}y^2$ です．

高階偏導関数

> **注意** 1変数の場合の $y = f(x)$ に対して2次式による近似 $y = f(a) + (x-a)f'(a) + \frac{1}{2}(x-a)^2 f''(a)$ は「接触放物線」を表します．しかし通常2次の近似には曲率円（最もよく接触する円）を使います．ところが曲面 $z = f(x, y)$ に対して，「最もよく接触する球」は無理が多く，特に双曲型の点（第2講 図2.2）では無意味です．そのためには曲面を最もよく近似する2次曲面が不可欠です．

3次元空間内の曲面の「曲率」は次のように定義されます．点Pでの法線を含む平面で切った切り口の曲線のPでの曲率は，平面の向きにより様々だが最大と最小があります．ただし向きをつけて曲率も正負の符号をつけます．この意味で最大曲率 κ_+ と最小曲率 κ_- を与える平面は互いに直交します．両者の積 $\kappa_+ \kappa_-$ を**全曲率**（ガウスの曲率）といい，相加平均 $(\kappa_+ + \kappa_-)/2$ を**平均曲率**とよびます．これらの意味の詳細は曲面の微分幾何の話題なので，定義だけに留めます．

停留点においてその近傍での値の増減は，式 (14) の2次の項の符号が支配します．その2次式の2倍を表す行列

$$\begin{bmatrix} f_{xx}(a, b) & f_{xy}(a, b) \\ f_{yx}(a, b) & f_{yy}(a, b) \end{bmatrix}$$

を**ヘッセ行列**とよび，その行列式（判別式の負に相当）

$$D = f_{xx}(a, b) f_{yy}(a, b) - [f_{xy}(a, b)]^2 \tag{15}$$

を**ヘシアン**（Hessian）とよびます．ヘッセ行列は厳密には2階偏微分係数の表すテンソルです．

定理 3.5 停留点 (a, b) において，$D < 0$ ならば鞍点（極値でない），$D > 0$ ならば，$f_{xx}(a, b)$ の符号が正なら極小，負なら極大である． □

これは2次式の符号からわかります．

$D = 0$ のときには多くの場面があります．多数の研究があり，興味深い実例も豊富です．しかし結論を要約すれば，微分法に不必要にこだわらず，個々に判定を工夫するほうが実際的です．

3.4 テイラー展開

$f(x, y)$ が C^r 級ならばテイラー展開の r 次までの項

$$f(x, y) = f(a, b) + f_x(a, b)(x-a) + f_y(a, b)(y-b) + \cdots$$
$$+ \frac{1}{r!} \sum_{k=0}^{r} \frac{\partial^r f(a, b)}{\partial x^{r-k} \partial y^k} (x-a)^{r-k} (y-b)^k + R \qquad (16)$$

を作ることができます．平行移動して $x-a$, $y-b$ を x, y と書けば，$a = b = 0$ として一般性を失いませんので以下そうします．剰余項 R にはいろいろの形がありますが，実用上では直線 $x = \alpha t$, $y = \beta t$ 上の方向微分を活用し，1 変数の関数 $\varphi(t) = f(\alpha t, \beta t)$ のテイラー展開に帰着させるのが便利です．

計算は略しますが，f が C^2 級のとき 1 次の項をとった式 (11) の剰余項 ((11) の最後の 2 項) は，次の形で表されます．

定理 3.6 (14) で 1 次式による近似の剰余項 R は次のように表される．

$$R_1 = \int_0^1 \left[\frac{\partial^2 f}{\partial x^2}(x-a)^2 + 2\frac{\partial^2 f}{\partial x \partial y}(x-a)(y-b) \right.$$
$$\left. + \frac{\partial^2 f}{\partial y^2}(y-b)^2 \right](1-t)dt,$$

ここに偏導関数の項はすべて点 $(a+t(x-a), b+t(y-b))$ での値であり，1 変数 t の関数を表す． □

高次の場合も類似の表現が成立します．そしてある正の定数 A, B, M (n, k に依存しない) が存在して，(a, b) の近傍でつねに

$$\left| \frac{\partial^n f(x, y)}{\partial x^{n-k} \partial y^k} \right| \leq M \cdot A^{n-k} B^k, \quad (k = 0, 1, \cdots, n) \qquad (17)$$

が成立すれば，(16) を無限級数にしたテイラー級数が，$r \to \infty$ のときに最初の $f(x, y)$ に収束することが証明できます．

ただし，多変数のテイラー級数は 1 変数の場合ほど有用ではないようです．

一つには収束域が単一の収束半径だけでは済まず，その形状が複雑なせいです．しかし実用上ではそれよりも高次の項の数が増加して（n 変数で k 次の項は ${}_{n+k-1}\mathrm{C}_k$ 個），剰余項の減少が意外と遅いのが実質的な難点です．

そのために多変数関数のテイラー展開は扱っていない教科書が多く，「1 変数の場合と同様」として済ませている場合が大半です．しかしこれ以上触れないのも片手落ちなので第 2 部 第 5 話に若干の補充をしました．

第4講 累次積分

4.1 体積の計算をふりかえる

3次元座標空間内の立体図形 Ω の体積 V の計算をふりかえりましょう．V が $\alpha \leqq z \leqq \beta$ の範囲にあるとします．平面 $z = z_0$ ($\alpha \leqq z_0 \leqq \beta$) で切った切り口の図形の面積 $S(z_0)$ が直接にわかれば，体積は定積分

$$V = \int_\alpha^\beta S(z)dz \tag{1}$$

によって計算できます．z 軸を回転軸とする回転体の体積の計算がその典型例です．

しかし多くの場合，切り口の面積 $S(z_0)$ の計算は難しいが，(x, y) 平面上の範囲 D の各点での高さ $f(x, y)$ が既知という立体 Ω が普通です．導入例として簡単のために底面を長方形

$$D = \{(x, y) | a \leqq x \leqq b, c \leqq y \leqq d\} \tag{2}$$

とし，底面 D と側面の4平面 $x = a$, $x = b$, $y = c$, $y = d$ および天井の曲面 $K : z = f(x, y)$ (> 0 と仮定) とで囲まれた立体 Ω を考えます (図 4.1)．

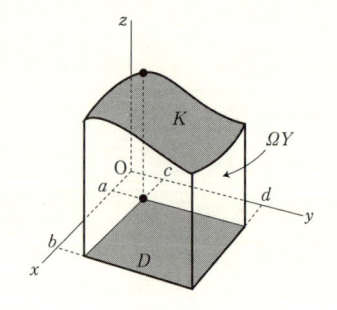

図 4.1　K を天井とする立体

第4講 累次積分

この体積を計算するために，まず，$y = y_0$ ($c \leqq y_0 \leqq d$) で切った切り口 $Y(y_0)$ の面積

$$g(y_0) = \int_a^b f(x, y_0)dx$$

を求めます．すると区分求積法の原理により

$$V = \int_c^d g(y)dy = \int_c^d \left[\int_a^b f(x, y)dx\right]dy \tag{3}$$

として体積が計算できます(図 4.2 の左側)．

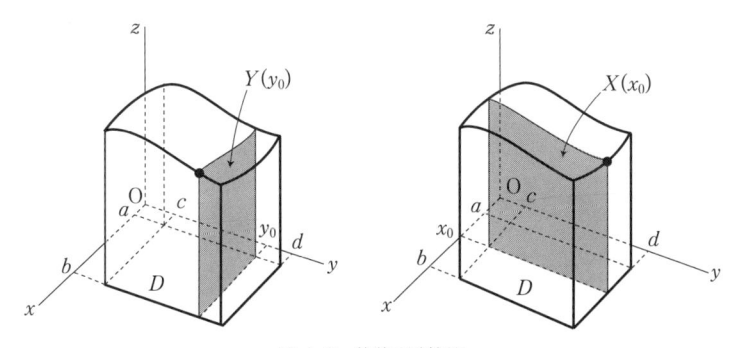

図 4.2 体積の計算法

図形的にいうなら，切り口 $Y(y_0)$ に僅かな厚みをつけた薄片(パンやソーセージの薄切りを連想)を考え，その体積の和を V の近似値として，厚さを 0 に近づけた極限が積分 (3) です．(3) をまず x，次に y で積分した**累次積分**といいます．とすれば逆にまず $x = x_0$ ($a \leqq x_0 \leqq b$) で切った切り口 $X(x_0)$ の面積

$$h(x_0) = \int_c^d f(x_0, y)dy$$

を求め，それを x で積分しても同じ体積

$$V = \int_a^b h(x)dx = \int_a^b \left[\int_c^d f(x, y)dy\right]dx \tag{4}$$

になるはずです(図 4.2 の右側)．すなわち (3) = (4) という**累次積分の順序交換性**が成立するはずです．

この定理の厳密な証明が以下の目標です．普通には重積分の一般論を展開しそれを使って示します．それが正道です．しかし (3) = (4) は $f(x, y)$ を一様連続と仮定すれば，以下に述べるように 1 変数関数の積分の範囲で証明できます．いきなり抽象的 (?) な重積分の一般論に入る前の助走として本講の所論は有用と思います．実用を重んじる場合には，とりあえずこのようなイメージで (3) = (4) を納得して先に進んでもよいと考えます．

> **注意** 上記の $g(y_0), h(x_0)$ のように 2 変数関数 $f(x, y)$ を一方の変数で積分した値を，偏微分にならって偏積分とよびたいのですが，この用語は使われていません (使った先例があり，以下でも使うが)．その理由はたぶん partially differentiate は偏微分ですが，partially integrate という語は部分積分 (関数の積の積分) の意味に使われているため，「偏積分」の意味のうまい用語がなかったせいと思います．

> **注意** 積分演算は $\int$ と dx とではさんだ記号で表されますが，$\int dx$ を一つの演算記号とみて，(3) を $\int_c^d dy \int_a^b f(x, y) dx$ と略記するのが慣例です．しかし，本書では敢えて前記のように [ ] を使って正式に書く方式で押し通します (かえってわかりにくいという批判もありますが)．

4.2 区分求積再考と順序交換定理

積分を「微分の逆演算」とするのは計算上の便法であり，概念としては区分求積が積分法の出発点です．

定理 4.1 (2) の D において $f(x, y)$ が一様連続とする．このとき偏積分 $g(y) = \int_a^b f(x, y) dx$ は**一様に積分可能**である．その意味は，x の区間 $a \leqq y \leqq b$ を

$$a = a_0 < a_1 < \cdots < a_{n-1} < a_n = b \tag{5}$$

と分割し，小区間の最大幅を 0 に近づけたとき，積和

$$\sum_{k=1}^{n} f(a_k, y)(a_k - a_{k-1}) \tag{6}$$

が偏積分 $g(y)$ に，y について一様に収束することである．

「一様連続」の概念に慣れていない読者は，当面 f がリプシッツ条件 $|f(x,y)-f(u,v)| \leq M(|x-u|+|y-v|)$ を満足する，と読み替えて進んでも構いません．

証明 一様連続性の仮定は，任意の (小さい正の数) $\varepsilon > 0$ に対して適当な δ (x, y によらない) をとると，$|x-u|<\delta, |y-v|<\delta$ のとき

$$|f(x, y) - f(u, v)| < \varepsilon$$

が成立するという意味である．分割 (5) の最大幅が δ 以下ならば，各小区間 $a_{k-1} \leq x \leq a_k$ での $f(x, y)$ の最大値と最小値 (y を固定したとき) の差は ε 以下である．積和も偏積分値も上積和と下積和の間にはさまれるから，y を δ 以下の幅の範囲で動かしても

$$|\text{偏積分 } g(y) - \text{積和 } (6)| < \varepsilon(b-a)$$

が成立する．これは積和 (6) が偏積分 $g(y)$ に，y について一様に収束することを意味する． □

系 同じ条件下で偏積分 $g(y)$ は y について連続である．

略証 $g(y)$ は y について連続関数である積和 (6) の一様収束する極限である． □

同様に偏積分 $h(x) = \int_c^d f(x, y) dy$ も x について一様収束して，x の連続関数になります．実は上述の証明からそれぞれの区間で一様連続であることも示されています．

これを使えば次の**累次積分の順序交換定理**を (重積分を論ぜずに) 証明することができます．

多変数の微分積分学講義

定理 4.2　$f(x, y)$ が (2) で一様連続ならば，偏積分

$$g(y) = \int_a^b f(x, y)dx \quad \text{と} \quad h(x) = \int_c^d f(x, y)dy$$

とはともに一様連続で，それぞれの累次積分 (3) と (4) は相等しい．

証明　前定理の記号を続けて使う．前半は既に述べた．さらに同じ議論から任意の $\varepsilon > 0$ に対して分割 (5) を十分細かくとれば，累次積分 (4) と積和

$$\sum_{k=1}^{n} h(a_k)(a_k - a_{k-1}) \tag{7}$$

との差が ε 以下にできる．そのとき積和 (6) は y について一様連続であり，有限和については積分との順序交換は問題ないから，積和 (6) の y に関する偏積分は (7) に等しい．他方定理 4.1 で示したとおり，積和 (6) と偏積分 $g(y)$ との差も y について一様に ε 以下にできる．したがって積和 (6) の y に関する偏積分 (上述のとおり (7) に等しい) と累次積分 (3) との差は $\varepsilon(d-c)$ 以下である．このことは累次積分 (3) と (4) の両方とも，(7) に十分近いことを意味する．$\varepsilon \to 0$ とすれば (3) = (4) である．　□

系　$f(x, y)$ が D の中で (a, d) と (b, c) を結ぶ対角線上では不連続でもよいが，それで分けられた 2 個の三角形領域のおのおので一様連続ならば，同じく順序交換定理が成立する．不連続になる線が他の曲線でも，各 $x = x_0$, $y = y_0$ との交点数が有限個の定数以下なら同様である．

略証　前述の区分求積において，固定した x あるいは y に関する積和で，不連続点は 1 個 (あるいは有限の定数個) である．そこでの影響は細分を細かくすればいくらでも小さくできることに注意して前と同様に議論する．　□

そうすると例えば右上の三角形では恒等的に 0，左下の三角形 T では周までこめて一様連続な $f(x, y)$ については，積分域を左下の三角形 T に限定してよいことになります (図 4.3)．

                (a, d)   (b, d)

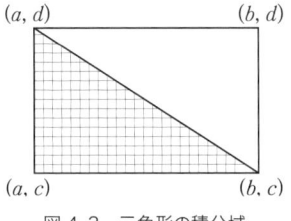

                (a, c)   (b, c)

図 4.3　三角形の積分域

この場合には累次積分の交換性は次の形になります．最初の積分域が一定でないことに注意してください．

$$\int_c^d \left[\int_a^{b-(y-c)/\lambda} f(x, y)dx\right]dy = \int_a^b \left[\int_c^{d-\lambda(x-a)} f(x, y)dy\right]dx \tag{8}$$

ここに $\lambda = (d-c)/(b-a)$ とおきました．

このように積分範囲が変わる累次積分の順序交換では，まず積分域の図を正しく描いてその内部を縦線・横線で走査し，全体として積分域を作るように表現するのが，誤りを防ぐよい方法です．

次節でいくつかの例を挙げますが，特に被積分関数が**変数分離型**：$f(x, y) = p(x) \cdot q(y)$ のときは，累次積分が

$$(3) = (4) = \int_a^b f(x)dx \times \int_c^d g(y)dy$$

と積の形になるのは明らかでしょう．

4.3 体積の計算例

例 4.1 角錐の体積

平面の三角形領域 $T: 0 \leq x \leq a, 0 \leq y \leq b$，かつ $\frac{x}{a} + \frac{y}{b} \leq 1$ 上で，天井が平面 $K: \frac{x}{a} + \frac{y}{b} + \frac{z}{c} = 1$ で境された角錐の体積を計算します．T 内の点 (x, y) における高さは $f(x, y) = c\left[1 - \frac{x}{a} - \frac{y}{b}\right]$ であり，x に関する偏積分は

$$g(y) = \int_0^{a(1-\frac{y}{b})} c\left[1 - \frac{x}{a} - \frac{y}{b}\right] dx$$
$$= c\left(1-\frac{y}{b}\right)a\left(1-\frac{y}{b}\right) - \frac{c}{a} \cdot \frac{1}{2}\left[a\left(1-\frac{y}{b}\right)\right]^2$$
$$= \frac{ac}{2}\left(1-\frac{y}{b}\right)^2$$

です．これは切り口が，直角を挟む2辺の長さがそれぞれ $a\left(1-\frac{y}{b}\right)$, $c\left(1-\frac{y}{b}\right)$ である直角三角形であることから予測される値です．したがって体積は

$$V = \int_0^b g(y) dy = \frac{ac}{2 \times 3}(-b)\left(1-\frac{y}{b}\right)^3 \bigg|_0^b$$
$$= \frac{1}{6}abc$$
$$= \frac{1}{3} \text{底面積} \times \text{高さ} \tag{9}$$

となります．同様に $h(x) = \frac{bc}{2}\left(1-\frac{x}{a}\right)^2$ であり，この積分によっても同じ答え(9)を得ます(当然！)．

例 4.2 半径1の球の体積 V をこの方法で計算します．対称性から第1象限の四半円 $D:\{x \geq 0, y \geq 0, x^2+y^2 \leq 1\}$ 上で，上半分 ($z = \sqrt{1-x^2-y^2}$ と xy 平面の間)の体積を計算します．次の積分

$$\frac{V}{8} = \int_0^1 \left[\int_0^{\sqrt{1-y^2}} \sqrt{1-x^2-y^2}\, dx\right] dy$$

は極座標に変換する(次節例4.5)のが便利ですが，直接に公式 ($a > 0$)

$$\int_0^a \sqrt{a^2-x^2}\, dx = \frac{1}{2}\left[x\sqrt{a^2-x^2} + a^2 \arcsin\frac{x}{a}\right]\bigg|_0^a$$
$$= \frac{\pi a^2}{4} \tag{10}$$

を活用すると，$1-y^2 = a^2$ として

第4講
累次積分

$$\frac{V}{8} = \int_0^1 \frac{\pi(1-y^2)}{4} dy = \frac{\pi}{4}\left(1 - \frac{1}{3}\right) = \frac{\pi}{6},$$

$$V = \frac{4\pi}{3}$$

をえます．(10) の不定積分の計算法は付録に解説しました．計算の練習には中央項を微分して左辺の被積分関数になることを確かめるとよいでしょう．

もちろん無条件で順序交換定理は成立しないので，反例を挙げます．

例 4.3 $D: \{0 \leq x \leq 1, 0 \leq y \leq 1\}$ で $f(x, y) = \dfrac{x-y}{(x+y)^3}$ を累次積分します．$f(0, 0)$ は定義できませんが，一点だけの値は積分の計算には無視できます．

y を固定すると $f(x, y) = \dfrac{1}{(x+y)^2} - \dfrac{2y}{(x+y)^3}$ と変形でき，その x に関する不定積分は（積分定数を無視して）

$$-\frac{1}{x+y} + \frac{y}{(x+y)^2} = \frac{-x}{(x+y)^2}$$

です．したがって偏積分は $g(y) = \dfrac{-1}{(1+y)^2}$ です．この関数の y に関する積分は $\left.\dfrac{1}{1+y}\right|_0^1 = \dfrac{1}{2} - 1 = -\dfrac{1}{2}$ です．

他方順序を変え，x を止めて y について積分すると，偏積分は $h(x) = \dfrac{1}{(1+x)^2}$ であり，その積分は $\dfrac{1}{2}$ であって上述と合いません．なお原点付近の小正方形 $\{0 \leq x < \varepsilon, 0 \leq y < \varepsilon\}$ を除いた残りで積分を計算して $\varepsilon \to 0$ とすれば，極限値は 0 になります（重積分の**主値**）． □

この被積分関数は境界上の一点 $(0, 0)$ の近くで一様連続でも有界でもなく，$x > y$, $x < y$ の側から近づくとそれぞれ $+\infty$, $-\infty$ に近づき $\infty - \infty$ の形です．そのためどちら側が強くきくかに応じて極限値が異なります．(3) $\neq$ (4) である反例で，被積分関数が D 内に不連続性を持つ場合は多数ありますが，境界上の一点だけに特異性が集中しているこの例は注目に値します．このような反例を不必

43

要に強調するのはゆきすぎですが，その存在を自覚することは大事と思います．

体積の計算ではありませんが，順序交換定理の別の応用例を挙げます．

例 4.4　$x \geq 0$ で定義された連続関数 $f(x)$, $g(x)$ に対して両者の**たたみこみ** (convolution, **接合積**ともいう) を

$$(f*g)(x) = \int_0^x f(x-t) \cdot g(t) dt \tag{11}$$

と定義します．この積が交換可能 $f*g = g*f$ であることは変数変換 $s = x-t$ によって直ちにわかりますが，**結合法則** $(f*g)*h = f*(g*h)$ も満たすことを確かめます．

結合法則の式の左辺，右辺はそれぞれ

$$\int_0^x \left[\int_0^{x-s} f(x-s-t)g(t)dt\right] h(s)ds \tag{12}$$

$$\int_0^x f(x-t)\left[\int_0^t g(t-s)h(s)ds\right] dt \tag{13}$$

と表されます．(12) の積分域は $\{0 \leq s \leq t \leq x\}$ です，(13) で t と s との積分の順序を交換すると

$$(13) = \int_0^x \left[\int_s^x f(x-t)g(t-s)dt\right] h(s)ds \tag{14}$$

となります．(14) の最初の偏積分 ([ ] 内) で $t-s = u$ と置換すれば $\int_0^{x-s} f(x-s-u)g(u)du$ となります．これは (12) と同じ式 (積分変数が t と u の違い) です． □

4.4　直交座標と極座標の変数変換

標題は重積分の変数変換の典型例ですが，実用上有用な上に，これまでの議論で何とか扱うことができますので，併せて論じておきます．

第 4 講
累次積分

定理 4.3 平面上の四半円 $C:\{x \geqq 0, y \geqq 0, x^2+y^2 \leqq a^2\}$ において $f(x, y)$ が一様連続のとき，これを極座標に変換した関数を $\varphi(r, \theta) = f(r\cos\theta, r\sin\theta)$ とおく．四半円 C での累次積分の変換公式は次のとおりである．

$$\int_0^a \left[\int_0^{\sqrt{a^2-y^2}} f(x, y)dx\right]dy = \int_0^a \left[\int_0^{\frac{\pi}{2}} \varphi(r, \theta)d\theta\right]r dr \tag{15}$$

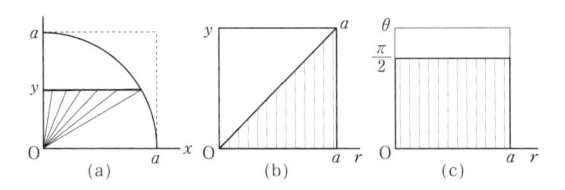

図 4.4 直交座標から極座標への変換

証明 四半円の外 $0 \leqq x \leqq a$, $0 \leqq y \leqq a$, $x^2+y^2 > a$ では $f(x, y) = 0$ とおくと，不連続になるのは四半円周上だけだから，定理 4.2 系が利用できる．y を固定すると，x に関する偏積分域は $0 \leqq x \leqq \sqrt{a^2-y^2}$ だが，r については y から a までであり，θ を $r\sin\theta = y$（定数）で定まる補助変数とみなすと，x から r への変数変換として

$$\sin\theta = \frac{y}{r},\ x = r\cos\theta = \sqrt{r^2-y^2},\ \frac{dx}{dr} = \frac{r}{\sqrt{r^2-y^2}},$$

$$\int_0^{\sqrt{a^2-x^2}} f(x, y)dx = \int_y^a f(\sqrt{r^2-y^2}, y)\frac{r}{\sqrt{r^2-y^2}}dr$$

となる．これを y について 0 から a まで積分するとき，y と r との累次積分と考えて順序交換をすれば

$$(15)\text{の左辺} = \int_0^a\left[\int_0^r f(\sqrt{r^2-y^2}, y)\frac{r}{\sqrt{r^2-y^2}}dy\right]dr \tag{16}$$

と表される（図 4.4(a), (b) 参照）．ここで r を固定し，$y = r\sin\theta$ によって y を θ に変数変換すると（図 4.4(b), (c)）θ は 0 から $\pi/2$ まで動き，$\frac{dy}{d\theta} = r\cos\theta$ である．(16) の [ ] 内の積分は

45

第1部

多変数の微分積分学講義

$$\int_0^{\frac{\pi}{2}} f(r\cos\theta,\ r\sin\theta)\frac{r}{r\cos\theta}\cdot r\cos\theta\, d\theta$$
$$= \int_0^{\frac{\pi}{2}} r\varphi(r,\ \theta)d\theta$$

となる．これを r について積分して(15)をえる． □

注意 この議論は厳密にいうと不完全です．(15)において分母に $\sqrt{r^2-y^2}$ があり，端の $y=r$ で 0 になるので，被積分関数が一様連続ではありません．しかしこの課題は次のように修正してできます．

円の周と中心付近を少し削った四分円環 $\{\delta \leqq r \leqq a-\delta\}$ 内では f は一様連続なので，そこで議論をした後 $\delta \to 0$ とすると，その極限において円周付近と中心付近の積分は 0 に近づき(15)をえます．これは変格積分(広義の積分)の考え方です．大筋を見通しよくするために，わざと細部の技巧の詳細を省いて説明した次第です．

例 4.5 例 4.2 を極座標に直して計算すると，

$$\frac{V}{8} = \int_0^1 \left[\int_0^{\frac{\pi}{2}} \sqrt{1-r^2}\, d\theta\right] r\, dr = \frac{\pi}{2}\int_0^1 \sqrt{1-r^2}\, r\, dr$$
$$= -\frac{\pi}{2}\cdot\frac{1}{3}(1-r^2)^{\frac{3}{2}}\Big|_0^1 = \frac{\pi}{6},\ V = \frac{4\pi}{3}$$

と簡単にできます．実際にはそうすべきです．

例 4.6 3 円柱 $x^2+y^2 \leqq 1,\ y^2+z^2 \leqq 1,\ z^2+x^2 \leqq 1$ の共通部分の体積を計算します．第 2 部第 6 話では (x, y) 平面に平行な面での切り口の積分として計算しますが，ここでは，(x, y) 平面の円板上の立体として計算してみましょう．そのほうがオーソドックスです．

対称性から偏角が $0 \leqq \theta \leqq \pi/4$ の扇形の上で，$z>0$ の部分の体積を計算すれば全体はその 16 倍です．このとき天井の面 K は $0 \leqq y \leqq x$ が成立する範囲では $z=\sqrt{1-x^2}$ と表されるので，その体積は

$$\frac{V}{16} = \int_0^1 \Bigl[\int_0^{\frac{\pi}{4}} \sqrt{1-r^2\cos^2\theta}\,d\theta\Bigr] r\,dr$$

となります（変換したときの r を忘れないこと）．この計算を実行するには，r と θ の積分の順序交換をして r に関する偏積分を先にしたほうが楽です．

$$\frac{V}{16} = \int_0^{\frac{\pi}{4}} \Bigl[\int_0^1 r\sqrt{1-r^2\cos^2\theta}\,dr\Bigr] d\theta,$$

この[ ]内の積分 $= \dfrac{-2}{3\cdot 2\cos^2\theta}(1-r^2\cos^2\theta)^{\frac{3}{2}}\Big|_0^1 = \dfrac{1-\sin^3\theta}{3\cos^2\theta}$

したがって

$$\frac{3V}{16} = \int_0^{\frac{\pi}{4}} \Bigl(\frac{1}{\cos^2\theta} - \frac{\sin^3\theta}{\cos^2\theta}\Bigr) d\theta$$

です．この第 1 項は $\tan\theta\big|_0^{\frac{\pi}{4}} = 1$ です．第 2 項は $t = \cos\theta$ と置換すると

$$\int_1^{\frac{1}{\sqrt{2}}} \frac{1-t^2}{t^2}\,dt = \Bigl(t+\frac{1}{t}\Bigr)\Big|_{\frac{1}{\sqrt{2}}}^1 = 2 - \frac{3}{\sqrt{2}}, \quad \text{併せて} \quad \frac{3V}{16} = 3 - \frac{3}{\sqrt{2}}$$

となり，$V = 16 - 8\sqrt{2}$ です．このように計算すれば結果に π が現れないのも不思議ではありません． □

実用上ではこれだけだけで一応十分かもしれません．しかしやはり重積分の本道を正しく論じる必要がありますので，次講でそれを扱います．

第5講 重積分

ここで扱う重積分は，1変数のリーマン積分と同巧異曲で理論面が中心です．ただし次講(変数変換)へのつながりを考慮して，慣例の長方形分割でなく，三角形分割を活用しました．

5.1 ジョルダン零集合

最初に理論の進行を円滑にするために，標題の概念を導入します．

定義 5.1 平面上の集合 A が次の性質をもつとき，**ジョルダン零集合**(以下では略して**零集合**)とよぶ：任意の正の数 $\varepsilon > 0$ に対して，総面積が ε 以下の有限個の三角形(重複は許す)によって A を覆うことができる．

自明な実例は有限集合です．線分もそうですが，今少し一般的な例を挙げます．

定理 5.1 滑らかな曲線の像
$$C : x = \xi(t),\ y = \eta(t),\ a \leq t \leq b\ ;\ \xi,\ \eta\ は\ C^1\ 級 \tag{1}$$
は零集合である．

略証 $\xi',\ \eta'$ は有界 $|\xi'| \leq M,\ |\eta'| \leq M$ である．区間 $a \leq t \leq b$ を n 等分し，各分点の像点を中心として一辺の長さが hM ($h = (b-a)/n$) の正方形を作れば，それらの合併は C を覆う．それらを対角線で三角形に分ける．面積の総計は

$$(n+1)h^2M^2 = \frac{1}{n^2}M^2(b-a)^2(n+1) \to 0$$
$$(n \to \infty)$$

であり，いくらでも小さくできる． □

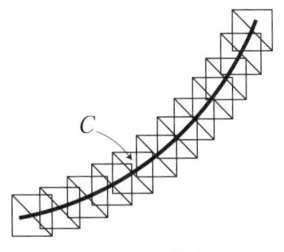

図 5.1 零集合

系 区分的に滑らかな（滑らかな曲線を有限個つないだ）曲線は零集合である．

もう一つ重要な例は次の**サード (Sard) の定理**です．ここでは結果のみを挙げ，次講 6.3 節で証明します．

定理 5.2 （サードの定理）

$x = \varphi(u, y)$, $y = \psi(u, v)$ が有限閉集合 G（境界までこめて）で一様に微分可能とする．そのヤコビアン $J(u, v) = \dfrac{\partial \varphi}{\partial u}\dfrac{\partial \psi}{\partial v} - \dfrac{\partial \varphi}{\partial v}\dfrac{\partial \psi}{\partial u}$ が 0 に等しい点 (u, v) の集合 N を，前記の関数の組で (x, y) 平面に写した像 K は零集合である．

5.2 重積分の概念

これから考える積分域 D は有界で，その境界が零集合（例えば滑らかな曲線）とします．必要なら被積分関数 $f(x, y)$ を D の外部は値 0 と定義します．便宜上，隣同士境界を共有するだけで重複のない有限個の三角形 $\triangle_1, \cdots, \triangle_n$ で D を覆ったとき，この三角形の族を D の**三角形分割**とよびます（境界から少しはみ出しても可）．$\mu(\triangle)$ で三角形 $\triangle$ （ないし他の図形）の通常の面積を表します．

定義 5.2 前記のような被積分関数 $f(x, y)$ と積分域 D およびその三角形分割があるとする．各 $\triangle_i$ から代表点 (x_i, y_i) をとって作った $\displaystyle\sum_{j=1}^{n} f(x_j, y_j)\mu(\triangle_j)$ を**積和**とよぶ（**リーマン和**とか**ダルブー和**ともよばれる）．特に $\triangle_j$ での f の最

第1部

多変数の微分積分学講義

大値を M_j, 最小値を m_j (正確には値の上限と下限) をとった和 $\sum_{j=1}^{n} M_j \mu(\triangle_j)$ と $\sum_{j=1}^{n} m_j \mu(\triangle_j)$ をそれぞれ**上積和**, **下積和**という．上に対して過剰，優；下に対して不足，劣という語もつかわれる．三角形分割を細分すれば，前者は減少，後者は増加する．その細分化した極限値をそれぞれ I の**上積分** $\overline{I}$, **下積分** $\underline{I}$ とよぶ．厳密には前者の下限と後者の上限である．細分は各 $\triangle_j$ の直径をすべて 0 も近づける．上積分と下積分が一致するとき，f を(リーマン)**積分可能**といい，共通な値 $I = \overline{I} = \underline{I}$ を，f の D 上での**重積分**とよび

$$I = \iint_D f(x, y) d(x, y) \tag{2}$$

で表す．このとき代表点をどうとっても積和は(2)に収束する．

> **注意** 通常(2)の末尾を $dxdy$ と表しますが，累次積分と区別するためしばらく (5.4節末まで) このように記します．上記の収束は，通常の数列の極限値とは違って「フィルターの収束」の典型例ですが，その一般論は省略します (ここ以外では使用しないため)．

通例のように長方形の網目で D を覆った場合は，個々の長方形を対角線で分割すれば三角形分割に含まれます．この定義だけならば各三角形の形状は任意ですが，具体的な計算や特定の定理(次講で扱う変数変換など)の証明では「正則な三角形」という制限を課すこともあります．そうしても一般性を失いません．

上記の定義は1次元のリーマン積分の拡張です．ただしその場合には実数の順序がつかえるので，単調関数の積分可能性がすぐに導かれますが，多変数ではその類似は困難です．そのため次の定理が基礎になります．

定理5.3 被積分関数が D で一様連続かつ有界ならば積分可能である．

証明 与えられた正の数 $\varepsilon > 0$ に対し，まず D の境界を面積の総和が ε 以下の有限個の三角形で覆って残りで考えれば，境界付近の寄与は εM

以下($|f|\leq M$ とする)になる．残りの部分の三角形分割 $\triangle_1, \cdots, \triangle_n$ の各直径を δ 以下にとる．ここで δ は一様連続性：$|x-x'|^2+|y-y'|^2<\delta^2$ ならば $|f(x,y)-f(x',y')|<\varepsilon$，が成立する値である．そのとき $\triangle_j$ で $0\leq M_j-m_j<\varepsilon$ であり，上下の積和の差は

$$0\leq \sum_{j=1}^n [M_j\mu(\triangle_j)-m_j\mu(\triangle_j)]<\varepsilon\sum_{j=1}^n \mu(\triangle_j)<\varepsilon(\mu(D)+\varepsilon)$$

である(末尾の $+\varepsilon$ は $\triangle_j$ が D 外にはみ出す分を考慮)．その極限として $0\leq \overline{I}-\underline{I}\leq \varepsilon(M+\mu(D)+\varepsilon)$ である．ε はいくらでも 0 に近くとれるから，$\overline{I}=\underline{I}$ である． □

> **注意** リーマン積分の理論を精密化したダルブーの研究によれば，一般に分割の最大直径→0の極限において，上[下]積和→上[下]積分が証明できます．その証明はかなり技巧的で理論の細部にわたりますので，積分可能性の証明は以上に留めます．

$f(x,y)$ が D で区分的に一様に連続，すなわち D が零集合(滑らかな曲線など)で有限個の部分 $D_1,\cdots,D_m$ に分割され，f が各 D_j で一様連続な場合に積分可能なことは，各 D_j について同じ議論で示されます．特に D の面積は

$$\mu(D)=\iint_D 1\cdot d(x,y)$$

です．重積分が**線型性**(α, β は定数)

$$\iint_D [\alpha f(x,y)+\beta g(x,y)]d(x,y)$$
$$=\alpha\iint_D f(x,y)d(x,y)+\beta\iint_D g(x,y)d(x,y) \qquad(3)$$

と**正値性**：

$$D \text{ で } f\geq 0 \text{ ならば } \iint_D f(x,y)d(x,y)\geq 0, \qquad \cdots(4)$$

$$\left|\iint_D f(x,y)d(x,y)\right| \leq \iint_D |f(x,y)|d(x,y) \quad (\text{積分可能性を仮定}) \quad \cdots(5)$$

を満たすことは，定義から明らかです．

三重積分 $\iiint_D f(x,y,z)d(x,y,z)$ も四面体による分割をつかって同様に扱うことができます．

5.3 重積分の直接計算例

重積分の具体的な計算は累次積分によるのが常識です．定義どおりに区分求積で直接計算することはありませんが，練習のために敢えて一例を試みます．

例 5.1 （角錐の体積；再論）．
$D : \left\{0 \leq x \leq a, \ 0 \leq y \leq b, \ \dfrac{x}{a} + \dfrac{y}{b} \leq 1\right\}$ 上で $f(x,y) = c\left(1 - \dfrac{x}{a} - \dfrac{y}{b}\right)$ の重積分を計算します．a, b, c は正の定数で，三角錐の体積計算です．

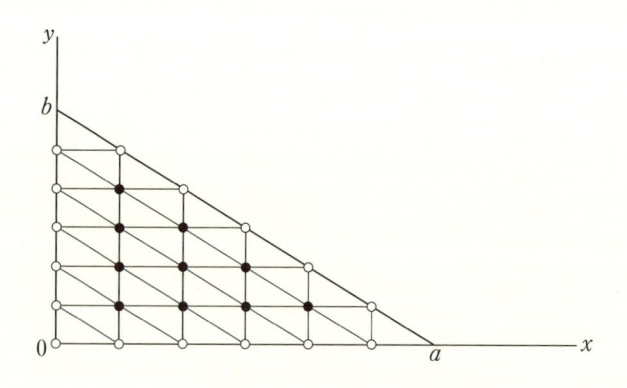

図 5.2 三角形分割（● は 2 回使用）

D の x, y 軸上の 2 辺をそれぞれ n 等分して対応する格子点をとり，小長方形を斜辺に平行な対角線で分けて，最初の D と相似な小三角形に分割します（図

52

5.2). 各小三角形の代表点を直角の頂点にとります．D の周上の格子点（図の ○）は 1 回ずつ，D の内部にある格子点（図の ●）は 2 回ずつ採られ，積和は次のようになります（定数 a, b, c をまとめた形で）．

$$V_n = \frac{abc}{2n^2}\left[1 + \sum_{j=1}^{n-1}\left(1-\frac{j}{n}\right) + \sum_{k=1}^{n-1}\left(1-\frac{k}{n}\right) + 2\sum_{j+k\leq n-1}\left(1-\frac{j}{n}-\frac{k}{n}\right)\right] \quad \cdots (6)$$

最初の 1 は原点，次の 2 項は座標軸上の格子点，最後の項は内部の格子点に相当します．ここで j, k の和はともに 1 から $n-1$ までで，末項は $j+k \leq n-1$ の範囲にわたります．斜辺上では $f = 0$ です．

(6) の和において 2 番目と 3 番目の項はともに

$$\frac{1}{n}\sum_{j=1}^{n-1}(n-j) = \frac{1}{n}\sum_{l=1}^{n-1}l = \frac{n(n-1)}{2n} = \frac{n-1}{2}$$

であり，最初の 1 と合わせて n になります．最後の項は $j+k=l$ $(2 \leq l \leq n-1)$ 上に $l-1$ 個ずつあると考えて

$$2\sum_{l=2}^{n-1}\left(1-\frac{l}{n}\right)(l-1) = \frac{2}{n}\sum_{l=2}^{n-1}(n-l)(l-1)$$
$$= \frac{2}{n}\left[\frac{n(n-1)(n-2)}{2} - \frac{n(n-1)(n-2)}{3}\right]$$
$$= \frac{1}{3}(n-1)(n-2)$$

です．併せて

$$V_n = \frac{abc}{6n^2}(3n + n^2 - 3n + 2) = \frac{abc}{6}\left(1 + \frac{2}{n^2}\right)$$

であり，$n \to \infty$ の極限値は $\frac{1}{6}abc$ です． □

この例では分割が D 自体と相似な三角形になるため，境界付近の補整が不要である上に，打切り誤差が n^{-2} である点に注意します．

5.4 重積分と累次積分

定理 5.4 区間の直積 $D = \{a \leq x \leq b,\ c \leq y \leq d\}$ において一様連続で有界な関数 $f(x, y)$ の D における重積分は，前講で扱った両種の累次積分に等しい：

$$\iint_D f(x, y)d(x, y) = \int_c^d \left[\int_a^b f(x, y)dx\right]dy$$
$$= \int_a^b \left[\int_c^d f(x, y)dy\right]dx \tag{7}$$

系 このとき (7) の右辺の 2 個の累次積分は相等しい：

> **注意** 系は前講で直接に示した**順序交換定理**です．フビニ (Fubini) の定理ということもあるようですが，この名はルベーグ積分に対する 2 変数累次積分の順序交換定理に使うのが正しいようです．

証明 5.2 節定理 5.3 の証明に使った ε, δ を改めて使用する．区間 $a \leq x \leq b$, $c \leq y \leq d$ をそれぞれ最大幅が δ 以下になるように分割する．

$$a = a_0 < a_1 < \cdots < a_m = b,$$
$$c = c_0 < c_1 < \cdots < c_n = d.$$

小区間の直積 $Q_{jk} = [a_{j-1}, a_j] \times [c_{k-1}, c_k]$ は D を覆う．これらを対角線で分割して三角形分割とし，代表点として，Q_{jk} を二分割した両三角形に共通に長方形の中心 $x_j = (a_{j-1} + a_j)/2,\ y_k = (c_{k-1} + c_k)/2$ をとると

$$積和 = \sum_{j=1}^n \sum_{k=1}^n f(x_j, y_k)(a_j - a_{j-1})(c_k - c_{k-1}) \tag{8}$$

である．j の和を先にとれば, (8) と

$$\sum_{k=1}^n \left[\int_a^b f(x, y_k)dx\right](c_k - c_{k-1})$$

との差の絶対値が $\varepsilon(b-a)$ 以下であり，(8) と第 1 の累次積分 ((7) の中央項) の差の絶対値が $\varepsilon(b-a)(d-c) = \varepsilon \cdot \mu(D)$ 以下となる．分割を細かくすれば，(8) は重積分に近づき，第 1 の累次積分との差はいくらでも小さくなるから，(7) の最初の等式が成立する．同様に k の和を先にとれば，重積分＝第 2 の累次積分 ((7) の右辺) をえる． □

積分域が長方形でない場合でも，D が有界で周が零集合なら，全体を大きい長方形に含ませて定理 5.4 が使えます．もちろん累次積分の端点を D に合せて適切に採る必要があります．

例 5.2 m, n を正または零の整数とし，正方形の半分 $D = \{x \geq 0, y \geq 0, x+y \leq 1\}$ で $f(x,y) = x^m y^n$ の重積分を，累次積分の形で計算します．積分域が長方形でないので，$\int_0^1 x^m dx \times \int_0^1 y^n dy$ と混同しないで下さい．

x に関する偏積分は

$$g(y) = \int_0^{1-y} x^m y^n dy = \frac{y^n(1-y)^{m+1}}{m+1} \tag{9}$$

です．この重積分はベータ関数 (第 2 部第 12 話参照) により

$$\frac{1}{m+1} B(n+1, m+2) = \frac{n!(m+1)!}{(m+1)(m+n+2)!}$$
$$= \frac{m!n!}{(m+n+2)!} \tag{10}$$

となります．y に関する偏積分を最初に計算しても同じ値 (10) をえます (当然！)．

例 5.3 $D = \{(x,y) | 0 < x < y < 1\}$ (直角二等辺三角形) で

$$\iint_D \frac{d(x,y)}{(1-x)y}$$

を計算します．これは厳密にいうと変格積分ですが，

多変数の微分積分学講義

$$\int_0^1 \left[\int_0^y \frac{dx}{1-x} \right] \frac{dy}{y} = \int_0^1 -\frac{\log(1-y)}{y} dy \tag{11}$$

となります．この不定積分は初等関数では表されませんが，$-\log(1-y)$ を $\sum_{n=1}^{\infty} \frac{y^n}{n}$ とテイラー展開して項別積分すれば

$$(11) = \sum_{n=1}^{\infty} \int_0^1 \frac{y^{n-1}}{n} dy = \sum_{n=1}^{\infty} \frac{1}{n^2} = \frac{\pi^2}{6}$$

となります．この積分は歴史的にはライプニッツにまで遡り，深い意味付けがあります．上述の議論は多少杜撰ですが，正しく合理化できます． □

読者への演習問題として次の例を挙げておきます (付録参照)：

例 5.4 $\displaystyle\int_{x=0}^{a} \int_{y=0}^{b} \max[\exp(b^2 x^2), \exp(a^2 y^2)] dx dy$ $(a, b > 0)$ を求めよ．

(答：$[\exp(a^2 b^2) - 1]/ab$)

> **注意** 長方形 D において有界な関数 $f(x, y)$ で両種の累次積分がともに存在して値が等しいが，重積分可能ではないという実例があります．上述のリーマン積分での反例は比較的簡単にできますが，ルベーグ積分に拡張しても，選択公理を活用してルベーグ不可測集合を構成すると反例ができます．それらの詳細は理論の細部にわたり，本格的に理論を扱う必要がありますので，そういう実例もあるという注意に留めます．

5.5 積分と微分の順序交換

この表題は誤解を招きそうです．「積分記号下での偏微分との順序交換」という意味です．

第5講 重積分

定理 5.5 長方形 $D = \{a \leq x \leq b,\ c \leq y \leq d\}$ において $f(x, y)$ と $\frac{\partial}{\partial x} f(x, y)$ とがともに一様連続ならば，偏積分

$$g(x) = \int_c^d f(x, y) dy \tag{12}$$

は $a \leq x \leq b$ において C^1 級であり，その導関数は

$$\frac{dg(x)}{dx} = \frac{\partial}{\partial x} \int_c^d f(x, y) dy = \int_c^d \frac{\partial f(x, y)}{\partial x} dy \tag{13}$$

と表される（順序交換定理）．

証明 $\frac{\partial f}{\partial x}$ は積分可能である．これを $\{a \leq x \leq X,\ c \leq y \leq d\}$ で累次積分して交換可能定理を使うと

$$\int_a^X \left[\int_c^d \frac{\partial f}{\partial x} dy \right] dx = \int_c^d \left[\int_a^X \frac{\partial f}{\partial x} dx \right] dy$$
$$= \int_c^d [f(X, y) - f(a, y)] dy = g(X) - g(a)$$

となる．これは (13) の右辺を x の関数とした原始関数が $g(x)$ であることを意味するから，(13) が成立して $g'(x)$ も連続である． □

この定理をうまく活用すると，ある種の定積分の計算がうまくできます．本論から多少外れますので，若干の例を挙げて本講のしめくくりとします．

例 5.5 a, b を正の定数とするとき

$$\int_0^{\frac{\pi}{2}} \frac{dx}{a^2 \cos^2 x + b^2 \sin^2 x} = \frac{\pi}{2ab}$$

は，$t = \tan x$ と置換して不定積分を計算してできます．ここで a, b を変数として偏微分すれば，それぞれ

57

多変数の微分積分学講義

$$\int_0^{\frac{\pi}{2}} \frac{2a\cos^2 x}{(a^2\cos^2 x + b^2\sin^2 x)^2}\,dx = \frac{\pi}{2a^2 b}$$

$$\int_0^{\frac{\pi}{2}} \frac{2b\sin^2 x}{(a^2\cos^2 x + b^2\sin^2 x)^2}\,dx = \frac{\pi}{2ab^2}$$

をえます．おのおのを $2a$, $2b$ で割って加えると

$$\int_0^{\frac{\pi}{2}} \frac{dx}{(a^2\cos^2 x + b^2\sin^2 x)^2} = \frac{\pi}{4ab}\left(\frac{1}{a^2} + \frac{1}{b^2}\right) \tag{14}$$

をえます．(14) も直接左辺の不定積分を計算してできますが，少し大変です．腕に自信のある方は練習に試みるとよいかもしれません．

例 5.6 c, y を正の定数とすると，部分積分を反復して

$$\int_0^\infty e^{-cx}\sin(yx)\,dx = \frac{y}{c^2 + y^2}$$

$$\int_0^\infty e^{-cx}\cos(yx)\,dx = \frac{c}{c^2 + y^2}$$

が計算できます．これは無限積分ですが，X までの積分として最後に $X \to +\infty$ とすれば，y で積分して

$$\int_0^\infty e^{-cx}\frac{\cos ax - \cos bx}{x}\,dx = \int_a^b \frac{y}{c^2 + y^2}\,dy = \frac{1}{2}\log\frac{b^2 + c^2}{a^2 + c^2} \tag{15}$$

$$\int_0^\infty e^{-cx}\frac{\sin ax}{x}\,dx = \int_0^a \frac{c}{c^2 + y^2}\,dy = \arctan\left(\frac{a}{c}\right) \tag{16}$$

をえます（a, b は正の定数，$a < b$ とする）．ここで $c \to 0$ とすれば次の結果をえます．

$$\int_0^\infty \frac{\cos ax - \cos bx}{x}\,dx = \log\frac{b}{a} \quad (\text{フルラニの積分}) \tag{17}$$

$$\int_0^\infty \frac{\sin ax}{x}\,dx = \frac{\pi}{2} \quad (a > 0) \tag{18}$$

> **注意** この最後の極限移行は，結果的には正しいのですがやや厳密性に欠けま

す．しかしこれは以下のようにして合理化できます．(17), (18) の無限積分はともに収束します．$0 < e^{-cx} < 1$ なので，この積分を 0 から X までとして，そこで $c \to 0$ とすれば，e^{-cx} は 1 に一様収束して積分も収束します．他方 X から先の積分は c について一様に小さくなり，$c = 0$ とおいた積分 (17), (18) も，X が大きくなればいくらでも小さくなります．この形で $X \to +\infty$ とすれば，$c \to 0$ とした極限値が $c = 0$ とおいた積分 (17), (18) と等しくなると結論できます．

(17) には次のような直接の証明があります．(17) は正しくは

$$\lim_{\substack{\delta \to 0 \\ X \to +\infty}} \int_\delta^X \frac{\cos ax - \cos bx}{x} dx$$

であり，この積分は ($0 < a < b$ とする)

$$\int_{a\delta}^{aX} \frac{\cos x}{x} dx - \int_{b\delta}^{bX} \frac{\cos x}{x} dx = \int_{a\delta}^{b\delta} \frac{\cos x}{x} dx - \int_{aX}^{bX} \frac{\cos x}{x} dx \tag{19}$$

です．(19) の第 1 項は，δ を小にとって $0 \le x \le b\delta$ で考えると，$\delta \to 0$ のとき

$$\int_{a\delta}^{b\delta} \left(\frac{1}{x} - \frac{1 - \cos x}{x} \right) dx = \log \frac{b}{a} + I_\delta,$$

$$|I_\delta| < \int_{a\delta}^{b\delta} \frac{x}{2} dx < \frac{b^2 \delta^2}{4} \to 0$$

です．(19) の第 2 項は部分積分 ($-\cos x$ を積分) すると

$$\left. \frac{-\sin x}{x} \right|_{aX}^{bX} - \int_{aX}^{bX} \frac{\sin x}{x^2} dx$$

ですが，第 1 項の絶対値は $\frac{1}{aX} + \frac{1}{bX}$ 以下です．第 2 項の絶対値は $|\sin x| \le 1$ と評価すれば $\frac{1}{aX} - \frac{1}{bX}$ 以下です．これらはすべて $X \to +\infty$ とすれば 0 に近づき，全体として (17) をえます． □

この種の工夫は個別対応で「一般性がない」という批判もありますが，重積分の理論が実用的な計算に活用できるという一例を示しました．さらにいくつかの例を第 2 部第 6 話に補充しました．また変格部分を第 7 話に補充しました．

59

第6講 重積分の変数変換

本講の主題である重積分の変数変換公式は厳密な証明が難しいので，まずイメージ（直感的な説明）と応用例を挙げました．近年（21世紀に入ってから）新しい興味深い証明もいろいろ発表されています．標準的な教科書とされる高木貞治『解析概論』の証明には多少不満があります．また，筆者の学生時代が戦中戦後の混乱期で，この定理の「完全な証明」を講義で聞いた記憶が無いので，ここには自分流に工夫した（つもりの）証明を解説します．ご批判を賜りたいと思います．

6.1 変数変換定理の意味

重積分を扱う前に助走として 1 変数の置換積分の公式

$$\int_a^b f(x)dx = \int_{\varphi(a)}^{\varphi(b)} f(\varphi(t))\varphi'(t)dt \tag{1}$$

を復習します．(1) の左辺を右辺の形で計算するときには，変換 $x = \varphi(t)$ が 1 対 1 である必要はなく，$\varphi(a)$, $\varphi(b)$ の大小関係を問いません．しかし右辺を左辺の形で計算するときには端点の対応などに注意がいるので，通例積分区間を分割し，各小区間では φ が単調（増加または減少）になるようにします．そのとき右辺の積分を区間にわたるものとして，その下端 $\alpha <$ 上端 β としたければ

$$\alpha = \min\{\varphi(a), \varphi(b)\}, \beta = \max\{\varphi(a), \varphi(b)\}$$

とおいた上で，(1) の $\varphi'(t)$ の項に絶対値をつけて

$$\int_a^b f(x)dx = \int_\alpha^\beta f(\varphi(t))|\varphi'(t)|dt \tag{2}$$

と修正すれば，$\varphi'(t)$ の符号が正負にかかわらず成立します．$\varphi'(t) < 0$ なら $|\varphi'(t)| = -\varphi'(t)$ です．

重積分の変数変換定理は一般的にいうと次の形です．

定理 6.1 xy-平面の積分域 D が uv-平面の有界な積分域 G から

$$x = \varphi(u, v), \ y = \psi(u, v), \ (u, v) \in G \tag{3}$$

という C^1 級写像で写されるとする．このとき D において有界で一様連続（あるいは区分的に連続）な関数 $f(x, y)$ に対して**変数変換定理**

$$\iint_D f(x, y) d(x, y) = \iint_G \tilde{f}(u, v) |J(u, v)| d(u, v) \tag{4}$$

ここに $\tilde{f}(u, v) = f(\varphi(u, v), \psi(u, v))$,

$$J(u, v) = \frac{\partial \varphi}{\partial u} \frac{\partial \psi}{\partial v} - \frac{\partial \varphi}{\partial v} \frac{\partial \psi}{\partial u}$$

が成り立つ（$J(u, v)$ はヤコビアン；第2講参照）． □

ただし後の証明では実用に支障のない範囲でもう少し条件をつけます．

ヤコビアンに絶対値がつくのは面積を正とするため，前記(2)の $|\varphi'(t)|$ に絶対値がつくのと同様です．

この定理のイメージ的な説明は以下のとおりです．関数行列 $\begin{bmatrix} \varphi_u & \varphi_v \\ \psi_u & \psi_v \end{bmatrix}$ は (u, v) の各点において (3) による写像に「最も密着した一次変換」を表し，(u, v) 平面の小長方形あるいは小三角形を，面積がもとのほぼ $|J(u, v)|$ 倍の (x, y) 平面上の図形に写します．したがって左辺の重積分の区分求積に当たって，右辺の区分求積の各小長方形または小三角形に $|J(u, v)|$ を乗じて積分すれば値が一致します．

もちろんこれは厳密な証明とはいえませんが，後述の証明はこの簡略な記述を合理化したものです．その証明は以下の順に進みます．

（ⅰ）サードの定理：$\{J(u, v) = 0\}$ の像は零集合である．──したがって $J(u, v) = 0$ である部分は無視してよく，$J > 0$ と $J < 0$ の部分に分割して証明してよい (6.3節)．

（ⅱ）被積分関数が定数1のとき，(4)の右辺は像集合 D の面積を与える（6.4節）．形式的には(4)の特別な場合です．実際これを変数変換定理の系として扱っている教科書が多いようです．しかし証明の順序からいうとこれが鍵になる性質です．ここで(3)を C^2 級と仮定すると（2変数に限るが）簡単な証明ができます（後述）．

（ⅲ）以上を基礎として区分求積を評価する（6.5節）．

便宜上定理6.1を証明する前に応用例を挙げます．

6.2 変換定理の実例

例6.1 平面の直交座標と極座標の変換．これは累次積分（第4講）でも述べましたが変換を
$$x = r\cos\theta, \quad y = r\sin\theta$$
とすると
$$H(r,\theta) = \begin{vmatrix} \cos\theta & \sin\theta \\ -r\sin\theta & r\cos\theta \end{vmatrix} = r > 0$$
であり，変換公式は第4講で扱ったとおり
$$\iint_D f(x,y)\,dxdy = \iint_G \widetilde{f}(r,\theta)r\,drd\theta$$
となります．

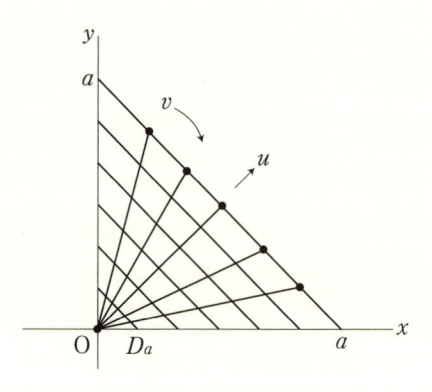

図6.1　例6.2の変換

例 6.2 $D_a = \{(x, y) | x \geqq 0, y \geqq 0, x+y \leqq a\}$ を

$$x+y = u, y/x = v \text{ すなわち } x = u/(1+v), y = uv/(1+v) \tag{5}$$

によって $G_a = \{(u, v) | 0 \leqq u \leqq a, 0 \leqq v < \infty\}$ から変換すると

$$J(u, v) = \begin{vmatrix} 1/(1+v) & -u/(1+v)^2 \\ v/(1+v) & u/(1+v)^2 \end{vmatrix} = \frac{u(1+v)}{(1+v)^3} = \frac{u}{(1+v)^2} > 0$$

です．G は無限区間ですが，有限の $\delta \leqq v \leqq b$ で切って $\delta \to 0, b \to +\infty$ とする変格積分として扱えます．具体例として p, q を正の定数として

$$\iint_{D_a} e^{-x} x^{p-1} e^{-y} y^{q-1} dxdy = \iint_{G_a} e^{-u} \frac{u^{p+q-1} v^{q-1}}{(1+v)^{p+q}} dudv$$
$$= \int_0^a e^{-u} u^{p+q-1} du \cdot \int_0^\infty \frac{v^{q-1}}{(1+v)^{p+q}} dv \tag{6}$$

を考えます．(6) の右辺第 2 項は $v/(1+v) = w$ と置換すると $1-w = 1/(1+v)$，$dw = dv/(1+v)^2$ であり，ベータ関数

$$\int_0^1 w^{q-1}(1-w)^{p-1} dw = B(q, p) = B(p, q)$$

で表されます．右辺第 1 項は $a \to \infty$ とすれば $\Gamma(p+q)$ です．他方左辺は $a \to \infty$ のとき一辺 a と $a/2$ の正方形上の積分と比較すれば $\Gamma(p) \cdot \Gamma(q)$ に収束します．これはガンマ関数との関連公式

$$B(p, q) = \frac{\Gamma(p) \cdot \Gamma(q)}{\Gamma(p+q)}$$

の直接証明です (別証は第 2 部第 12 話参照)．

例 6.3 第 1 象限で 4 曲線

$$xy = 1, xy = 3, x^2 - y^2 = 1, x^2 - y^2 = 4$$

によって囲まれた範囲 D で重積分

$$\iint_D (x^2 + y^2) dxdy \tag{7}$$

を求めよ(数検1級, 平成17年11月の検定問題).

一見大変な計算のように見え, 成績は悪かったそうです. しかし $u = x^2 - y^2$, $v = xy$ と置くと

$$\begin{vmatrix} u_x & u_y \\ v_x & v_y \end{vmatrix} = \begin{vmatrix} 2x & -2y \\ y & x \end{vmatrix} = 2(x^2 + y^2)$$

であり, (7)は $G = \{1 \leq u \leq 3,\ 1 \leq v \leq 4\}$ 上の重積分

$$\frac{1}{2}\iint_G 1 \cdot du dv = \frac{1}{2}\int_1^3 du \cdot \int_1^4 dv$$
$$= \frac{1}{2} \times (3-1) \times (4-1) = 3$$

です. これは前述の定理6.1に当てはめると (x, y) と (u, v) を交換した形です.

例6.4 3次元の直交座標と極座標. 3変数の場合を証明しませんが, 以下の議論を修正してまったく同様の結果が成立します.

$$x = r\sin\theta\cos\phi,\ y = r\sin\theta\sin\phi,\ z = r\cos\theta$$

のとき, ヤコビアンは

$$J(x, \theta, \phi) = \begin{vmatrix} \sin\theta\cos\phi & \sin\theta\cos\phi & \cos\theta \\ r\cos\theta\cos\phi & r\cos\theta\sin\phi & -r\sin\theta \\ -r\sin\theta\sin\phi & r\sin\theta\cos\phi & 0 \end{vmatrix}$$
$$= r^2(\cos^2\theta\sin\theta + \sin^3\theta) = r^2\sin\theta > 0$$

となり, 変数変換は次のとおりです.

$$\iiint_D f(x, y, z) d(x, y, z) = \iiint_G \widetilde{f}(r, \theta, \phi) r^2 \sin\theta\, d(r, \theta, \phi) \tag{8}$$

例えば θ が θ_1 と θ_2 ($\theta_1 < \theta_2$) の間にある半径 a の球台の体積は

$$\int_{r=0}^a r^2 dr \int_{\theta_1}^{\theta_2} \sin\theta\, d\theta \int_0^{2\pi} d\phi = \frac{2\pi}{3} a^3 (\cos\theta_1 - \cos\theta_2)$$

です. $\theta_1 = 0$, $\theta_2 = \pi$ なら全球の体積 $4\pi a^3/3$ です.

6.3 変換定理の証明(1) サードの定理

定理 6.2（サード（Sard）の定理）

G から D への写像 (3) において，ヤコビアン $J(u, v) = 0$ が成立する点 (u, v) の集合 N を写した像 K は，(x, y) 平面上の零集合である．すなわち任意の $\varepsilon > 0$ に対して，面積の総和が ε 以下の小三角形有限個で覆うことができる（定理 5.2 再掲）．

略証 まず G を大きな正方形 Ω （一辺の長さ L）で覆う．任意に与えられた $\varepsilon > 0$ に対して，m を十分大きな整数として Ω を縦横それぞれ m 等分し，分割された一辺の長さ L/m の小正方形 Q 内で，その中の任意の 2 点 (u, v), (s, t) に対し，次の関係が成立するようにする（C^1 級で一様に微分可能なことから従う）．

$$\left.\begin{aligned}\varphi(s, t) &= \varphi(u, v) + \varphi_u(u, v)(s-u) + \varphi_v(u, v)(t-v) + \delta_1 \\ \psi(s, t) &= \psi(u, v) + \psi_u(u, v)(s-u) + \psi_v(u, v)(t-v) + \delta_2\end{aligned}\right\} \quad (9)$$

剰余項　$|\delta_1|, |\delta_2| < L\varepsilon/m$

(9) に対して右辺の末尾の δ_1, δ_2 を除いた次の一次変換による

$$\left.\begin{aligned}x &= \varphi(u, v) + \varphi_u(u, v)(s-v) + \varphi_v(u, v)(t-v) \\ y &= \psi(u, v) + \psi_u(u, v)(s-u) + \psi_v(u, v)(t-v)\end{aligned}\right\} \quad (10)$$

(s, t) から (x, y) への写像を，(u, v) において (3) に接する一次変換とよぶ．ヤコビアンは (10) において 1 次の項の係数行列であり，(u, v) 付近のもとの図形を (x, y) 平面に写したとき，面積の拡大率を表す（線型代数学で既習とする）．

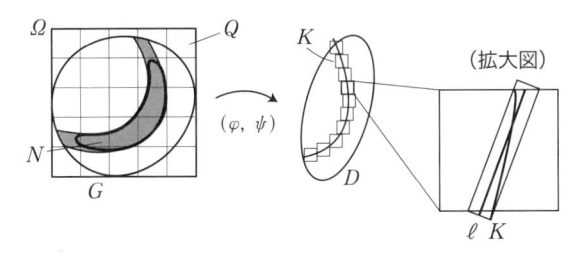

図 6.2　サードの定理の証明

多変数の微分積分学講義

さて，もし Q が集合 N の点 (u,v) を含めば，そこで (3) に接する一次変換 (10) をとると，ヤコビアンが 0 なので，それによる像は (x,y) 平面の線分 ℓ に退化する．その長さは φ, ψ の偏導関数 (有界) の上限だけから定まる定数 M によって M/m 以下である．$Q \cap N$ の (3) による像は ℓ の近くにあり，長さ M/m，幅 $2\sqrt{2}\,L\varepsilon/m$ の長方形に含まれる．その面積は $2\sqrt{2}\,LM\varepsilon/m^2 = M^*\varepsilon/m^2$ ($M^* = 2\sqrt{2}\,LM$ は (3) だけで定まる定数) 以下である．その長方形を対角線で三角形分割する．N の像 K はたとえ N が Ω を分割した m^2 個の小正方形全部と共通部分を有するほど拡がっていたとしても，総面積が $M^*\varepsilon$ 以下の有限個の三角形で覆われる．これは K が零集合であることを意味する．□

もとの N が G 全体に拡がっていても，(3) によるその像 K は小さい集合になり，積分に当たって無視してよいというのがサードの定理の趣旨です．これにより零集合 K を面積の和が小さい三角形で覆って除去する (後に $\varepsilon \to 0$ とする) ことにより，G をいくつかの部分集合に分けてその各々では $J > 0$ か $J < 0$ かに限定することができます．その区割りが有限個とすれば，(1) で $\varphi(t)$ が増加か減少の有限個の小区間に分割された場合と同様に，G 全体で J の符号が一定の場合を証明すれば十分です．同じことですから，以下すべて $J > 0$ と仮定し，(4) での絶対値記号を除きます．$J < 0$ でも J を $|J| = -J$ として同様にできます．

例 6.5　$x = u+v$, $y = uv$ により，$(\pm 1, \pm 1)$ ($\pm$ は全組合せ) を 4 頂点とする正方形 G を (x,y) 平面に写すと，$J = u-v$, $N = \{u = v\}$．像 D は二直線 $y = \pm x - 1$ と放物線 $4y = x^2$ (K に相当) です (図 6.3)．このときは N も零集合ですが，K は零集合です．D で $x^2 - 2y = u^2 + v^2$ の積分を計算します．途中の計算は略 (付録参照) して

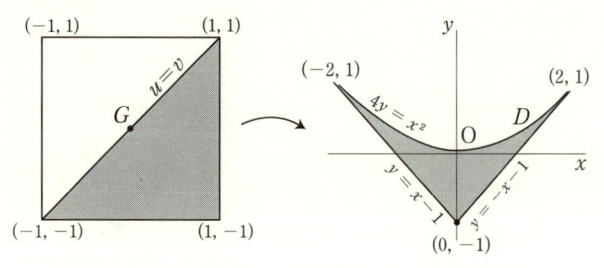

図 6.3　例 6.5 の像

$$\iint_D (x^2-2y)dxdy = 2\int_{x=0}^{2}\Big[\int_{y=x-1}^{x^2/4}(x^2-2y)dy\Big]dx = \frac{16}{15}$$

です．一方 (u, v) 平面において G の右下，左上の部分での積分はそれぞれ

$$\int_{u=-1}^{1}\Big[\int_{v=-1}^{u}(u^2+v^2)(u-v)dv\Big]du = \frac{16}{15}$$

$$-\int_{v=-1}^{1}\Big[\int_{u=-1}^{v}(u^2+v^2)(u-v)du\Big]dv = \frac{16}{15} \quad (J<0)$$

で，和はその 2 倍（二重）32/15 です．もし後者の積分で $|J|$ の絶対値を忘れると $-\frac{16}{15}$ となり和は 0 になります（これは誤り）． □

サードの定理は第 8 講で，つねに $J(u, v)=0$ ならば φ, ψ の間に「関数関係がある」ことを証明する折にも必要になります．

6.4 変換定理の証明(2) 像の面積

定理 6.3 写像(3)が G においてつねに $J>0$ を満たすとする．このとき

$$\iint_G J(u, v)dudv = 像 D の面積 \tag{11}$$

である．

略証 G を正則な小三角形に分割し，各小三角形 Q 内では (9) が成立するようにする．Q の代表点 (u, v) において (3) に接する一次変換 (10) によって Q は，面積がもとの Q の $J(u, v)$ 倍の小三角形 P に写される．ただし剰余項は小三角形の最大辺が δ 以下のとき，$M\delta\varepsilon$（M は φ, ψ の偏導関数の上限で定まる定数）以下になるようにする．

(3) 自身による Q の像 P^* は P と僅かに異なるが，その差は (P の周長) $\times M\delta\varepsilon \leq M_1\delta^2\varepsilon \leq M_2\varepsilon \times$ (Q の面積)（M_1, M_2 は定数）以下である．ここで分割した小三角形を正則なものに限り，ある定数 M_0 によって $\delta^2 \leq M_0 \times$(Q の面積)

が成立するようにしておいた．

　G の境界は零集合と仮定し，あらかじめ面積の総和が十分小さい三角形で覆って除いたとすれば，G 自体が小三角形の合併としてよい．そのとき各小三角形上で，$J(u, v)$ と面積との積 $= P$ の面積の総和，の極限が重積分 (11) である．一方 P^* の面積の和は (3) による G の像 D の面積であるが，両者の差は

$$M_2 \varepsilon \Sigma (Q \text{ の面積}) = M_2 \varepsilon (G \text{ の面積})$$

以下であり，$\varepsilon \to 0$ とすればいくらでも小さくなる．これは重積分 (11) が D の面積に等しいことを意味する． $\square$

別証　2 変数の場合に限定し，線積分 (第 10 講参照) を活用すると次のような証明が可能である．

　G を長方形 $\{a \leq u \leq b, c \leq v \leq d\}$ とし，G で $J > 0$ とする．この長方形の周を正の向きに一周する曲線を C とすると，グリーンの定理 (第 10 講参照) により，線積分は

$$\int_C (\varphi \psi_u du + \varphi \psi_v dv) = \int_c^d \left[\int_a^b \left(\frac{\partial(\varphi \psi_v)}{\partial v} - \frac{\partial(\varphi \psi_u)}{\partial v} \right) du \right] dv \tag{12}$$

である．右辺の被積分関数は

$$\varphi_u \psi_v - \varphi_v \psi_u + \varphi \psi_{vu} - \varphi \psi_{uv} = J(u, v) \tag{13}$$

であり，(12) の右辺は長方形 G での $J(u, v)$ の重積分に他ならない．他方左辺は $\int_\Gamma x dy$（Γ は C の像）と表すことができる．これは閉曲線 Γ で囲まれる部分の面積を表す．したがって G を小長方形に分割すれば，それらの合併 G^* での $J(u, v)$ の重積分は G^* の境界の像 Γ^* で囲まれた部分の面積に等しい．G^* を G に近づければ G での重積分 (11) は像 D の面積に等しい． $\square$

　線積分の理論を先に済ませておくと，この別証は鮮やかです．ただし ψ が C^2 級（少なくとも ψ_{xy} と ψ_{yx} が存在して相等しいこと）を仮定しなければなりません．実は 2 階導関数は (13) で見る通り打ち消し合うので，大変に技巧的ですが

C^1 級という仮定だけでこれを合理化することも可能です．実用上では余分な条件を付けても，別証のような進め方は意味があると思います．

6.5 変換定理の証明(3)　定理 6.1 の証明

定理 6.4　積分域 D は有界で境界が零集合とする．D を有限個の範囲 $D_1, \cdots, D_n$ に分割する．ただし各 D_j は面積 $\mu(D_j)$ が定まり，周が零集合で周以外は互いに共有点を持たず，全部の合併が D に等しいとする．D で一様連続な被積分関数 $f(x, y)$ について，各 D_j での最大値，最小値 (厳密には上限，下限) を M_j, m_j とし，上下の積和

$$\overline{J} = \sum_{j=1}^{m} M_j \mu(D_j), \quad \underline{J} = \sum_{j=1}^{m} m_j \mu(D_j) \tag{14}$$

を作る．D_j を細かく (直径の最大を 0 に) するとき，(14) はともに重積分 $\iint_D f(x, y) dxdy$ に近づく．すなわち三角形分割でなく「一般の分割」にしても重積分をえる．

略証　任意に与えられた $\varepsilon > 0$ に対し δ を小にとり，距離が δ 以下の 2 点での f の値の差は絶対値が ε 以下になるようにする．さらに各 D_j の直径を δ 以下にすると，$0 \le \overline{J} - \underline{J} \le \varepsilon \mu(D)$ である．零集合である D, D_j の境界を総面積 ε 以下の有限個の小三角形で覆えば，$|f| \le M$ としてその部分の寄与は εM 以下である．残りの部分を三角形分割して積和を作れば，上積分 $\overline{I}$ と下積分 $\underline{I}$ に対して

$$\underline{J} - \varepsilon M \le \underline{I} \le (\text{重積分}) \le \overline{I} \le \overline{J} + \varepsilon M,$$
$$\text{かつ}\quad \overline{J} - \underline{J} \le \varepsilon \mu(D)$$

が成立する．$\varepsilon \to 0$ ($\delta \to 0$) とすれば，$\overline{J}$ も $\underline{J}$ も共通の極限値に収束してそれは重積分の値そのものである．　□

第1部

多変数の微分積分学講義

定理 6.1 の証明 G の境界は零集合と仮定するので，総面積が十分に小さい有限個の三角形で覆う．残りの部分を十分細かい正則な三角形 $\triangle_1, \cdots, \triangle_n$ に分割する．(3) による $\triangle_j$ の像 D_j の面積は定理 6.3 により $\iint_{\triangle_j} J(u, v) du dv$ である．D_j での $f(x, y)$ の最大値，最小値(正しくは上限，下限)を M_j, m_j とすると

$$M_j \mu(D_j) \leq [\triangle_j \text{ での } \tilde{f}(u, v) J(u, v) \text{ の最大値}] \times \mu(\triangle_j)$$
$$m_j \mu(D_j) \geq [\triangle_j \text{ での } \tilde{f}(u, v) J(u, v) \text{ の最小値}] \times \mu(\triangle_j)$$

が成立するから，$\bigcup_{j=1}^{n} D_j = \tilde{D}$ での上下の積和 (14) は，$\bigcup_{j=1}^{n} \triangle_j = \tilde{G}$ での (4) の右辺の積和を $\overline{I}, \underline{I}$ とすると，式 (14) と比較して

$$\underline{I} \leq \underline{J} \leq \overline{J} \leq \overline{I}$$

である．$\tilde{G}$ を G ($\tilde{D}$ を D) に近づけて分割を細かくすれば，$\overline{I}, \underline{I}$ は共通の値 (4) の右辺に近づく．他方 $\overline{J}, \underline{J}$ は定理 6.4 により D での $f(x, y)$ の重積分 ((4) の左辺) に近づく．両者が共通な極限値を持つから (4) が成立する． □

以上により $J(u, v)$ の符号が一定の範囲で (4) が成立します．定理 6.2 により $J(u, v) = 0$ である集合 N の像 K は，いくらでも小さい総面積の三角形の和で覆うことができるので，全体として J の符号が変わっても，$J > 0$ と $J < 0$ に分けて加えれば (4) が成立します．例 6.5 で示したとおり $|J|$ の絶対値を忘れると答が合わなくなります．

以上で重積分の理論の主要部分は終りました．さらに変格積分 (広義の積分) については第 2 部第 7 話で論じます．

第7講 陰関数

「陰関数」とは $f(x, y) = 0$ という関係で結ばれた関数という意味の歴史的な用語ですが，現在では以下に述べる陰関数定理によって定義される関数をそうよびます．

7.1 陰関数の微分公式

導入例として $F(x, y, z) = x^2 + y^2 + z^2 - 1$ を考えます．$F = 0$ は原点を中心とする単位球面です．これを x, y の関数 $z = f(x, y) = \sqrt{1 - x^2 - y^2}$ と表せばそのグラフは球面の上半分です．このように（微分可能な）関数 $z = f(x, y)$ が3変数の関数 $F(x, y, z)$ に対してつねに

$$F(x, y, z) = F(x, y, f(x, y)) = 0 \tag{1}$$

を満足すれば，(1)は $z = f(x, y)$ の**陰関数表示**です．(1)が x, y について恒等的に成立するので，x, y で偏微分して

$$F_x + F_z \frac{\partial f}{\partial x} = 0, \quad F_y + F_z \frac{\partial f}{\partial y} = 0$$

です．もちろん F_x, F_y, F_z は $(x, y, f(x, y))$ での値とします．したがって，もしも $F_z(x, y, f(x, y)) \neq 0$ ならば

$$\frac{\partial f}{\partial x} = -\frac{F_x}{F_z}, \quad \frac{\partial f}{\partial y} = -\frac{F_y}{F_z} \tag{2}$$

という**陰関数の微分の公式**をえます．なお微分式を使えば，(2)は，$F(x, y, z) = 0$ の外微分（全微分）として

$$dF = F_x dx + F_y dy + F_z dz = 0$$

から求めることもできます．

この関係は $z = f(x, y)$ 上の一点 $P_0 : (x_0, y_0, f(x_0, y_0))$ での法線ベクトル（第2講参照）が定数因子 k によって

$$k\left(\frac{\partial f}{\partial x}, \frac{\partial f}{\partial y}, -1\right) = (F_x, F_y, F_z) = \operatorname{grad} F$$

と表されること，したがってそれと直交する接平面の方程式が

$$F_x \cdot (x - x_0) + F_y \cdot (y - y_0) + F_z \cdot (z - z_0) = 0$$

であることを意味します．

同様に平面曲線 $F(x, y) = 0$ の場合に $y = f(x)$ が恒等的に $F(x, f(x)) = 0$ を満たせば，$f(x)$ の微分は

$$f'(x) = \frac{dy}{dx} = -\frac{F_x(x, y)}{F_y(x, y)} \quad (F_y(x, y) \neq 0) \tag{3}$$

と表されます．図 7.1 のように $F(x, y) = 0$ の法線ベクトルが (F_x, F_y)，それと直交する接線ベクトルが $(-F_y, F_x)$ です．

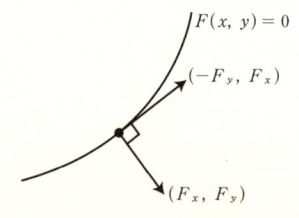

図 7.1　法線と接線

例 7.1　$x^3 + y^3 = 3xy$（デカルトの葉形；図は第 2 部図 8C）上の点 $(1.5, 1.5)$ での接線の方程式は，$F(x, y) = x^3 + y^3 - 3xy$ に対して

$$F_x = 3(x^2 - y), \quad F_y = 3(y^2 - x)$$

から $\frac{dy}{dx} = -1$（点 $(1.5, 1.5)$ で）であり，$(y - 1.5) = -(x - 1.5)$ すなわち，$x + y = 3$ と表されます．　□

このような形式的な計算は容易ですが、そもそも陰関数関係 $F(x, y) = 0$（あるいは $F(x, y, z) = 0$）が与えられたとき、上記のような条件を満たす $y = f(x)$（あるいは $z = f(x, y)$）が存在するか、というのが基本的な課題です．それを保証するのが、これから論ずる陰関数定理です．

7.2 陰関数定理

定理 7.1（**陰関数定理**）　3 変数の C^1 級関数 $F(x, y, z)$ が $F(x_0, y_0, z_0) = 0$ を満たし、点 $P_0:(x_0, y_0, z_0)$ において $F_z(x_0, y_0, z_0) \neq 0$ であると仮定する．このとき (x_0, y_0) の近傍の各点 (x, y) において恒等的に $F(x, y, f(x, y)) = 0$ を満たす C^1 級関数 $f(x, y)$ があり、その偏微分は (2) を満たす．$f(x, y)$ を $F = 0$ から定まる**陰関数**という．

系1（2 変数の場合）　2 変数の C^1 級関数 $F(x, y)$ が $F(x_0, y_0) = 0$, $F_y(x_0, y_0) \neq 0$ を満たせば、x_0 の近傍の各点 x において恒等的に $F(x, f(x)) = 0$ を満たす C^1 級関数 $f(x)$ があり、その微分は (3) を満たす．$f(x)$ を $F = 0$ から定まる**陰関数**という．

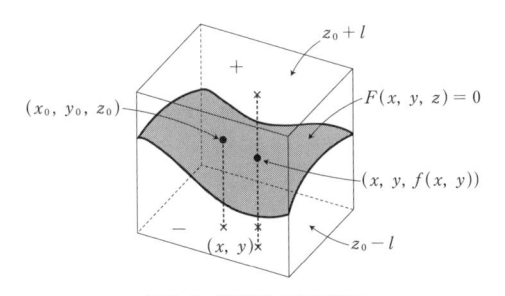

図 7.2　陰関数の存在証明

証明　系 1 は定理 7.1 の特別な場合（y に無関係で z を y と書き換える）である．$\partial F / \partial z \neq 0$ だからその近傍で符号が一定なので、正と仮定して一般性を失わない．(x_0, y_0) の近傍 $D = \{|x - x_0| < c, |y - y_0| < c\}$ において $\partial F / \partial z \geq \delta > 0$

第1部

多変数の微分積分学講義

としてよいから，十分小さい正の l をとるとき，D 内の各点 (x, y) において (x, y, z_0-l) で $F<0$，(x, y, z_0+l) で $F>0$ である（図 7.2；$+-$ はそこでの F の符号）．$\partial F/\partial z>0$ だから x, y を固定したとき F は z について単調増加である．したがって中間値の定理によって $F(x, y, z)=0$ である z がただ一つ定まる．それを $z=f(x, y)$ とおく．これにより $F(x, y, f(x, y))=0$ を満たする陰関数 $f(x, y)$ の**存在**が保証された．

次に $f(x, y)$ が**連続**であることを示す．$(x, y) \to (x_0, y_0)$ とするとき，$|f(x, y)-z_0| \leq l$ だから (x, y) から適当に部分列 (x_m, y_m) を抜けば $f(x_m, y_m)$ がある値 z^* に収束するようにできる．ここでつねに $F(x_m, y_m, f(x_m, y_m))=0$ だから極限値をとって（F は連続）$F(x_0, y_0, z^*)=0$ である．このような z^* は z_0 以外にない（$F_z(x_0, y_0, z_0)>0$ で z について狭義単調増加）．収束する部分列に対する $f(x, y)$ の極限値がつねに一定の z_0 である．これは $(x, y) \to (x_0, y_0)$ のとき $f(x, y) \to f(x_0, y_0)$，すなわち連続性を示す（他の点 (x, y) についても同様）．

最後に**微分可能性**を示す．$F(x, y, z)$ は C^1 級であって一様に微分可能（第1講参照）だから，$(x, y, z)=(x_0, y_0, z_0)$ である点もこめて (x, y, z) および (x_0, y_0, z_0) に関する 6 変数の連続な関数 U, V, W が存在して

$$F(x, y, z)-F(x_0, y_0, z_0)=(x-x_0)U+(y-y_0)V+(z-z_0)W \tag{4}$$

と表される．ここで $W(x_0, y_0, z_0; x_0, y_0, z_0)=F_z(x_0, y_0, z_0)>0$ だから，その近傍で $W \neq 0$ である．(4) に $z=f(x, y)$，$z_0=f(x_0, y_0)$ を代入すると左辺は 0 であり，$(x-x_0)U+(y-y_0)V+[f(x, y)-f(x_0, y_0)]W=0$，すなわち

$$f(x, y)-f(x_0, y_0)=P(x-x_0)+Q(y-y_0),$$
$$P=-\frac{U}{W}, \ Q=-\frac{V}{W} \tag{5}$$

である．ここで $\dfrac{U}{W}, \dfrac{V}{W}$ はすべて変数を $(x, y, f(x, y); x_0, y_0, f(x_0, y_0))$ とした 4 変数の関数である．しかも $(x, y)=(x_0, y_0)$ もこめて連続である．(5) は $f(x, y)$ が (x_0, y_0) において一様に微分可能，すなわち C^1 級であることを意味する．なお $P(x_0, y_0; x_0, y_0)=f_x(x_0, y_0)$，$Q(x_0, y_0; x_0, y_0)=f_y(x_0, y_0)$ だから，(5) は再度 (2) を表している． □

同じ条件下で F が C^r 級なら f も C^r 級であることも証明できます (r に関する数学的帰納法を活用する).

系2(1変数の逆関数定理)　区間 $a \leqq x \leqq b$ で $g(x)$ が C^1 級で $g'(x) \neq 0$ ならば, $y = g(x)$ を解いた逆関数 $x = \check{g}(y)$ が作られる. $\check{g}(y)$ は y について C^1 級であって

$$\frac{d\check{g}(y)}{dy} = 1 \Big/ \frac{dg}{dx} \quad (x = \check{g}(y) \text{ を代入}) \tag{6}$$

を満たす.

略証　$F(x, y) = y - g(x)$ について $\frac{\partial F}{\partial x} \neq 0$ なので, 定理 6.1 系 1 の x, y を交換した定理を適用して $x = \check{g}(y)$ を作る. (6) は (3) から導かれる. □

例7.2　$y = \tan x$ (x はラジアン変数) は $-\frac{\pi}{2} < x < \frac{\pi}{2}$ で単調増加し, $\frac{dy}{dx} = \frac{1}{\cos^2 x} \neq 0$ なので系2によって逆関数ができます. x と y を入れ替えたときそれが逆正接関数 $y = \arctan x$ の主値です. 主値を表すという意味で Arctan x と書くこともあります. $\tan^{-1} x$ という記号が慣用ですが, これは $\frac{1}{\tan x}$ (逆数) と混同しやすいので, 本書では少々長いが $\arctan x$ という記号を使います.

2変数関数の組による写像の逆写像についても陰関数の定理の応用として論ずることができますが, それは次講 (8.1 節) にまわします. 以下ではこの定理の応用と別証を述べます.

7.3　2曲面の交線

(x, y, z) 空間内の 2 曲面

$$S : F(x, y, z) = 0, \quad T : G(x, y, z) = 0 \tag{7}$$

多変数の微分積分学講義

が曲線 C において交わるとします(図 7.3).

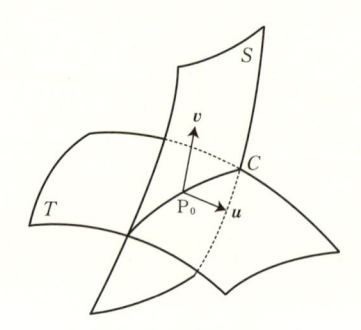

図 7.3 2曲面の交線

F, G は C^1 級であり，両者の共通点 $P_0(x_0, y_0, z_0)$ において，S, T の法線ベクトル u, v はつねに一次独立(0 でなく同じ方向でもない)と仮定します．それらは $u = \text{grad}\, F$, $v = \text{grad}\, G$ (第 2 講参照)と表されます．交線 C の P_0 での接線ベクトルは u, v と直交し，両者の外積(第 2 講参照)で表されます．成分で書けばヤコビアンによって

$$\left(\frac{\partial(F, G)}{\partial(y, z)}, \frac{\partial(F, G)}{\partial(z, x)}, \frac{\partial(F, G)}{\partial(x, y)} \right)$$

となります．この記号は例えば次のとおりです．

$$\frac{\partial(F, G)}{\partial(x, y)} = \frac{\partial F}{\partial x} \cdot \frac{\partial G}{\partial y} - \frac{\partial F}{\partial y} \cdot \frac{\partial G}{\partial x} \tag{8}$$

C と直交する**法平面**上の点は P_0 の位置ベクトル x_0 に u, v の一次結合(定数を掛けた和)を加えた形で表されます．

定理 7.2 ここでヤコビアン $\partial(F, G)/\partial(x, y)$ が P_0 の近傍で 0 でなければ，(7) を z について

$$x = \varphi(z),\ y = \psi(z) \quad (z = z) \tag{9}$$

と解き，交線 C を媒介変数 z によって(9)のように表現できる．

略証 ヤコビアン (8) が 0 でないから右辺のすべての成分が 0 ということはない．一般性を失うことなく $\partial F/\partial x \neq 0$ と仮定してよい．そのとき陰関数定理により $F(f(y, z), y, z) = 0$ を満たす $x = f(y, z)$ が存在する．これを G に代入して

$$G(f(y, z), y, z) = g(y, z)$$

とおく．このとき関数 g の偏導関数は

$$\frac{\partial g}{\partial y} = \frac{\partial G}{\partial x} \cdot \frac{\partial f}{\partial y} + \frac{\partial G}{\partial y} = \frac{\partial G}{\partial y} - \frac{\partial G}{\partial x} \cdot \frac{\partial F}{\partial y} \bigg/ \frac{\partial F}{\partial x}$$

$$= \frac{\partial(F, G)}{\partial(x, y)} \bigg/ \frac{\partial F}{\partial x} \neq 0$$

と表される．これは仮定によって 0 でないから，陰関数定理により $g(\psi(z), z) = 0$ を満たす $y = \psi(z)$ が存在する．これを $f(y, z)$ に代入して $x = f(\psi(z), z) = \varphi(z)$ とおけばよい．この操作の途中の $f(y, z)$, $g(y, z)$, $\psi(z)$, $\varphi(z)$ はすべて C^1 級である． □

次講で述べる $u = f(x, y)$, $v = g(x, y)$ の逆写像 ($\partial(f, g)/\partial(x, y) \neq 0$ のとき) の構成も定理 7.2 の証明と同巧異曲です．

例 7.3 円錐 $S: z^2 = 4(x^2 + y^2)$ と平面 $T: z = x + 1$ の交線 C は，z を媒介変数として

$$x = z - 1, \; y = \pm \frac{1}{2}\sqrt{(z-2)(3z-2)}, \; z = z, \; \left(\frac{2}{3} \leq z \leq 2\right) \tag{10}$$

と表されます．図形としては楕円です．交線 C 上の点 $(1, 0, 2)$ では，$\boldsymbol{u} = 4(-2, 0, 1)$, $\boldsymbol{v} = (-1, 0, 1)$ であり，法平面は $y = 0$，接線ベクトルは定数倍を除いて $(0, 1, 0)$ です．他の点 $\left(0, \frac{1}{2}, 0\right)$ では $\boldsymbol{u} = 2(0, -2, 1)$, $\boldsymbol{v} = (-1, 0, 1)$, C の接線ベクトルは定数倍を除いて $(2, 1, 2)$ であり，法平面は整理して $4x + 2y + 4z = 5$ と表されます．但し円錐面 S を平面に展開したとき切り口の楕円 C は正弦曲線にはなりません．

7.4 陰関数の具体的構成(1) 逐次反復

陰関数定理の前述の証明は伝統的なものですが，中間値の定理を活用した正しい証明です．これを具体的に $F(x, y, z) = 0$（または $F(x, y) = 0$）を解く目的に使えば，上下からはさんで区間を縮める「はさみうち法」あるいは区間縮小法を使うことになりますが，あまり効率的ではありません．近年では関数解析や数値解析への応用を視野に入れ，縮小写像列の極限によって陰関数を構成する証明が注目を引いています．詳しく述べるといろいろな準備が必要ですが，この考えは重要なので概要をのべます．3変数の $F(x, y, z) = 0$ についても同様にできますが，簡単のために以下では2変数の $F(x, y) = 0$, $F_y(x, y) \neq 0$ について論じます．

考え方は $F(x, y) = 0$ をそれと同値な関数方程式 $f = \Phi[f]$（$\Phi[f]$ は関数を別の関数に写す**汎関数**）に変形し，$\Phi[f]$ が縮小変換であることを示し，適当な初期値 f_0 からの逐次反復列 $f_{k+1} = \Phi[f_k]$ が極限の $f(x)$ に一様に収束して，それが求める陰関数 $y = f(x)$ だとするものです．

定理 7.3 定理 7.1 系 1 の条件の下で $\alpha = F_y(x_0, y_0) \neq 0$ とし，x_0 の近傍 U で定義された連続関数 $g(x)$ に対して

$$\Phi[g] = \Phi[g](x) = g(x) - \frac{1}{\alpha} F(x, g(x)) \tag{11}$$

とおく．このとき $F(x, f(x)) = 0$ は $f = \Phi[f]$ と同値である．Φ は関数 f の U における絶対値の最大値をノルム $\|f\|$ としたとき**縮小写像**：ある定数 $0 < \lambda < 1$ に対してつねに

$$\|\Phi[h] - \Phi[g]\| \leq \lambda \|h - g\| \tag{12}$$

である (例えば $\lambda = 1/2$ とできる)．任意の初期値 (例えば定数関数 $f_0 = y_0$) から始めて逐次反復 $f_{k+1} = \Phi[f_k]$ $(k = 0, 1, 2, \cdots)$ を繰り返せば，関数列 $f_k(x)$ は一様に極限関数 $f(x)$ に収束し，それが求める陰関数である．

証明 最初の主張 $f = \Phi[f]$ と $F(x, f(x)) = 0$ との同値性は(11)から明らかで

ある．縮小写像の収束については，次の一般的な定理から導かれる．

補助定理 7.4（縮小写像の原理） 完備なノルム空間（後述）Ω において写像 $x \to \Phi(x)$ が**縮小写像**，すなわち

ある定数 λ $(0 < \lambda < 1)$ があって

$$\|\Phi(x) - \Phi(y)\| \leqq \lambda \|x - y\| \tag{13}$$

が成立すると仮定する．このとき任意の一点 x_0 から始めて逐次反復列 $x_{k+1} = \Phi(x_k)$ $(k = 0, 1, 2, \cdots)$ を作れば，列 $\{x_k\}$ はある極限点 ξ に収束し，極限点は**不動点** $\xi = \Phi(\xi)$ である．

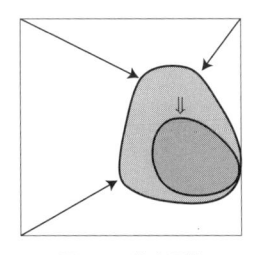

図 7.4　縮小写像

補助定理 7.4 の証明 k に関する数学的帰納法により

$$\|x_{k+1} - x_k\| \leqq \lambda \|x_k - x_{k-1}\| \leqq \lambda^k \|x_1 - x_0\|$$

である．これから $k < l$ とすると

$$\|x_l - x_k\| \leqq (\lambda^k + \lambda^{k+1} + \cdots + \lambda^{l-1}) \|x_1 - x_0\|$$
$$< \frac{\lambda^k}{1 - \lambda} \|x_1 - x_0\|$$

である．$R = \dfrac{\|x_1 - x_0\|}{1 - \lambda}$ は定数で $0 < \lambda < 1$, $\lambda^k \to 0$ だから，任意の $\varepsilon > 0$ に対し十分大きな k をとると x_k から先の $\{x_l\}$ は互いの距離が ε 以下にかたまる．これは $\{x_k\}$ が「コーシーの基本列」をなすことである．それがつねにある極限点 ξ に収束するというのが**完備性**である．したがって $\{x_k\}$ はある点 ξ に収束し

て $\|x_k - \xi\| \leq K \cdot \lambda^k \to 0$ (K は定数) である．$\Phi(x)$ は連続 (縮小写像の条件から $y \to x$ ならば $\Phi(y) \to \Phi(x)$) だから $\Phi(x_k) = x_{k+1} \to \Phi(\xi)$ となり $\xi = \Phi(\xi)$ である．極限点 ξ が唯一なことも縮小写像性からわかる． □

十分の説明なしに抽象的な定理を述べました．実数全体が $|x-y|$ をノルムとして完備なノルム空間であることは実数の連続性の一つの表現です．そして U での最大値をノルムとした U 上の連続関数の空間で，ノルムに関する収束は関数列としての一様収束であり，それが完備なことは (詳しく論じると大変に長くなりますが) 実数の完備性から証明できます．このような具体例を通すと，コーシーの基本列とか完備性などの意味が理解しやすいと思います．

あと (11) で作った $\Phi[g]$ が縮小写像であることを証明すれば定理 7.3 の証明が完結します．それを次節で述べます．

7.5 陰関数の具体的構成 (2)　　$\Phi[f]$ の性質の検証

以下記述を簡単にするために，座標を平行移動して $x_0 = y_0 = 0$ とします．$F(0, 0) = 0$ となります．前節の記号を使用します．

補助定理 7.5　十分小な正の定数 δ, L に対し，$K(\delta, L) = \{|x| \leq \delta$ で $|g(x)| \leq L$ である連続関数$\}$ に最大値ノルムを入れた空間 (完備) を Ω とする，(11) で定義される $g \to \Phi[g]$ ($g \in \Omega$) は，δ, L を適当に小さく採ると $\Phi[g] \in \Omega$ であり，かつ Φ は縮小写像である．

証明　まず $\alpha \neq 0$ なので $|x| \leq \delta, |y| \leq L$ において

$$|F_y(x, y) - F_y(0, 0)| \leq |\alpha|/2 \quad (\alpha = F_y(0, 0)) \tag{14}$$

であるように採ることができる．このとき

$$\Phi[g](x) = -\frac{1}{\alpha}[F(x, g(x)) - F_y(0, 0)g(x)]$$

と表される．(x, y) を固定し，$(0, 0)$ と結んだ線分上で
$$\varphi(t) = F(tx, tg(x)) - F_y(0, 0)tg(x) \quad (0 \leq t \leq 1)$$
とおく．$\varphi(0) = 0$ であり，t に関するその導関数は
$$\varphi'(t) = F_x(tx, tg(x))x + [F_y(tx, tg(x)) - F_y(0, 0)]g(x) \tag{15}$$
である．$|F_x(x, y)|$ の $x \leq \delta$, $|y| \leq L$ での最大値を M とすれば (15) の右辺の第1項の絶対値 $\leq M|x| \leq M\delta$ である．M は δ, L に依存するが，δ, L を小さくすれば減少するので，L を固定して δ を小にし $M\delta \leq |\alpha|L/2$ として一般性を失わない．(15) の後の [ ] 内の絶対値は (14) により $|\alpha|L/2$ 以下であり，まとめて $|\varphi'(t)| \leq |\alpha|L$ である．したがってもとの $\varphi(t)$ は
$$|\varphi(t)| \leq \int_0^1 |\varphi'(t)|dt \leq |\alpha|L, \quad |\Phi[g](x)| \leq L$$
を満たし，$\Phi[g] \in K(\delta, L)$ が確認された．

次に縮小写像であることを示す．$g, h \in K(\delta, L)$ に対してその凸結合 $tg(x) + (1-t)h(x) = g_t(x)$ $(0 \leq t \leq 1)$ も $K(\delta, L)$ に属する．これに Φ を施した関数を $\psi(t)$ (詳しくは $\psi(t)(x)$) とおく．
$$\begin{aligned}
&\psi(t) = g_t(x) - \frac{1}{\alpha} F(x, g_t(x)), \\
&\psi(1) = g(x), \ \psi(0) = h(x), \\
&\Phi[g] - \Phi[h] = \int_0^1 \psi'(t)dt
\end{aligned} \tag{16}$$
だが，ψ の導関数は
$$\begin{aligned}
\psi'(t) &= g(x) - h(x) - \frac{1}{\alpha} F_y(x, g_t(x))[g(x) - h(x)] \\
&= -\frac{1}{\alpha}[F_y(x, g_t(x)) - F_y(0, 0)][g(x) - h(x)]
\end{aligned}$$
と表される．(14) により
$$|\psi'(t)| \leq \frac{1}{|\alpha|} \cdot \frac{|\alpha|}{2}|g(x) - h(x)| \leq \frac{1}{2}\|g - h\|$$

であり，(16) により $\psi'(t)$ を積分して $\|\varPhi[g]-\varPhi[h]\| \leqq \frac{1}{2}\|g-h\|$ である．なお定数 $\frac{1}{2}$ は (14) の作り方によって 1 未満の任意の正の数にとることができる（それに応じて δ, L が変わる）．　□

　かなり，技巧的ですが，ε–δ 式論法の典型例です．ここに求めた極限の関数 $f(x)$ が C^1 級であることは，直接に定理 7.1 の証明（7.2 節）のようにしてできます．しかしもし，あくまで極限関数の形で示そうと思うなら，$f_0(x) = y_0$（定数）から始めて作った逐次の関数列がすべて C^1 級であり，さらに「一様にリプシツ連続」であることを証明する必要があります．それがわかれば導関数列 $f'_k(x)$ も一様に収束し，その極限関数が $f(x)$ の導関数と一致することが証明できて，$f(x)$ も C^1 級になります．

　それらも必ずしも難しくはありませんが，その種の基礎理論をもう少し根気よく続ける必要があります．それは関数解析の入門用には重要ですが，普通の微分積分学の範囲では凝りすぎと感じたので省略します．

　(11) では分母の α が一定の偏微分係数 $F_y(x_0, y_0)$ なので，上記の反復はいわば「準ニュートン法」です．これを毎回その点での偏微分係数 $F_y(x_k, f_k(x_k))$ と採れば真のニュートン法です．そうすると収束は早くなりますが，計算の手間が増大して必ずしも実用的とはいえません．上述の証明は準ニュートン法の収束性をも証明したことになります．

　次講では引き続き 2 変数関数の組による写像の逆写像と関数関係を論じます．

第8講 逆写像・関数関係

本講の話題はまったく理論的な内容です．実用的には結果を理解して活用すれば済みます．これを取り上げたのは，この部分を詳しく論じている教科書が余りないように感じたからです．第6講で示したサードの定理や前講の陰関数定理などを既知とします．

8.1 多変数の逆写像

(x, y) 平面の範囲 D で定義された 2 個の関数

$$u = f(x, y), \quad v = g(x, y), \quad (x, y) \in D \tag{1}$$

が C^1 級のとき，その関数行列(第2講参照)を

$$\left[\frac{\partial(f, g)}{\partial(x, y)}\right] = \begin{bmatrix} \partial f/\partial x & \partial f/\partial y \\ \partial g/\partial x & \partial g/\partial y \end{bmatrix}$$

と表し，その行列式(ヤコビアン)を

$$J(x, y) = \frac{\partial f}{\partial x} \cdot \frac{\partial g}{\partial y} - \frac{\partial f}{\partial y} \cdot \frac{\partial g}{\partial x} \tag{2}$$

と定義します．関数の組 (1) により D は (u, v) 平面のある範囲 G に写されますが，その逆写像を考えます．

定理 8.1 上記の写像においてヤコビアンが非零：$J(x, 0) \neq 0$ とする．このとき (u, v) 平面の像 G の各点 (u_0, v_0) の近傍で一意的に逆写像 $x = \varphi(u, v)$，$y = \psi(u, v)$ を作ることができる．φ, ψ は C^1 級である．

第1部

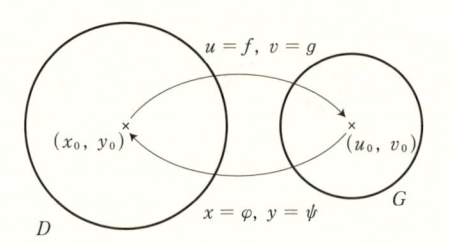

多変数の微分積分学講義

図8.1 写像と逆写像

証明 D の点 (x_0, y_0) が (u_0, v_0) に写されたとする．$J \neq 0$ だから (2) の右辺4個の導関数すべてが0ではありえない．一般性を失うことなく (x_0, y_0) の近傍で $\partial g/\partial y \neq 0$ としてよい．そのとき陰関数定理により，$g(x, y) = v$ を (x_0, y_0) の近くで x を助変数として，y について解いた関数 $y = \eta(x, v)$ を作ることができる．η は x, v の関数として C^1 級であり，$g(x, \eta(x, v)) = v$ から，その導関数は

$$\frac{\partial g}{\partial x} + \frac{\partial g}{\partial y} \cdot \frac{\partial \eta}{\partial x} = 0$$

を満たす．$y = \eta(x, v)$ を $f(x, y)$ に代入して $F(x, v) = f(x, \eta(x, v))$ とおくと，F は x, v の関数として C^1 級であり

$$\begin{aligned}\frac{\partial F}{\partial x} &= \frac{\partial f}{\partial x} + \frac{\partial f}{\partial y} \cdot \frac{\partial \eta}{\partial x} \\ &= \frac{\partial f}{\partial x} - \frac{\partial f}{\partial y} \frac{\partial g}{\partial x} \Big/ \frac{\partial g}{\partial y} = J \Big/ \frac{\partial g}{\partial y} \neq 0\end{aligned}$$

である．したがってふたたび陰関数定理により $F(x, v) = u$ を (x_0, u_0, v_0) の近くで x について解くことができる．それを $x = \varphi(u, v)$ とおく．これを $y = \eta(x, v)$ に代入して

$$y = \eta(x, v) = \eta(\varphi(u, v), v) = \psi(u, v)$$

を作る．この構成から φ, ψ はともに u, v について C^1 級であり，$\varphi(u_0, v_0) = x_0$，$\psi(u_0, v_0) = \eta(x_0, v_0) = y_0$ である． □

系 このとき関数行列 $\left[\dfrac{\partial(\varphi, \psi)}{\partial(u, v)}\right]$ はもとの関数行列 $\left[\dfrac{\partial(f, y)}{\partial(u, v)}\right]$ の逆行列である.

$$\begin{bmatrix} \dfrac{\partial \varphi}{\partial u} & \dfrac{\partial \varphi}{\partial v} \\ \dfrac{\partial \psi}{\partial u} & \dfrac{\partial \psi}{\partial v} \end{bmatrix} \begin{bmatrix} \dfrac{\partial f}{\partial x} & \dfrac{\partial f}{\partial y} \\ \dfrac{\partial g}{\partial x} & \dfrac{\partial g}{\partial y} \end{bmatrix} = \begin{bmatrix} 1 & 0 \\ 0 & 1 \end{bmatrix}$$

したがってヤコビアンは互いに逆数であり, $\dfrac{\partial \varphi}{\partial u}$ などは次のように表される.

$$\begin{aligned} \dfrac{\partial \varphi}{\partial u} &= \dfrac{\partial g}{\partial y} \Big/ J, \quad \dfrac{\partial \varphi}{\partial v} = -\dfrac{\partial f}{\partial y} \Big/ J, \\ \dfrac{\partial \psi}{\partial u} &= -\dfrac{\partial g}{\partial x} \Big/ J, \quad \dfrac{\partial \psi}{\partial v} = \dfrac{\partial f}{\partial x} \Big/ J \end{aligned} \tag{3}$$

ここで (3) の右辺は $x = \varphi(u, v)$, $y = \psi(u, v)$ を代入して整理した値である.

これは $f(\varphi(u, v), \psi(u, v)) = u$, $g(\varphi(u, v), \psi(u, v)) = v$ を u, v で偏微分して直接に求められます.

定理 8.1 の証明が前講の定理 7.2 の証明とまったく同巧異曲であることに注意します. ただし後で必要があるので少し詳しく説明しました.

$J > 0$ のときには写像は同じ向きですが, $J < 0$ のときには逆向き (裏返し) に写されます.

例 8.1 複素数平面で $(x+yi)^2 = u+iv$ に相当する写像

$$u = x^2 - y^2, \quad v = 2xy \tag{4}$$

を考えます. ヤコビアンは

$$J(x, y) = \begin{vmatrix} 2x & -2y \\ 2y & 2x \end{vmatrix} = 4(x^2 + y^2)$$

であり, 原点 $(0, 0)$ 以外では正です. 少し計算すると, (x, y) 平面上の直線は (4) によって (u, v) 平面の放物線に写されることがわかります (付録参照). $(u, v) \neq (0, 0)$ において (4) を x, y について解くと

$$x = \pm \sqrt{\dfrac{1}{2}(\sqrt{u^2+v^2}+u)}, \quad y = \pm \sqrt{\dfrac{1}{2}(\sqrt{u^2+v^2}-u)} \quad \text{(複号同順)} \tag{5}$$

になります．(u, v) の原像は原点に対して対称な 2 点ですが，そのどちらか一方をとれば，その近傍で (5) の符号を正しくとって逆写像 $x = \varphi(u, v)$, $y = \psi(u, v)$ を作ることができます．このとき (u, v) 平面の直線は (φ, ψ) によって (x, y) 平面の直角双曲線に写されます．

例 8.2 写像というよりも関数行列の逆関係をみるために，平面の直交座標 (x, y) と極座標 (r, θ) の変換

$$x = r\cos\theta,\ y = r\sin\theta,$$
$$r = \sqrt{x^2 + y^2},\ \theta = \arctan(y/x) \tag{6}$$

を考えます．ただし最後の偏角の式は多価関数である逆正接関数の枝のとり方に注意がいります．$r \neq 0$ なら

$$\left[\frac{\partial(x, y)}{\partial(r, \theta)}\right] = \begin{bmatrix} \cos\theta & -r\sin\theta \\ \sin\theta & r\cos\theta \end{bmatrix},$$
$$\left[\frac{\partial(r, \theta)}{\partial(x, y)}\right] = \begin{bmatrix} x/r & y/r \\ -y/r^2 & x/r^2 \end{bmatrix}$$

であって両者を掛ければ単位行列になります．行列式はそれぞれ r と $1/r$ で互いに逆数です．

写像とすれば $(r, \theta) \to (x, y)$ は一通りに定まりますが，同じ $(x, y)(\neq (0, 0))$ に写される (r, θ) は偏角 θ に 2π の整数倍の差がある無限に多くの点です．しかしある特定の (r_0, θ_0) の近傍に限定すれば，θ が一意的に定まって 1 対 1 の写像になります．

8.2 関数関係(1) 必要条件

2 個の関数の組 (1) が**関数関係**をもつとは，u, v のある関数 $F(u, v)$ があって恒等的に

$$F(f(x, y), g(x, y)) = 0 \tag{7}$$

が成立することです．しかし $F(u, v)$ が恒等的に 0 である関数だったら (7) は

無意味です．そこでどのような開円板内でも $F(u, v)$ が恒等的に 0 ではないが，$F(u, v) = 0$ となる点 (u, v) がどこかに存在するような関数に限定します．便宜上このような関数を**疎零**(それい)**関数**とよぶことにします．例えば u, v の 1 次以上の多項式は疎零関数です．

定理 8.2 2 個の関数の組 (1) が連続な疎零関数 $F(u, v)$ について恒等的に (7) を満たせば，(1) のヤコビアン $J(x, y)$ は恒等的に 0 である ($J = 0$ が必要条件)．

証明 もしも F が C^1 級なら (7) を x, y について偏微分すると

$$\frac{\partial F}{\partial u} \cdot \frac{\partial f}{\partial x} + \frac{\partial F}{\partial v} \cdot \frac{\partial g}{\partial x} = 0,$$
$$\frac{\partial F}{\partial u} \cdot \frac{\partial f}{\partial y} + \frac{\partial F}{\partial v} \cdot \frac{\partial g}{\partial y} = 0 \tag{8}$$

である．もしある開円板で恒等的に $\dfrac{\partial F}{\partial u} = \dfrac{\partial F}{\partial v} = 0$ ならば F はそこで定数であり，$F(u, v) = 0$ である点があれば恒等的に 0 になって疎零関数ではない．したがって $\dfrac{\partial F}{\partial u} = \dfrac{\partial F}{\partial v} = 0$ となるのは特別の点だけであり，密な集合上で $\dfrac{\partial F}{\partial u} \neq 0$ か $\dfrac{\partial F}{\partial v} \neq 0$ である．そのときには (8) から $\dfrac{\partial f}{\partial x} \cdot \dfrac{\partial g}{\partial y} = \dfrac{\partial f}{\partial y} \cdot \dfrac{\partial g}{\partial x}$ すなわち $J(x, y) = 0$ を得る．$J(x, y)$ は連続だから，除外された点でも 0 である．

$F(u, v)$ が**連続**というだけの条件ではこの論法は使えない．しかしもしも $J(x_0, y_0) \neq 0$ である点があれば，J 自体は連続だから，その近傍 U で 0 でない．定理 8.1 により $u_0 = f(x_0, y_0)$，$v_0 = g(x_0, y_0)$ の近傍 (開円板) V で逆写像ができ，V の各点が U の像に含まれてそこでつねに $F(u, v) = 0$ である．これは F が疎零関数という仮定に反する． □

このように論ずれば証明の前半は蛇足ですが，前半だけで済ませている教科書が多いので注意しました．

実用上重要な (後に実際に使う) のはこの逆「$J = 0$ なら関数関係がある」という定理です．D 全体で $J(x, y) = 0$ ならば各点 (x_0, y_0) の近傍で定理 8.1 の証

明をたどると，以下のような「証明もどき」ができます．

このときにもし恒等的に $\frac{\partial f}{\partial x} = \frac{\partial f}{\partial y} = 0$ あるいは $\frac{\partial g}{\partial x} = \frac{\partial g}{\partial y} = 0$ ならば，f あるいは g が定数 c であり，$F(u, v) = u - c$ または $v - c$ と採れば済みます．そうでなければ $\partial g / \partial v \neq 0$ と仮定して一般性を失わず，定理 8.1 の証明どおりに $y = \eta(x, v)$ ができます．このとき $\widetilde{f}(x, v) = f(x, \eta(x, v))$ は $\partial \widetilde{f} / \partial x = 0$ なので x を含まず，v だけの関数 $\widetilde{F}(v)$ と表されます．すなわち恒等的に $u - \widetilde{F}(v) = 0$ なので，$F(u, v) = u - \widetilde{F}(v)$ と置けば条件が満たされます． □

しかしここで作った関数 $\widetilde{F}(v)$ や $F(u, v)$ は最初の点 (x_0, y_0) の像 (u_0, v_0) の近傍だけで作られる関数です．局所的な議論にはそれでよいが，これらをつないで大域的な関数 $F(u, v)$ を作るのは困難です．これだけでは完全な証明とはいえません．

この点が注意され正しい証明が与えられたのは意外と新しく，1926 年のクノップ・シュミットの論文が最初のようです．彼らは $F(u, v)$ を C^∞ 級に作りましたが，以下では簡易化して C^1 級の F で済ませます．ただし C^∞ 級にするのは技巧上の問題にすぎず本質的に同じ考えでできます．理論的な話に深入りしますが，これまでの教科書にほとんど扱われていないので，ここに紹介します．

8.3 関数関係(2)　　十分条件

定理 8.3　2 個の関数の組 (1) がつねにヤコビアンが 0：$J(x, y) = 0$ を満たせば関数関係がある．すなわちその像平面 (u, v) において C^1 級の疎零関係 $F(u, v)$ を作り，(1) の像 E 上でつねに $F(u, v) = 0$ すなわち恒等的に $F(f(x, y), g(x, y)) = 0$ となるようにできる（**クノップ・シュミットの定理**）．

証明　サードの定理（第 6 講参照）により $\{J(x, y) = 0\}$ を (1) で写した像 E は，(u, v) 平面上で零集合である (6.3 節と記号 (x, y)，(u, v) が逆だが意味は同じ)．したがって次の定理を示せばそれに含まれる． □

第 8 講

逆写像・関数関係

定理 8.4 (u, v) 平面に有界な零集合 E があれば, E 上で 0 となる C^1 級の疎零関数 $F(u, v)$ を構成できる.

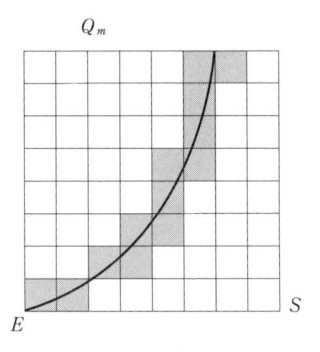

図 8.2 零集合 E と網目

定理 8.4 の証明 E を十分大きな正方形 S で覆う. ただし S の辺は x 軸または y 軸に平行でそれらの座標が整数であるように採る. $m = 0, 1, 2, \cdots$ とし, 各 m について S を

$$x = 整数/2^m, または y = 整数/2^m$$

で表される直線で切って一辺が $1/2^m$ の小さい網目 Q_m を作る (図 8.2). E は零集合だからどの Q_m についてもそれを満たすことはない. もし満たしたら面積が正で, 総面積がいくらでも小さい有限個の三角形では覆えなくなる. E と共有点をもつ Q_m (図 8.2 の網目) では $\varphi_m(u, v) = 0$ とおく. E と共有点をもたない Q_m では, φ_m をその周で 0, 内部で

$$\varphi_m(u, v) = \sin^2(2^m \pi u) \cdot \sin^2(2^m \pi v) \tag{9}$$

とおく. それらを集めた関数を $\varphi_m(u, v)$ で表す. φ_m は C^1 級で E と共有点をもたない Q_m の内部では正である. これらから

$$F(u, v) = \sum_{m=1}^{\infty} \frac{1}{4^m} \varphi_m(u, v) \tag{10}$$

89

を作る．$|\varphi_m| \leq 1$ から (10) は優級数 $\sum_{m=1}^{\infty} \frac{1}{4^m}$ をもち，一様に収束して連続関数を表す．さらに

$$\frac{\partial \varphi_m}{\partial u} = 2^m \pi \sin(2^{m+1}\pi u) \cdot \sin^2(2^m \pi v) \quad (\frac{\partial \varphi_m}{\partial v} \text{ も同様}) \text{ で } \left|\frac{\partial \varphi_m}{\partial u}\right| \leq 2^m \pi \text{ だから}$$

(10) の右辺を項別に u （または v）で偏微分した級数も優級数 $\pi \sum_{m=1}^{\infty} \frac{\pi}{2^m}$ をもち，一様に収束する．そのときには $F(u, v)$ は u （または v）で偏微分可能で $\partial F/\partial u$ $(\partial F/\partial v)$ は項別微分した級数の和に等しい．その極限は連続関数だから F は C^1 級である．

E を含む Q_m では $\varphi_m = 0$ だから，E 上では $F(u, v) = 0$ である．最後に F が疎零関数であることを示す．どのような開円板 U でもその中に E と共有点をもたない Q_m があれば，そこでは $F > 0$ である（各 $\varphi_k \geq 0$ で，少なくとも一つの正の φ_m があるから）．U が E と共有点をもっても $U \cap E$ が零集合だからそれが U 内で密ということはない．そうならそれを覆うのに少なくとも U の面積の三角形の族がいる．したがって U 内に E と共有点をもたない近傍（円板）V がありその中の小正方形内では $F > 0$ である．すなわち F はどのような開円板内でも恒等的に 0 ではなく，疎零関数である．　　　　　　　　　　　　　　　□

平面のトポロジー（点集合の位相）について若干の予備知識が必要と思いますが，方針は理解できると思います．ここで (9) の構成を工夫すれば，φ_m を任意の r に対する C^r 級あるいは C^∞ 級にできます．

8.4 関数間の一次従属性

ついでに多変数の関数とは限りませんが，関数間の一次従属性に関する**ロンスキアン**（Wronskian）について一言します．

定まった区間 $a \leq x \leq b$ で定義された n 個の関数 $f_1(x), \cdots, f_n(x)$ が**一次従属**とは，$c_1 = c_2 = \cdots = c_n = 0$ ではない（少なくとも1つは0でない）定数 $c_1, c_2, \cdots, c_n$ をとって

$$c_1 f_1(x) + c_2 f_2(x) + \cdots + c_n f_n(x) = 0 \quad (a \leqq x \leqq b \text{ で恒等的に}) \tag{11}$$

となることです．$n = 2$ ならばどちらか一方が 0 であるかまたは $f_1(x)$ と $f_2(x)$ がつねに比例することです．$f_1(x), \cdots, f_n(x)$ が C^{n-1} 級なら (11) を次々に微分した式を連立一次方程式とみなすと，それらの行列式が 0：

$$\begin{vmatrix} f_1(x) & f_2(x) & \cdots & f_n(x) \\ f_1'(x) & f_2'(x) & \cdots & f_n'(x) \\ \cdots & \cdots & \cdots & \cdots \\ f_1^{(n-1)}(x) & f_2^{(n-1)}(x) & \cdots & f_n^{(n-1)}(x) \end{vmatrix} = W(f_1, f_2, \cdots, f_n) = 0 \tag{12}$$

でなければなりません．この行列式を**ロンスキアン**とよびます（Wronski はポーランドの数学者）．

では逆に (12) が恒等的に 0 ならば $f_1(x), f_2(x), \cdots, f_n(x)$ は一次従属でしょうか？ 局所的にはそうなりますが，大域的には問題があります．

例 8.3（ペアノの例） $n = 2$ とし $f_1(x) = x^2$, $f_2(x) = x|x|$ とおきます．ともに C^1 級で $f_1'(x) = 2x$, $f_2'(x) = 2|x|$ です（$x > 0$ と $x < 0$ とに分けて考える）．したがって

$$W(f_1, f_2) = \begin{vmatrix} x^2 & x|x| \\ 2x & 2|x| \end{vmatrix} = 0$$

です．しかし f_1 と f_2 とは $x \leqq 0$ では $f_1 + f_2 = 0$, $x \geqq 0$ では $f_1 - f_2 = 0$ という一次従属関係をもつものの，係数が異なるので実数全体で一次従属とはいえません． □

ロンスキアン $= 0$ のときの一次従属性については 1900 年前後にペアノ，ボーシェルによる多くの研究があります．実用上は次の定理で十分と思います．

定理 8.5 $f_1, \cdots, f_n$ が C^{n-1} 級であり，ロンスキアンが恒等的に 0 とする．もしも $f_1, \cdots, f_n$ のうち $(n-1)$ 個とったロンスキアンの少なくとも 1 つが決して 0 にならなければ，$f_1, \cdots, f_n$ は一次従属である．

第1部

多変数の微分積分学講義

略証 (12)の最下行に対する余因子を $W_1, \cdots, W_n$ とおく．$W_n \neq 0$ と仮定して一般性を失わない．行列式の性質から

$$W_1 f_1^{(k)} + W_2 f_2^{(k)} + \cdots + W_n f_n^{(k)} = 0 \quad (k = 0, 1, \cdots, n-1) \tag{13}$$

である．W_k は $(n-2)$ 階までの導関数しか含まないから C^1 級であり，$k \leq n-2$ ならば(13)の左辺は微分可能で，$k+1$ に対する(13)から

$$W_1' f_1^{(k)} + W_2' f_2^{(k)} + \cdots + W_n' f_n^{(k)} = 0 \tag{14}$$

をえる．$W_n = W(f_1, \cdots, f_{n-1})$ の第 l 列の要素 $f_l^{(k)}$ に対する余因子を (14) に掛けて，$k = 0$ から $(n-2)$ までについて加えると，l, n 以外は 0，l 列は $-W_l$ となる(後者は l 列と n 列を交換)．これから

$$W_l' W_n - W_n' W_l = 0$$

をえる．$W_n^2 \neq 0$ で割ると

$$\frac{d}{dx}\left(\frac{W_l}{W_n}\right) = 0, \; \frac{W_l}{W_n} = c_l \; (\text{定数}) \quad (l = 1, 2, \cdots, n-1)$$

である．$W_1 f_1 + \cdots + W_n f_n = 0$ を W_n で割れば

$$c_1 f_1 + \cdots + c_{n-1} f_{n-1} + c_n f_n = 0, \; c_n = 1 \neq 0$$

となり，$f_1, \cdots, f_n$ は一次従属である． □

系 $f_1, \cdots, f_n$ がすべて解析関数ならば，ロンスキアン $W(f_1, \cdots, f_n) = 0$ が一次従属のための必要十分条件である．

略証 上の記号で $W_n \neq 0$ である点 x_0 があるとしてよい．その点の近傍で一次従属関係(11)が成立する．解析関数の性質(一致の定理)により，その等式は定義域全体で成立する． □

実は同じ記号を使うとき，$W_1, \cdots, W_n$ が同時に 0 になることがなければ $W = 0$ から一次従属性が導かれます．例 8.3 では $x = 0$ において $f_1 = W_2$ と

$f_2 - W_1$ とが同時に 0 になるために，この条件にあてはまりません．

他方 $f_1(x), \cdots, f_n(x)$ が区間 $a \leqq x \leqq b$ で連続なとき**内積**

$$\int_a^b f_j(x)f_k(x)dx = \langle f_j, f_k \rangle$$

を (j, k) 成分とする**グラム行列式** $G(f_1, \cdots, f_n) \geqq 0$ であり，これが 0 であることが一次従属性の必要十分条件になります．この事実も行列式の性質を活用して証明できます．

最後の節は少し逸脱しましたが，線型常微分方程式の理論で活用されますので解説しておきました．

次講では陰関数の定理の応用として条件付き極値問題を扱います．

第9講 条件付き極値問題

9.1 条件付き極値問題

もっと変数の多い場合も同様ですが，2変数 x, y で次の問題を考えます．

問題 9.1 制約条件 $g(x, y) = b$ (定数) の下で，目的関数 $f(x, y)$ を最小にする (x, y) を求めよ．

ここで f, g は C^1 級で停留点 ($g_x(x_0, y_0) = 0$, $g_y(x_0, y_0) = 0$ が同時に成立する点) はないとします．$g = 0$ とせず助変数 b を入れた理由は次節で述べます．

もしも $g(x, y) = b$ を y について解いて $y = \varphi(x)$ と表すことができれば，問題は

$$p(x) = f(x, \varphi(x)) \tag{1}$$

の x に関する最小値を求めることになります．最小値をとる点を (x_0, y_0) ($g(x_0, y_0) = b$ を仮定) とし，$g_y(x_0, y_0) \neq 0$ とすれば，陰関数定理 (第7講参照) から $y_0 = \varphi(x_0)$ を満たす関数を作ることができます．(1) の極値は

$$\frac{dp}{dx} = \frac{\partial f}{\partial x} + \frac{\partial f}{\partial y} \cdot \frac{d\varphi}{dx} = 0$$

から $\varphi'(x_0)$ の公式により

$$\frac{f_x(x_0, y_0)}{g_x(x_0, y_0)} = \frac{f_y(x_0, y_0)}{g_y(x_0, y_0)} \quad (\text{分母} = 0 \text{ なら分子} = 0 \text{ とする}) \tag{2}$$

が成立します．(2) の値を λ と置けば (2) は

$$f_x(x_0, y_0) - \lambda g_x(x_0, y_0) = 0,$$
$$f_y(x_0, y_0) - \lambda g_y(x_0, y_0) = 0$$

となります．これは助変数 λ を加えた

$$F(x, y, \lambda) = f(x, y) + \lambda(b - g(x, y)) \tag{3}$$

に対して

$$\frac{\partial F}{\partial x} = 0, \quad \frac{\partial F}{\partial y} = 0, \quad \text{付帯条件は} \frac{\partial F}{\partial \lambda} = 0 \tag{4}$$

と表されます．以上をまとめると次のとおりです．

定理 9.1 問題 9.1 の解は (3) のようにおいた 3 変数 x, y, λ の関数の停留点（無条件極値）に含まれる． □

この λ を**ラグランジュ乗数**（Lagrange multiplier）とよびます．変数の個数が多いときも同様です．制約条件式が複数個あるときは，そのおのおのにラグランジュ乗数をつけて同様に扱うことができます．

例 9.1 $g(x, y) = xy = 1 \ (x > 0, \ y > 0)$ の下で $f(x, y) = x + y$ を最小にする問題を考えます．直接に $(x+y)^2 = (x-y)^2 + 4xy$ から $x = y = 1$ のときの 2 が最小値であることが確かめられますが，上記の方法を使って見ましょう．
$F = x + y + \lambda(1 - xy)$ に対応して $\dfrac{\partial F}{\partial x} = 1 - \lambda y$, $\dfrac{\partial F}{\partial y} = 1 - \lambda x$ で，極値の候補は $\lambda y = 1, \ \lambda x = 1, \ xy = 1 \ ; \ x > 0, \ y > 0$ の下で解けば答えは $x = 1$, $y = 1, \ \lambda = 1$ だけです．最小性は直接にわかります．

9.2 ラグランジュ乗数の意味

以下の話題は通常の微分積分学の教科書には余り載っていませんが，重要な論点と信じます．

前節の条件 (2) は，$f(x_0, y_0) = a$ とするとき曲線 $g(x, y) = b$ と $f(x, y) = a$

多変数の微分積分学講義

とが点 (x_0, y_0) で接することを意味します．この2曲線が「普通に」接していれば，曲線 $g(x, y) = b$ 上で f の値の最小は，最も小さい a に対する等高線 $f(x, y) = a$ と接する点です（図9.1）．

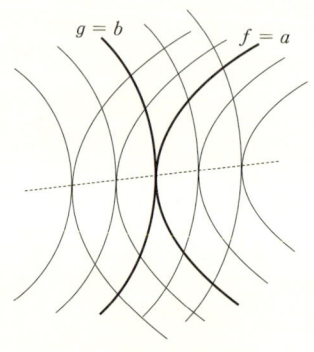

図9.1　2組の曲線族

逆に $f(x, y) = a$ 上で g が最大になるのは接点 (x_0, y_0) です．問題9.1に対して次の**双対**（そうつい）**問題**を考えます．

問題9.2　制約条件 $f(x, y) = a$ の下で，$g(x, y)$ の値を最大にする (x, y) を求めよ．

このとき，(x_0, y_0) における値 b がその解です．前節で制約条件を $g = 0$ とせずに助変数 b を入れて $g = b$ としたのは，双対問題のための伏線でした．

ここで $\xi = f(x, y)$, $\eta = g(x, y)$ とおき，これを (x, y) 平面から (ξ, η) 平面への写像と考えます．極値をとる点 (x_0, y_0) では，ヤコビアン

$$J(x, y) = f_x g_y - f_y g_x$$

が条件 (2) により 0 になります．しかし J が恒等的に 0 だと，前講で示したとおり f と g とに関数関係があり，$g = b$ のとき f の値も定まって極値問題は無意味になります．したがって J は恒等的に 0 ではなく，$J = 0$ の像が (x_0, y_0) を通る曲線 Γ に写るとします．Γ は零集合であり，$J = 0$ の片側で $J > 0$, 他方で

第 9 講
条件付き極値問題

$J < 0$ が成立し，(x_0, y_0) の近傍 U は，(x_0, y_0) の像点 (a, b) の付近では Γ を折り目としてその一方側に写されます (図 9.2)．

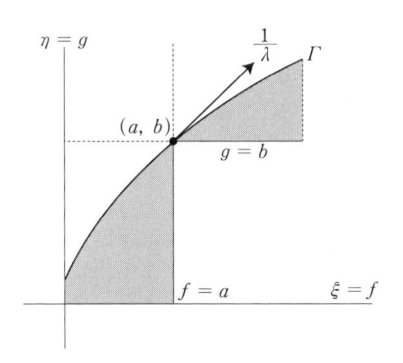

図 9.2 双対問題の表現

普通には $\lambda > 0$ です ($\lambda < 0$ という異常例は第 2 部第 9 話で言及します). すなわち f_y と g_y とが同符号で Γ は左下から右上に向かい，U は Γ の右下に写ります．直線 $\eta = b$, $\xi = a$ はともに Γ の右下側にしか許されず，前者では $\xi = a$ が最小，後者では $\eta = b$ が最大になります．

このように表現すると，図 9.2 の状況下では不等式の制約条件の下でも同様に扱えます．

問題 9.3

$$\left.\begin{array}{l} g(x, y) \geqq b \text{ の下で } f(x, y) \text{ を最小にする} \\ f(x, y) \leqq a \text{ の下で } g(x, y) \text{ を最大にする} \end{array}\right\} \tag{5}$$

という互いに双対である 2 個の極値問題の解も (a, b) で，その原像 (x_0, y_0) が極値を与える点になる．

問題 9.3 が前述と同様にうまく解くことができるのは，許容される領域 (図 9.2 の網目の部分) の共通部分が一点 (a, b) だけであり，不等式の条件が実質的に等式の条件に帰着するからです．

もしも $g(x, y) \geqq b$ の下で $f(x, y)$ を最小にせよとすると，許容領域が左下に

97

広がって，いくらでも小さい値になりえます．もちろんこれは「不適切な」問題です．

さらに f, g を C^2 級と仮定すると，Γ は滑らかな曲線で (a, b) において接線があり

$$\lambda = \frac{df}{dg} = \frac{d\xi}{d\eta} \text{ (方向係数の逆数)} \tag{6}$$

です．(6) は η を僅かに動かしたときの ξ の変化率を表します．これは次の性質を示します．

定理 9.2 ラグランジュ乗数 λ は，制約条件式の「潜在価格」を表す．すなわち（若干の自然な条件の下で）$g = b$ の下での f の最小値を b の関数として $\ell(b)$ と記せば

$$\lim_{h \to 0} \frac{\ell(b+h) - \ell(b)}{h} = \ell'(b) = \lambda$$

である．

この事実は第 2 部第 9 話でも扱います．上記の議論は完全に厳密とはいえませんが，f, g を C^2 級と仮定し，さらに $g_y^2 F_{xx} - 2g_x g_y F_{xy} + g_x^2 F_{yy} \neq 0$ （F は (3) 参照；これは (1) が $p''(x_0) \neq 0$ を満たすことと同値）を仮定すれば，厳密に証明できます．

例 9.2 例 9.1 をこの眼で見直します．双対問題は「$x + y = 2$ の下で xy を最大にせよ」です．これは $x(2-x)$ の最大値で $x = 1, y = 1$ のときの値 1 です．$xy \geq 1$（ただし $x > 0, y > 0$）の下での $x + y$ の最小はやはり $x = y = 1$ のときの 2 であり，$0 \leq x + y \leq 2$ の下での xy の最大も同じく $x = y = 1$ のときの 1 です．制約条件を $xy = 1 + \varepsilon$ とすれば，$x + y$ の最小値は ε で展開して

$$2\sqrt{1+\varepsilon} = 2 + \varepsilon - \frac{\varepsilon^2}{4} - \cdots$$

となります．その増分の主要項は $1 \cdot \varepsilon$ であって，$\lambda = 1$ と合っています．□

> 注意
「数学」の教科書ではラグランジュ乗数は単なる解法のための技法のように扱われていますが，経済学などへの応用では制約条件の潜在価格という重要な意味を持ち，この性質が強調されています．

9.3 定理 9.1 の停留点は鞍点である

奇妙な標題ですが内容は次の事実です．

定理 9.3 問題 9.1 に対して $G(x, y;\lambda) = f(x, y) - \lambda g(x, y)$ とおく．もし λ を適当な値 λ_0 と定め，$G(x, y;\lambda_0)$ を最小にする (x_0, y_0) が所定の範囲にあり，$g(x_0, y_0) = b$ であるようにできれば，その点 (x_0, y_0) が問題 9.1 の解である．このとき $F(x, y;\lambda) = G(x, y;\lambda) + \lambda b$ は

$$F(x_0, y_0;\lambda) \leqq F(x_0, y_0;\lambda_0) \leqq F(x, y, \lambda_0) \tag{7}$$

を満たす．すなわち (x_0, y_0, λ_0) は 3 変数関数として F の鞍点である．

証明 $g(x, y) = b$ を満たす (x, y) についてつねに

$$\begin{aligned} f(x, y) &= G(x, y;\lambda_0) + \lambda_0 g(x, y) \\ &\geqq G(x_0, y_0;\lambda_0) + \lambda_0 b = f(x_0, y_0) \end{aligned}$$

だから，(x_0, y_0) は制約条件 $g(x, y) = b$ の下で $f(x, y)$ の最小値を与える．(7) は F の定義から明かで，特に左側の $\leqq$ は実は等号である． □

ところが逆に次の事実が成立します．

定理 9.4 上記の条件の下に (7) を満足する停留点 (鞍点) $(x_0, y_0;\lambda_0)$ があれば，それは定理 9.3 の前半の条件を満たして，問題 9.1 の解を与える．

証明 $F(x, y;\lambda)$ は定義式 (3) から λ の 1 次式なので，(7) の左側の不等式が成

立するためには係数 = 0，すなわち $g(x_0, y_0) = b$ である．他方 (7) の右側の不等式は，$\lambda_0 b$ が定数だから，$G(x, y; \lambda_0)$ が (x_0, y_0) で最小値をとることを意味する． □

いいかえると，(7) は $(x_0, y_0; \lambda_0)$ が $F(x, y; \lambda)$ の (x, y) に関する最小値を最大にする λ の組，あるいは $F(x, y; \lambda)$ の λ に関する最大値を最小にする点 (x, y) の組として求めることができることを意味します．変数や条件式が多い場合も同様で，独立変数 $(x_1, \cdots, x_n)$ とラグランジュ乗数 $(\lambda_1, \cdots, \lambda_m)$ とをそれぞれ別種の変数とみたとき，所要の極値は x と λ の鞍点という形で与えられることになります．

さらに次の事実もヘシアンを計算して証明できます．

定理 9.5 $f(x, y), g(x, y)$ が C^2 級とし，個々の停留点 ($f_x = f_y = 0$, $g_x = g_y = 0$ である点) がないとする．$f(x_0, y_0) = a$, $g(x_0, y_0) = b$，かつヤコビアン $J = f_x \cdot g_y - f_y \cdot g_x$ が $J(x_0, y_0) = 0$ を満たしそこで f_x と g_x とが同符号とする (これは $\lambda > 0$ を意味する)．そのとき $g = b$ の下で f が (x_0, y_0) で極小になることと，$f = a$ の下で g が (x_0, y_0) で極大になることとは同値である．

(証明は付録参照)

f と g の双対性について少しくどかったかもしれませんが，多くの教科書で粗略にすぎていると思う点を少し解説しました．但し以上はあくまで局所的な極大極小にすぎず，大域的な最大最小を保証する結果ではありません．

9.4 不等式制約条件下の極値問題

問題 9.4 一般的に $g(x, y) \geqq b$ の下で $f(x, y)$ を最小にせよ．f は C^1 級で最小値をとる点 (x_0, y_0) があるとする．

まず最も簡単な例として $y \geqq 0$ の下で $f(x, y)$ を最小にする問題を考えます．2 つの場合があります：

第 9 講

条件付き極値問題

1° $y_0 > 0$ で制約条件はきかず，$\dfrac{\partial f}{\partial x}(x_0, y_0) = \dfrac{\partial f}{\partial y}(x_0, y_0) = 0$ （普通の停留点）が候補を与える．

2° $y_0 = 0$ のとき．$\dfrac{\partial f}{\partial x}(x_0, y_0) = 0$ は必要だが，$y < 0$ だともっと小さくなるかもしれないので，$\dfrac{\partial f}{\partial y}(x_0, y_0) = 0$ とは限らない．しかし $\dfrac{\partial f}{\partial y}(x_0, y_0) \geqq 0$ でなければならない．

この両者は一見形式的ですが

$$\frac{\partial f(x_0, y_0)}{\partial x} = 0, \quad \frac{\partial f(x_0, y_0)}{\partial y} \geqq 0, \quad y_0 \times \frac{\partial f(x_0, y_0)}{\partial y} = 0 \tag{8}$$

と書けば 1 つにまとめられます．

変数の個数が多く，$f(x_1, \cdots, x_n; y_1, \cdots, y_m)$ を $y_1 \geqq 0, \cdots, y_m \geqq 0$ の下で最小にする問題では，極値の候補の条件は

$$\begin{cases} \partial f(x_1^{(0)}, \cdots, x_n^{(0)}; y_1^{(0)}, \cdots, y_m^{(0)})/\partial x_j = 0 \quad (j = 1, \cdots, n) \\ \partial f(x_1^{(0)}, \cdots, x_n^{(0)}; y_1^{(0)}, \cdots, y_m^{(0)})/\partial y_k \geqq 0 \quad (k = 1, \cdots, m) \\ \displaystyle\sum_{k=1}^{m} y_k^{(0)} \cdot \partial f(x_1^{(0)}, \cdots, x_n^{(0)}; y_1^{(0)}, \cdots, y_m^{(0)})/\partial y_k = 0 \end{cases}$$

（最後の式は m 個の $y_k^{(0)} \times \partial f/\partial y_k = 0$ と同値）とまとめられます．

一般に問題 9.4 を扱うには余剰変数（スラック変数ともいう；「余分な変数」ではなく余剰量を表す変数の意味）z を入れて条件式を $g(x, y) - z = b, z \geqq 0$ と修正します．ラグランジュ乗数 λ を加えて

$$\varPhi(x, y, z; \lambda) = f(x, y) + \lambda(b - g(x, y) + z)$$

を $z \geqq 0$ の範囲で最小にする問題と考えれば，(8) にならって極値の必要条件は（F は 9.1 節の式 (3)）

$$\frac{\partial \varPhi}{\partial x} = \frac{\partial F}{\partial x} = 0, \quad \frac{\partial \varPhi}{\partial y} = \frac{\partial F}{\partial y} = 0, \quad \frac{\partial \varPhi}{\partial z} = \lambda \geqq 0, \quad z \cdot \frac{\partial \varPhi}{\partial z} = 0,$$

$$\frac{\partial \varPhi}{\partial \lambda} = 0 \text{ すなわち } g(x, y) \geqq b, \lambda(g(x, y) - b) = 0 \tag{9}$$

101

となります．まとめると次の通りです．

定理 9.6 問題 9.4 の解の必要条件は (9) で与えられる．これは定理 9.1 に $\lambda \geqq 0$, $\lambda(g(x, y) - b) = 0$ という付加条件を加えたものである． □

極値が $g(x_0, y_0) > b$ にあれば $\lambda = 0$ で制約条件は無関係です．また $g(x_0, y_0) = b$, $\lambda > 0$ のときは b を減らせば範囲が増えて最小値は減少します．これらは定理 9.2 と照らしても合理的です．

例 9.3 くどいようですが例 9.1 の双対問題を $x + y \geqq 2$ の下で xy を最小にする問題として再考します．
$F(x, y; \lambda) = xy + \lambda(1 - x - y)$ とおくと $\dfrac{\partial F}{\partial x} = y - \lambda$, $\dfrac{\partial F}{\partial y} = x - \lambda$ で, $= 0$ とおくと $x = y = \lambda$ をえます．$\lambda \geqq 0$ ですが，$\lambda = 0$ とすると $x = y = 0$ は条件に合わないので $\lambda > 0$, したがって $x = y = 1$ でこれは xy の最小値を与えます．

例 9.4 区間 $-1 \leqq x \leqq 1$ に 3 点 x_1, x_2, x_3 をとり，それらの距離の積 $|(x_1 - x_2)(x_2 - x_3)(x_3 - x_1)|$ を最大にする問題を考えます．この種の問題は「頓智」を働かせたほうが得です．$x_1 \leqq x_2 \leqq x_3$ と順序をつけて一般性を失わず，$x_1 = -1$, $x_3 = 1$ がわかります．中間の x_2 は $[1 - (-1)](1 - x_2)[x_2 - (-1)] = 2(1 - x_2^2)$ の最大として $x_2 = 0$, 最大値は 2 です． □

しかし正直に定理 9.6 を使って解いてみましょう．制約条件 $-1 \leqq x_1 \leqq x_2 \leqq x_3 \leqq 1$ の下で最小問題にするために
$$f(x_1, x_2, x_3) = -(x_3 - x_1)(x_2 - x_1)(x_3 - x_2)$$
を目的関数にします．変数間の 4 個の不等式条件に対応して 4 個のラグランジュ乗数を入れ
$$F = f + \lambda_1(-1 - x_1) + \lambda_2(x_1 - x_2) + \lambda_3(x_2 - x_3) + \lambda_4(x_3 - 1)$$
とおいて偏微分すると，極値問題の条件式

$$(x_3-x_2)(x_2+x_3-2x_1)-\lambda_1+\lambda_2=0$$
$$-(x_3-x_1)(x_1+x_3-2x_2)-\lambda_2+\lambda_3=0$$
$$(x_2-x_1)(x_1+x_2-2x_3)-\lambda_3+\lambda_4=0$$
$$\lambda_1,\lambda_2,\lambda_3,\lambda_4\geqq 0,\ \lambda_1(-1-x_1)=0,\ \lambda_2(x_1-x_2)=0,$$
$$\lambda_3(x_2-x_3)=0,\ \lambda_4(x_3-1)=0$$

をえます.ここで $x_1=x_2$,または $x_2=x_3$ は $f=0$ となって除外されるので $\lambda_2=\lambda_3=0$.同様に $x_3-x_1=0$ も不可で,2番目の式から $x_1+x_3-2x_2=0$.第1,3の式の符号をみて $\lambda_1>0, \lambda_4>0$.ゆえに解として $x_1=-1, x_3=1, x_2=0$ をえます.これが実際に所要の解であることは直接に確かめられます. □

この種の制約条件下の極値問題で意外に厄介なのは,えられた候補が真の最小(または最大)を与える保証です.ヘシアンによる局所的判定だけでは多くの場合不十分です.その一つの判定法として凸関数の性質を活用した「クーン・タッカーの定理」を第2部第9話で扱います.

9.5 罰金法について

罰金法は penalty method の意訳です.直訳して**処罰法**ともいいます.不等式制約条件を無条件の極値問題に還元する一般的な技法です.

その考え方は単純です.制約条件 $g(x,y)\geqq b$ を絶対に守らなければならない鉄則とは考えず,違反してもよいがその代わり違反者からは高額の罰金 p をとって $f+p$ を最小にする問題に帰着させます.罰金 p が安ければ多少の違反を犯してもかえって得になることがありますが,目の玉の飛び出る程の罰金を課せられたら,規則を守ったほうが得になります.

罰金関数 p の理想は $g\geqq b$ のときに 0,$g<b$ のとき $+\infty$ としたいが,これは普通の関数ではありません.しかし $g=b$ の付近で急激に変化する関数列 p_k をうまく作ると,自然な条件下で $f+p_k$ の無条件最小値を与える点 ξ_k が,$k\to\infty$ のとき所要の最小点に収束するようにできます.

この手法は近年 OR や関数解析学でよく使われますが,微分積分学の教科書

にはほとんど載っていません．その理由は高額の罰金によって規則をまもらせようという考え方が倫理的に気に入らないという潔癖感のせいというより，適切な罰金関数の工夫を個々に要する技巧上の難点のためです．一例として第2部第3話の例題3Eを，罰金法の立場で扱ってみます．それは次の課題です．

例9.5 $x \geq 0, y \geq 0, z \geq 0, x+y+z=1$ の範囲で次の関数の最大値を求めよ．

$$f(x, y, z) = x^2y + xy^2 + y^2z + yz^2 + z^2x + zx^2 \tag{10}$$

x, y, z について対称なので $x \geq y \geq z$ の範囲を考え，$x+y=s$, $z=1-s$ とおくと(10)は

$$(z^2+xy)(x+y) + z(x+y)^2 - 2xyz = s - s^2 + xy(3s-2) \tag{11}$$

と変形できます．$s \geq 2/3$ すなわち $3s-2 \geq 0$ なら xy の最大が最大値を与え，それは $x=y=s/2$ のときで，(11)は

$$f(s) = (3s^3 - 6s^2 + 4s)/4$$

と表されます．$f'(s) = (3s-2)^2/4 \geq 0$ で $s=2/3$ ($x=y=z=1/3$) は停留点ですが極値ではなく，$f(s)$ は s とともに限りなく増加します．この問題では付帯条件 $s \leq 1$ によって $s=1$ のときの値 $1/4$ が求める最大値です．

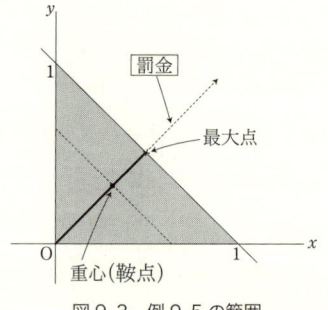

図9.3 例9.5の範囲

これに罰金関数 $p_k(s) = s^k/4k$ (k は正の整数) を課して $f - p_k$ を考えると，

その導関数は

$$f' - p'_k = \frac{1}{4}[(3s-2)^2 - s^{k-1}]$$

です．極値は $3s - 2 = s^{\frac{k-1}{2}}$ の解として与えられる $s = 1$ での値 $\frac{1}{4} - \frac{1}{4k}$ です．このときは極値を与える点は同一で，$k \to +\infty$ とすれば最大値は真の値 $\frac{1}{4}$ に収束します． □

　この例ではうまい罰金関数 $p_k(s)$ があったので簡単に解けましたが，これをどうしてみつけたかは不問にします．罰金関数の選択がこの方法の難点でしょう．

　第2部第9話にさらに他の実例や関連事項を扱いましたので御参照下さい．

第10講 線積分

　線積分・面積分は以前にはベクトル解析の一部として，多変数の微分積分学とは別枠と考えられていました．現在ではこれを含めないと重積分の理論が不完全と思います．第2部でもいくらか補充しますが，改めて基礎から扱います．場合によっては線積分を重積分より前に修得するのが望ましいかもしれません．

10.1 線積分の定義

　以下でいう**曲線**とは単なる図形でなく線分の連続像

$$C: x = \varphi(t), \quad y = \psi(t), \quad a \leq t \leq b \tag{1}$$

あるいはそれに媒介変数 t を併せた概念です．図形としては直線や一点に「退化」することもあります．$t = a, b$ に対応する点を C の**始点**，**終点**といい，合わせて**端点**とよびます．φ, ψ が C^1 級のとき**滑らかな曲線**といいます．

　滑らかな曲線 C を含む変域 D において関数 $f(x, y)$ が定義され，区間 $a \leq t \leq b$ を細分 $a = a_0 < a_1 < a_2 < \cdots < a_n = b$，各小区間 $a_{k-1} \leq t \leq a_k$ から代表点 t_k をとって積和

$$\sum_{k=1}^{n} f(\varphi(t_k), \psi(t_k))[\varphi(a_k) - \varphi(a_{k-1})] \tag{2}$$

$$\left(\text{または} \sum_{k=1}^{n} f(\varphi(t_k), \psi(t_k))[\psi(a_k) - \psi(a_{k-1})]\right)$$

を作ります．分割の最大幅を 0 に近づけたとき，(2) が一定の極限値に近づけば，その極限値を $f(x, y)$ の曲線 C (**積分路**) に沿う**線積分**といって

第 10 講 線積分

$$\int_C f\, dx \ (\text{または} \int_C f\, dy) \tag{3}$$

と表します．f が連続で φ, ψ が C^1 級なら，(3) は

$$\int_C f\, dx = \int_a^b f(\varphi(t),\ \psi(t))\varphi'(t)dt \quad (dy\text{ は }\psi'(t)dt) \tag{4}$$

と表されます．実用上では (4) の右辺を線積分の定義だと思ってもよいでしょう．

(2) の収束条件はいろいろあります．f が十分に滑らかならば φ, ψ は連続という条件だけで十分な場合もあります．しかし以下で扱うのはすべて積分路が有限個の滑らかな曲線の結合で，f が連続な場合だけです．このとき (2) は (4) に収束します．

(2) の末尾の [ ] 内を

$$\sqrt{[\varphi(a_k)-\varphi(a_{k-1})]^2+[\psi(a_k)-\psi(a_{k-1})]^2} \tag{2'}$$

で置き換えた極限値は

$$\int_a^b f(\varphi(t),\ \psi(t))\sqrt{[\varphi'(t)]^2+[\psi'(t)]^2}\, dt \tag{4'}$$

です．これを $\int_C f\, ds$ と記して C の弧長に関する**線積分**とよびます．C の接線が正の x 軸となす角を θ とすれば

$$\int_C f\, dx = \int_C f\cos\theta\, ds \quad (dy\text{ は }\sin\theta\, ds)$$

と表すこともできます．$L = \int_a^b \sqrt{[\varphi'(t)]^2+[\psi'(t)]^2}\, dt$ が C の弧長なので，$|f(x,y)| \leq M$ なら次の不等式が成立します．

$$\left|\int_C f\, dx\right| \leq ML \quad (dy\text{ も同様}) \tag{5}$$

(1) を逆向きにした曲線

$$x = \varphi(-t),\quad y = \psi(-t),\quad -b \leq t \leq -a \tag{1'}$$

を $-C$ で表します．また C_1 の終点が C_2 の始点なら両者をつないだ曲線ができ，それを $C_1 + C_2$ で表します．次の加法性は定義から明らかでしょう．

$$\int_{-C} f\, dx = -\int_C f\, dx,$$
$$\int_{C_1+C_2} f\, dx = \int_{C_1} f\, dx + \int_{C_2} f\, dx \quad (dy\text{ も同様}) \tag{6}$$

線積分の概念は n 次元空間（特に 3 次元空間）内でも同様にできます．特に，複素数平面上の線積分は複素解析で基本的です．しかしそれらの定義は同様なので特にくりかえしません．以下では専ら平面上（2 変数）の場合を論じます．

10.2 線積分の性質と例

線積分は一般的には両端点が定まっても線分路によって値が異なります．

例 10.1 始点 O(0, 0) から A(1, 1) までの線積分 $\int_C y\, dx$ を考えます．C として線分 $x = t$, $y = t$, $0 \leq t \leq 1$ をとれば $\int_0^1 t\, dt = \dfrac{1}{2}$ です．正方形の上側の 2 辺 (0, 0) から (0, 1) を経て (1, 1) に達する折れ線を通れば，y 軸上では $dx = 0$ であって積分値は 0，水平線では $\int_0^1 1\, dx = 1$ で合計 1 です．(0, 0) から (1, 0) を経て (1, 1) に達する折れ線を通れば，線積分の値は 0 です（図 10.1）．

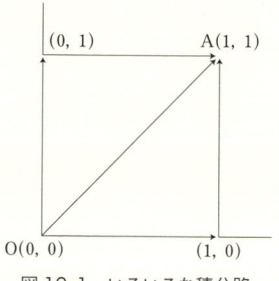

図 10.1 いろいろな積分路

線積分

しかし，積分路によらず両端点だけで値が定まる場合があります．

定理 10.1 $f(x, y)$ が C^1 級で $(p, q) = \mathrm{grad} f$ すなわち $p = \partial f/\partial x$, $q = \partial f/\partial y$ とする．このとき (c, d) を始点，(u, v) を終点とする任意の (区分的に滑らかな) 積分路 C について

$$\int_C (p\,dx + q\,dy) = f(u, v) - f(c, d) \tag{7}$$

である (両端だけで定まり積分路 C によらない)．

系 同じ条件の下で C が両端点の一致した閉曲線なら

$$\int_C (p\,dx + q\,dy) = 0 \tag{7'}$$

証明 線積分 (7) は

$$\int_a^b \left[\frac{\partial f}{\partial x}(\varphi(t), \psi(t))\varphi'(t) + \frac{\partial f}{\partial y}(\varphi(t), \psi(t))\psi'(t) \right] dt$$

と表される．この被積分関数は $\dfrac{d}{dt} f(\varphi(t), \psi(t))$ に等しく，微分積分学の基本定理からこの積分は

$$f(\varphi(b), \psi(b)) - f(\varphi(a), \psi(a)) = f(u, v) - f(c, d)$$

に等しい．系は $f(u, v) = f(c, d)$ から明らかである． □

> **注意** 線積分は厳密にいうと関数 $f(x, y)$ に対する演算ではなく，微分式 $p\,dx + q\,dy$ に対する演算です．厳密な定義は省略しますが，特に上記のように $(p, q) = \mathrm{grad} f$ で与えられる微分式 ($p\,dx + q\,dy$) を**完全微分式**といい．f をその**ポテンシャル**とよびます．p, q が微分可能なときその必要条件は $\dfrac{\partial q}{\partial x} = \dfrac{\partial p}{\partial y}$ で，このとき**閉微分式**とよびます．十分条件については定義域の位相的性質を考慮

109

多変数の微分積分学講義

しなければなりません（次節参照）．

例 10.2 微分式 $\dfrac{-ydx+xdy}{x^2+y^2}$ を考えます．これは

$$p=\frac{-y}{x^2+y^2},\quad q=\frac{x}{x^2+y^2}\ \text{で}\ \frac{\partial q}{\partial x}=\frac{\partial p}{\partial y}=\frac{-x^2+y^2}{x^2+y^2}$$

を満たし，ポテンシャル $f=\arctan(y/x)$ をもちます．しかしこの f は一価関数でなく定理 10.1 系にあてはまりません．実際，原点を中心とする半径 1 の円周 C

$$x=\cos t,\quad y=\sin t,\quad 0\leq t\leq 2\pi\ \text{（ラジアン単位）}$$

に添う線積分は，$x^2+y^2=1$ として

$$\int_0^{2\pi} 1\times(\cos^2 t+\sin^2 t)dt=2\pi\neq 0$$

です．C で囲まれた範囲内にある原点 $(0,0)$ が**特異点**である（分母が 0 になる）ことが影響しています．

10.3 グリーンの定理

閉曲線 C に添う線積分を C が囲む範囲 D 内の重積分に変換する公式を**グリーンの定理**（英国の数学者の名）と総称します．第 2 部第 2 話でも説明したとおり，これは微分積分学の基本定理の 2 次元版に相当します．

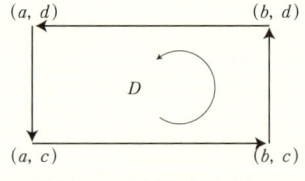

図 10.2 長方形の周をまわる

定理 10.2 4 点 $(a,c),(b,c),(b,d),(a,d)$ $(a<b,c<d)$ を頂点とする長方形 D の周りを正の向きに一周する閉曲線を C とする．$f(x,y)$ が D の周をこ

めて C^1 級ならば

$$\int_C f\,dx = -\int_a^b \left[\int_c^d \frac{\partial f}{\partial y}dy\right]dx, \quad \int_C f\,dy = \int_c^d \left[\int_a^b \frac{\partial f}{\partial x}dx\right]dy \tag{8}$$

が成立する．右辺の累次積分は積分の順序を交換してよい（第4講参照）．

系1 同じ図形で p, q がともに C^1 級のとき

$$\int_C (p\,dx + q\,dy) = \int_{y=c}^d \int_{x=a}^b \left(\frac{\partial q}{\partial x} - \frac{\partial p}{\partial y}\right)dx\,dy \tag{9}$$

証明 (8) の第1式の左辺は左側・右側の線分上では 0 で，y が一定である上と下の積分で表される．積分の向きに注意して，微分積分学の基本定理により

$$\int_C f\,dx = \int_a^b f(x, c)dx - \int_a^b f(x, d)dx$$
$$= -\int_a^b \left[\int_c^d \frac{\partial f}{\partial y}dy\right]dx$$

である．第2式も同様だが，左側で上から下，右側で下から上への積分であって，符号は $+$ になる．系はこれを $f = p$，$f = q$ に適用して加えればよい． □

次の性質は第2部第2話で述べます．それから上記系1が導かれることも同所を参照下さい．

系2 (u, v) を固定し $a \leq u \leq b$，$c \leq v \leq d$ として $b - a \to 0$，$d - c \to 0$ とすると

$$\frac{1}{(b-a)(d-c)} \int_C (p\,dx + q\,dy) = \mathrm{rot}(p, q)(u, v), \tag{10}$$

ここに $\mathrm{rot}(p, q) = \frac{\partial q}{\partial x} - \frac{\partial p}{\partial y}$ （平面上では1成分）． □

(10) の左辺は D での (p, q) の「平均変化率」に相当する量とみなすことができる．

111

(10) の被積分関数を $(-qdx+pdy)$ に変更すれば $\mathrm{div}(p, q) = \dfrac{\partial p}{\partial x} + \dfrac{\partial q}{\partial y}$ になります．

グリーンの定理の応用として，前節末に言及した閉微分式と完全微分式との関連に一言します．

定理 10.3　一点の近傍で，あるいは円内のような「穴がない」範囲 Ω では，閉微分式は完全微分式である．

略証　中心点 (a, b) を定め Ω 内の任意の点 (x, y) に対し (a, b) と (x, y) を対角線とする長方形 D を作る．「穴がない」とは D が周まで完全に Ω に含まれることと解釈する．D の周 C に添う線積分 (9) は閉微分式の条件 $\dfrac{\partial q}{\partial x} = \dfrac{\partial p}{\partial y}$ によって 0 である．これは (a, b) から (x, y) にいたる 2 通りの経路：D の下右の道 C_1 と左上の道 C_2 に添う積分路に対する $(pdx+qdy)$ の線積分の値が等しいことを意味する．その値を $f(x, y)$ とおけば，$\dfrac{\partial f}{\partial x} = p$, $\dfrac{\partial f}{\partial y} = q$ で f は C^2 級であり，所要のポテンシャルである．　□

「穴がない」という条件を精密化できますが（付録参照），当面上記の条件で十分に有用です．ポテンシャルの計算は上のような線積分によってできます．

例 10.3　例 10.2 の微分式は閉微分式であり，特異点である原点を含まない長方形の内部では一価なポテンシャル $\arctan(y/x)$ をもちます．しかし原点 O の周りを回る曲線 C に添って積分すると必ずしも 0 になりません．このとき $\dfrac{1}{2\pi}\displaystyle\int_C \dfrac{-ydx+xdy}{x^2+y^2}$ は必ず整数 n であることが証明できます．それを C の O のまわりの**回転指数**(winding index)とよびます．

閉微分式のポテンシャルを求める問題は「全微分方程式」を解く演算と同じです（第 12 講参照）．

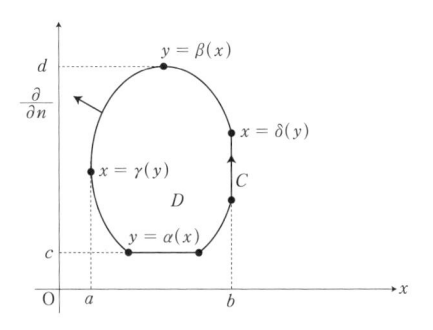

図 10.3　拡張された形の積分域

以上は導入として積分路を長方形の周で述べましたが，十分滑らかな閉曲線 C で囲まれた変域 D が，図 10.3 のように x 軸側からみて

$$\{\alpha(x) \leqq y \leqq \beta(x), \ a \leqq x \leqq b\}$$

の形で表され，y 軸側からみて

$$\{\gamma(y) \leqq x \leqq \delta(y), \ c \leqq y \leqq d\}$$

という形とします．ここだけの用語ですがこのような D を「正則な範囲」とよぶことにします．D がそうなら定理 10.2 はまったく同じ証明により

$$\int_C f\,dx = -\int_a^b \left[\int_{\alpha(x)}^{\beta(x)} \frac{\partial f}{\partial y} dy\right] dx, \quad \int_C f\,dy = \int_c^d \left[\int_{\gamma(y)}^{\delta(y)} \frac{\partial f}{\partial x} dx\right] dy \qquad (11)$$

という形で成立します．C が円周のときが典型例です．D が正則な範囲の有限個に分割されるときも同様です．

10.4　グリーンの定理の応用

定理 10.4　D が正則な範囲であり，f が C^2 級ならば

$$\iint_D \Delta f\,dxdy = \int_C \frac{\partial f}{\partial n}\,ds \qquad (12)$$

多変数の微分積分学講義

ここに $\Delta f = \dfrac{\partial^2 f}{\partial x^2} + \dfrac{\partial^2 f}{\partial y^2}$（ラプランシアン）を表し，$\dfrac{\partial}{\partial n}$ は D の内側から外側への C の法線方向の微分を表す．

系 f が調和関数：$\Delta f = 0$ ならば $\displaystyle\int_C \dfrac{\partial f}{\partial n} ds = 0.$

略証 $-f_y dx + f_x dy$ に (9) を適用すれば右辺が (12) の左辺になる．他方線積分は C の接線の進む方向と正の x 軸とのなす角を θ とすると（図 10.4 参照）

$$\begin{aligned}
-f_y dx + f_x dy &= -(f_y \cos\theta - f_x \sin\theta) ds \\
&= [f_x \cdot \cos(\theta - \pi/2) + f_y \cdot \sin(\theta - \pi/2)] ds \\
&= \dfrac{\partial f}{\partial n} ds
\end{aligned} \tag{13}$$

であって (12) をえる． □

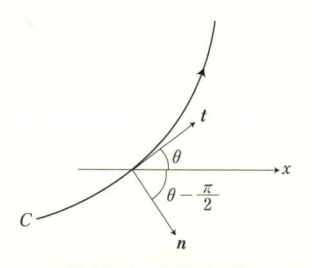

図 10.4 曲線と法線

これと関連して調和関数に関する興味深い結果がいろいろと導かれます．その一部を第 2 部第 11 話に補充しました．

ここで (p, q) をベクトル v とし，C の接線上および外向きの法線上の単位ベクトルをそれぞれ t, n と表すと，(13) と同じ計算により次の等式をえます．

$$\int_C v \cdot n \, ds = \iint_D \operatorname{div} v \, dxdy \tag{14}$$

$$\int_C v \cdot t \, ds = \iint_D \operatorname{rot} v \, dxdy \tag{15}$$

114

ここに左辺は内積，$\operatorname{div} \boldsymbol{v}$, $\operatorname{rot} \boldsymbol{v}$ は(10)とその直後を参照．

(12)をガウス・グリーンの公式，(14)を平面上のガウスの定理，(15)を平面上のストークスの定理とよぶこともあります(第11講参照)．

このほか実質的には同じ内容ですが，上記(12)を初めグリーンの定理を変形したいくつかの類似の公式が古典的数理物理学で慣用されています．

次に複素数平面 $z = x + iy$ 上の関数 $f(z) = u(x, y) + iv(x, y)$ を考えます．第2講で注意したとおり，$f(z)$ が複素変数の関数として**微分可能**とは，複素数(の増分) h がどのように 0 に近づいても，$\lim_{h \to 0} \frac{1}{h}[f(z+h) - f(z)]$ が一定の極限値(それが $f'(z)$)に近づくことです．そのとき**コーシー・リーマンの関係式**

$$\frac{\partial u}{\partial x} = \frac{\partial v}{\partial y}, \quad \frac{\partial v}{\partial x} = -\frac{\partial u}{\partial y}$$

が成立します．

定理 10.5 (**コーシーの積分定理**の一つの形)　　$f(z)$ が C^1 級 ($f'(z)$ が各点で存在して連続)ならば，正則な範囲 D の境界である閉曲線 C に対して

$$\int_C f(z)dz = 0 \tag{16}$$

略証　　(16)の被積分項を $(u+iv)(dx+idy) = (udx - vdy) + i(vdx + udy)$ としてグリーンの定理を適用すれば

$$(16) = \iint_D -\left(\frac{\partial v}{\partial x} + \frac{\partial u}{\partial y}\right)dxdy + i\iint_D \left(\frac{\partial u}{\partial x} - \frac{\partial v}{\partial y}\right)dxdy = 0 \tag{17}$$

をえる(コーシー・リーマンの関係式に注意)．

注意　　たいていの複素解析の教科書はこのような方式をとっていません．**グルサの定理**：$f'(z)$ が存在すればその連続性を仮定しなくても(16)が成立する，という結果があり，それを含めて証明しようとするからです．

これについていろいろ述べたい事実がありますが，3点だけ挙げます．まず実用上連続性を仮定しない証明にどれだけの意義があるのか？；次にグリーンの定

理による (17) は被積分関数 $v_x + u_y$, $u_x - v_y$ 自体が連続 (例えば恒等的に 0) なら (個々の u_x などの連続性を仮定せずに) 証明できる (ボホナーの注意); 最後にグルサの定理は「構成的実数の構成的理論」では証明できず, 「ケーニヒの補題」を仮定しないと不成立で, 反例 (極めて病的だが) もできることがわかっています. その意味で上記の証明は単なる導入の一方式以上の意味があると信じます.

10.5 曲線 C で囲まれる面積

これについては第 2 部第 10 話でも解説します. 多少の重複がありますがご容赦ください.

定理 10.6 前述のような正則な範囲 D について

$$\int_C x dy = -\int_C y dx = \frac{1}{2}\int_C (xdy - ydx) = D \text{ の面積} \qquad (18)$$

略証 (11) において $f = x$ または $-y$ とおけばよい. 3 番目の式は前 2 者の平均である. □

系 $u = u(x, y)$, $v = v(x, y)$ が長方形 $D: \{a \leqq x \leqq b, c \leqq y \leqq d\}$ から (u, v) 平面への E への 1 対 1 写像であり, E が図 10.3 のような形ならば, ヤコビアン $J(x, y) = u_x \cdot v_y - u_y \cdot v_x$ について

$$\iint_D |J(x, y)| dx dy = E \text{ の面積}$$

である. ただし u, v の一方は C^2 級と仮定する.

略証 D の周を正の向きに一周する閉曲線を C とすると

$$\int_C (uv_x dx + uv_y dy) = \iint_D \left[\frac{\partial(uv_y)}{\partial x} - \frac{\partial(uv_x)}{\partial y}\right] dx dy \qquad (19)$$

である．右辺の被積分関数は v を C^2 級として

$$u_x v_y - u_y v_x + u v_{yx} - u v_{xy} = J(x, y)$$

である．他方 (19) の左辺は C の像曲線 Γ に対して $\int_\Gamma u dv$ と表され，E の面積またはその負である．J の符号によって Γ の回る向きの正負が決まるので，$|J(x,y)|$ の積分は E の面積を表す． □

系は重積分の変数変換定理 (第 6 講参照) の所で言及しました．C^2 級といっても $v_{xy} = v_{yx}$ (存在と等しいこと) だけを仮定すれば十分です．

例 10.4 楕円 $\dfrac{x^2}{a^2} + \dfrac{y^2}{b^2} = 1$ の囲む面積を媒介変数表示 $x = a\cos t$, $y = b\sin t$, $0 \leqq t \leqq 2\pi$ で囲まれる部分の面積として計算してみます．それは次のようになります．

$$\frac{1}{2}\int_0^{2\pi} \left[a\cos t \cdot \frac{d}{dt}(b\sin t) - a\sin t \cdot \frac{d}{dt}(a\cos t) \right] dt$$
$$= \frac{1}{2}\int_0^{2\pi} ab(\cos^2 t + \sin^2 t)dt = \pi ab.$$

例 10.5 $(xdy - ydx)$ を単位円 $C : \{x^2 + y^2 = 1\}$ の周上に添って一周して積分すれば 2π ($= 2 \times$ 円の面積) ですが，$(1, 0)$ から偏角が θ ($0 < \theta < 2\pi$) の点 $(\cos\theta, \sin\theta)$ までの開曲線 $C(\theta)$ に添って積分すれば値は θ になります．これが扇形の面積の 2 倍に等しいのは偶然でしょうか？

$C(\theta)$ だけでは開曲線ですが，これに円の半径：実軸上の区間 $C_1 : 0 \leqq x \leqq 1$ と偏角 θ の半径 C_2 (外から内向きに) を加えれば閉曲線になり，その囲む面積は $\theta/2$ です．そして C_1, C_2 上では $xdy - ydx = 0$ であるため，その部分の積分は 0 になり $C(\theta)$ 上の積分だけになります．だからこの一致は必然性があります．

このように開曲線 C 上の積分 (18) が，C に適当な線を補ってその囲む範囲の面積を正しく表すことはよくあります．しかしそれを使うには個々の場合に正しく判定を要します．

線積分はそれ自体の基礎理論もさることながら，このような具体的な問題への活用が本質的です．

次講では面積分を扱い，最終講では全微分方程式への応用を論じます．

第11講 面積分

曲面積については第2部第12話で論じましたので，ここでは定義だけを簡略に述べます．第2部第12話と若干重複がありますが併せて学習して下さい．

11.1 曲面積

曲面積の一般的な定義は難問ですが，C^1級曲面に限れば次の結果でだいたい間に合います．

定理 11.1 (x, y)の範囲 D で C^1 級の関数 $z = f(x, y)$ によって表される曲面 F の面積 S は，F に内接する**正則な**(内角がすべて一定値以上のつぶれない) 三角形の面積を細分したときの極限値であり，重積分

$$S = \iint_D \sqrt{1 + \left(\frac{\partial z}{\partial x}\right)^2 + \left(\frac{\partial z}{\partial y}\right)^2}\, dxdy \tag{1}$$

で表される．

略証 第2講で示したとおり，F 上の定点 P_0 の近くに2点 P_1, P_2 をとり，$\triangle P_0 P_1 P_2$ が正則であるように保ちながら $P_1, P_2 \longrightarrow P_0$ とすると，P_0, P_1, P_2 の定める平面は P_0 での接平面に近づく(正則と限定しないと別の平面に近づくことがある)．F 上に十分細かい正則な三角形の網目を作ったとき，f が D 全体で一様に微分可能(第1講参照)なため，各小三角形 $P_0 P_1 P_2$ は一頂点 P_0 での接平面に一様に近く，もとの三角形と接平面上の正射影との差も一様に小さくなる．すなわち小三角形 $P_0 P_1 P_2$ の面積は，それを (x, y) 平面に正射影した

第1部

多変数の微分積分学講義

三角形の面積に，接平面の方向比に相当する $\sqrt{1+\left(\frac{\partial z}{\partial x}\right)^2+\left(\frac{\partial z}{\partial y}\right)^2}$ を乗じた値に十分近い．それらを加えれば $\sqrt{1+\left(\frac{\partial z}{\partial x}\right)^2+\left(\frac{\partial z}{\partial y}\right)^2}$ に対する積和であり，その極限は積分(1)で表される． □

内接する三角形を「正則」と限定せず任意の形にすれば，「シュワルツの提灯(第2部第12話参照)」のような奇妙な例が生じます．

系1 D が原点を中心とする半径 a の円板で，曲面が (z, r) 面上の C^1 級曲線 $z = \varphi(r)$, $r = \sqrt{x^2+y^2}$ を z 軸のまわりに回転してできる回転面ならば，曲面積は次の式で表される．

$$S = 2\pi \int_0^a r\sqrt{1+[\varphi'(r)]^2}\,dr \tag{2}$$

系2 曲面が媒介変数 u, v により

$$x = \xi(u,v), \quad y = \eta(u,v), \quad z = \zeta(u,v), \quad (u,v) \in D \tag{3}$$

と表されるならば，$(u, v) \in D$ に対応する部分の曲面積は，次の重積分で表される．

$$\begin{aligned}S &= \iint_D \sqrt{\left[\frac{\partial(x,\,y)}{\partial(u,\,v)}\right]^2+\left[\frac{\partial(y,\,z)}{\partial(u,\,v)}\right]^2+\left[\frac{\partial(z,\,x)}{\partial(u,\,v)}\right]^2}\,dudv \\ &= \iint_D \sqrt{EG-F^2}\,dudv\end{aligned} \tag{4}$$

ここに $\left(\frac{\partial x}{\partial u}, \frac{\partial y}{\partial u}, \frac{\partial z}{\partial u}\right) = \boldsymbol{u}$, $\left(\frac{\partial x}{\partial v}, \frac{\partial y}{\partial v}, \frac{\partial z}{\partial v}\right) = \boldsymbol{v}$ とおくとき

$$E = |\boldsymbol{u}|^2, \quad F = \boldsymbol{u}\cdot\boldsymbol{v}, \quad G = |\boldsymbol{v}|^2.$$

□

系1は第2部第12話で示しました．実例も同所に挙げました．系2は重積分の変数変換定理(第6講参照)によって計算できます．なおここでの F は曲面論で慣用の記号で，曲面の記号とは無関係です．

11.2 曲面積分

ここで扱う C^1 級曲面は媒介変数表示 (3) による図形です．(u_0, v_0) に対応する一点 P_0 に対して $u = u_0$ を固定し u を動かしてできる曲線を u **曲線**といい，u が増加する方向の接線ベクトルを $\boldsymbol{u}$ とします．v 曲線と $\boldsymbol{v}$ も同様に定義します．外積 $\boldsymbol{u} \times \boldsymbol{v} = \boldsymbol{n}$（法線方向）を P_0 での正の法線方向とし，その向きの側を**表**，反対側を**裏**とよびます（図 11.1）．曲面全体に矛盾なく表・裏が定義できるとき**向きづけられる**とよびます．

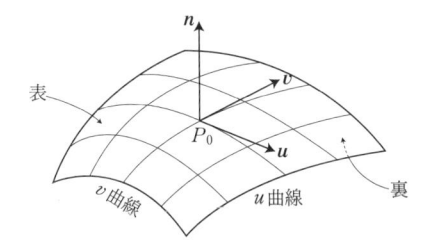

図 11.1 曲面の表と裏

メービウスの帯のような「向きづけられない曲面」は対象外とします．3 次元の範囲 Ω の境界をなす閉曲面については，その外側を「表」と定義するのが慣用です．

曲面 F の近傍で連続な関数 $f(x, y, z)$ の曲面上の面積分は，曲面を細分した小三角形の面積にそこでの f の代表値を掛けて加えた積和の極限です．曲面が (3) で与えられたとき，D に対応する部分 U 上の，(x, y) に関する積分は

$$\iint_U f(x, y, z) dx \wedge dy = \iint_D f(\xi(u, v), \eta(u, v), \zeta(u, v)) \frac{\partial(x, y)}{\partial(u, v)} du dv \quad (5)$$

と表されますので，実質的に (5) の右辺を**面積分の定義**と考えてもよいでしょう．(5) の右辺で f に掛ける重みを $\dfrac{\partial(y, z)}{\partial(u, v)}$, $\dfrac{\partial(z, x)}{\partial(u, v)}$ および (4) の被積分関数にしたとき，左辺の末尾をそれぞれ $dy \wedge dz$, $dz \wedge dx$, dS（面素による積分）と表します．

> **注意** (5) の左辺を $dxdy$ と記してもよいが，x, y を交換すると符号が変わるので，通常の重積分と区別して「くさび積」の記号（詳しくは 2 階微分式）を使いました．曲面が向きづけられ表側をとったときは通常の重積分 $dxdy$ と等しくなります．曲面が向きづけられる**正則曲面**（3 個のヤコビアンが同時に 0 になることがない）で，曲面上の一点の正の方向の法線と正の z 軸との角を θ とすると

$$\iint_U f(x, y, z)dx \wedge dy = \iint_U f(x, y, z)\cos\theta\, dS$$

となります(線積分との類似)．

曲面の向き付けに関しては曲面の位相（トポロジー）と関連してもう少し詳しく解説する必要があります．しかしそれは多くの教科書にありますし，以下主として向きづけられる曲面しか扱いませんので，これ以上の解説を省略します．

例 11.1 上半球面 $B: z = \sqrt{a^2 - x^2 - y^2}$；$D: x^2 + y^2 < a^2$ 上で $\iint_B z\, dx \wedge dy$ を計算します．x, y 自身が媒介変数であり，平面の極座標に変換すると

$$\iint_D \sqrt{a^2 - x^2 - y^2}\, dxdy = \int_{r=0}^{a}\left[\int_{\theta=0}^{2\pi}\sqrt{a^2 - r^2}\, r\, d\theta\right]dr$$
$$= -\frac{2\pi}{3}(a^2 - r^2)^{\frac{3}{2}}\Big|_0^a = \frac{2\pi}{3}a^3 \tag{6}$$

となります．これが半球の体積に等しいのは偶然ではありません．半球の底面（(x, y) 平面上の D）での面積分が 0 なので，次節で述べる通り (6) は半球の体積そのものです．

11.3 ガウスの定理とその応用

3 次元空間内にある集合で

$$\Omega = \{\psi(x, y) < z < \varphi(x, y),\ (x, y) \in D\} \tag{7}$$

の形に表される Ω を**縦線型集合**とよぶことにします．ここに上下の面を表す

第 11 講
面積分

$\varphi(x, y)$, $\psi(x, y)$ は，滑らかな境界 C で囲まれた平面上の範囲 D の境界まで連続（多くの場合は C^1 級）と仮定します．

定理 11.2 Ω において $f(x, y, z)$ が C^1 級（実は連続，z について偏微分可能，f_z が連続というだけで十分）のとき，次のように三重積分が面積分で表される．

$$\iiint_\Omega f_z(x, y, z) dx dy dz = \iint_F f(x, y, z) dx \wedge dy \tag{8}$$

F は Ω の全表面について外側を表とした曲面を表す．

略証 (8) の左辺は z に関する偏積分と重積分の累次積分

$$\iint_D \left[\int_{\psi(x,y)}^{\varphi(x,y)} f_z(x, y, z) dz \right] dx dy \tag{9}$$

に等しく，(9) の [ ] 内は $f(x, y, \varphi(x, y)) - f(x, y, \psi(x, y))$ に等しい．一方曲面 F は

上面 $\quad F_+ : z = \varphi(x, y), (x, y) \in D,$
下面 $\quad F_- : z = \psi(x, y), (x, y) \in D,$
側面 $\quad F_0 : \psi(x, y) \leqq z \leqq \varphi(x, y), (x, y) \in C \quad$ （柱面の側面部分）

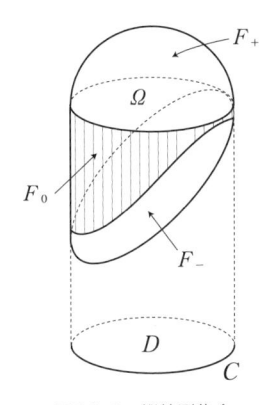

図 11.2 縦線型集合

に分けられる(図 11.2). 側面上の $dx \wedge dy$ に関する面積分は 0 である. F_+ では上側, F_- では下側 (z の小さいほう) が表である. そのような向きをつけると (9) は面積分により

$$\iint_{F_+} f(x, y, z) dx \wedge dy + \iint_{F_-} f(x, y, z) dx \wedge dy$$

と表され右辺と等しくなる. 第 2 項は下側が表となり符号が反転する. □

これを**ガウスの定理**と呼びます. ロシアでは**オストログラズキの定理**とよんでいます.「発散量定理」ということもありますが, この名は次の系 1 に対して使うほうが適切です.

系 1 (発散量定理) Ω がどの座標面からみても縦線型の集合である (あるいはそのような集合の有限個に分割できる) とき, C^1 級のベクトル場 $\boldsymbol{v} = (u, v, w)$ に対して次の公式が成立する.

$$\iiint_\Omega \mathrm{div}\,\boldsymbol{v}\, dxdydz = \iint_F (u\, dy \wedge dz + v\, dz \wedge dx + w\, dx \wedge dy) \quad (10)$$

略証 $\mathrm{div}\,\boldsymbol{v} = \partial u / \partial x + \partial v / \partial y + \partial w / \partial z$ の各項に (8) を適用する. □

(10) の右辺は Ω の表面 F の外向きの法線上の単位ベクトルを $\boldsymbol{n}$ とすると $\iint_F \boldsymbol{v} \cdot \boldsymbol{n}\, dS$ (被積分関数は内積) の形で表されます. (10) の左辺は Ω 内にある泉の湧出量, 右辺はこの形で表すと F を通って流れ出る流体の量で, それらが相等しい (流体がなくならない) というのが発散量定理のイメージです. 電磁気学では (10) の左辺は Ω 内の電荷, 右辺は表面 F を通る電気力線の総和という解釈ができます (電荷に関するガウスの定理).

なお通例「発散定理」とよんでいますが, 級数が発散することに関する定理ではなく, 発散量 (divergence) に関する定理なので「発散量定理」とよびました.

系 1 の応用として, $u = x, v = y, w = z$ とすれば $\mathrm{div}(u, v, w) = 3$ なので次

の結果をえます．これは曲線で囲まれる部分の面積を線積分で表す公式（第 2 部第 10 話）の 3 次元版です．ただし面積分の計算が厄介なので，体積の計算に活用できるといっても，平面の場合ほど有用ではないようです．

系 2　Ω が系 1 の条件を満たすとき

$$\frac{1}{3}\iint_F (x\,dy\wedge dz + y\,dz\wedge dx + z\,dx\wedge dy) = \Omega \text{ の体積 } \mu(\Omega) \tag{11}$$

例 11.2　半径 a の球の体積を (11) によって計算します．例 11.1 で計算したとおり，上半球面上での $\iint_F z\,dx\wedge dy = \frac{2\pi}{3}a^3$ であり，下半球面では符号が逆になって同じ値になります．他も同様で全体を (11) に適用すると $\frac{2\pi}{3}a^3$ の $\frac{6}{3} = 2$ 倍 $\frac{4\pi}{3}a^3$ になります．

系 3　定点 (x_0, y_0, z_0) を含む直方体 $\Omega = \{a \leqq x \leqq b,\ c \leqq y \leqq d,\ e \leqq z \leqq f\}$ は各座標軸について縦線型集合である．その表面 F 上の面積分の平均値

$$\frac{1}{\mu(\Omega)}\iint_F (u\,dy\wedge dz + v\,dz\wedge dx + w\,dx\wedge dy) \tag{12}$$

は，Ω を (x_0, y_0, z_0) に縮めると $(\mathrm{div}\,\boldsymbol{v})(x_0, y_0, z_0)$ に近づく．

略証　直接にもできるが，(10) の左辺を $\mu(\Omega)$ で割った値は，被積分関数が連続なら Ω を (x_0, y_0, z_0) に縮めたとき，極限点 (x_0, y_0, z_0) での値に近づく．　□

　これは第 2 部第 2 話で述べた平面上の「平均値定理」の 3 次元版です．系 3 の性質を直接に証明すれば，平面の場合と同様に区間縮小法を活用して逆に発散量定理（系 1）を，3 変数の「微分積分学の基本定理」として証明もできます．
　ガウスの定理を活用して 3 変数の調和関数の性質を 2 変数の場合と同様に論ずることができます．多くは第 2 部第 11 話で述べた平面の場合と同様です．

多変数の微分積分学講義

11.4 ストークスの定理

ガウスの定理は Ω 内の三重積分 (体積積分) と Ω の表面の面積分の関係です. 「ストークスの定理」とよばれる一連の公式は, C^2 級の正則曲面 F (式(3)) 上の面積分とその境界 Γ 上の線積分との関係です. ここで Γ は D の境界 C の像であり, D は縦線型集合 $\{\psi(x) < y < \varphi(x),\ a < x < b\}$ またはその有限個の合併に分割できるとします. C は D を正の向きに (D 内を左手に見て) 一周する区分的に滑らかな曲線と仮定し, Γ にも同じ向きをつけます.

定理 11.3 (ストークスの定理) $f(x, y, z)$ が F の近傍で C^1 級ならば

$$\iint_F \left(\frac{\partial f}{\partial z} dz \wedge dx - \frac{\partial f}{\partial y} dx \wedge dy \right) = \int_\Gamma f(x, y, z) dx \tag{13}$$

系   同じ条件下で, F の近傍で C^1 級のベクトル場 $\boldsymbol{v} = (u, v, w)$ があれば

$$\iint_F \left(\frac{\partial w}{\partial y} - \frac{\partial v}{\partial z} \right) dy \wedge dz + \left(\frac{\partial u}{\partial z} - \frac{\partial w}{\partial x} \right) dz \wedge dx + \left(\frac{\partial v}{\partial x} - \frac{\partial u}{\partial y} \right) dx \wedge dy$$
$$= \int_\Gamma (u dx + v dy + w dz) \tag{14}$$

これは F の法線上の正の向きの単位ベクトルを $\boldsymbol{n}$, Γ の進む方向の接線上の単位ベクトルを $\boldsymbol{t}$ と表すと,

$$\iint_F \boldsymbol{n} \cdot \operatorname{rot} \boldsymbol{v}\, dS = \int_\Gamma \boldsymbol{t} \cdot \boldsymbol{v}\, ds \quad (\cdot \text{は内積, 右辺は線素 } ds \text{ に関する線積分}) \tag{15}$$

と表すことができる (系も「ストークスの定理」とよばれる).

証明   (13) の右辺は媒介変数 (u, v) (式(3)) により

$$\int_C \widetilde{f}(u, v) \left(\frac{\partial x}{\partial u} du + \frac{\partial x}{\partial v} dv \right), \quad \widetilde{f}(u, v) = f(\xi(u, v),\ \eta(u, v),\ \zeta(u, v)) \tag{16}$$

と表される. (16) に平面上のグリーンの定理を適用するとそれは

$$(16) = \iint_D \left[\frac{\partial}{\partial u} \left(\widetilde{f}(u,v) \frac{\partial x}{\partial v} \right) - \frac{\partial}{\partial v} \left(\widetilde{f}(u,v) \frac{\partial x}{\partial u} \right) \right] du dv \tag{17}$$

に等しい．(17) の被積分関数は直接に計算して

$$\frac{\partial x}{\partial v}\frac{\partial \widetilde{f}}{\partial u} - \frac{\partial x}{\partial u}\frac{\partial \widetilde{f}}{\partial v} + \widetilde{f}\frac{\partial^2 x}{\partial u \partial v} - \widetilde{f}\frac{\partial^2 x}{\partial v \partial u}$$

$$= \frac{\partial x}{\partial v}\left(\frac{\partial f}{\partial x}\frac{\partial x}{\partial u} + \frac{\partial f}{\partial y}\frac{\partial y}{\partial u} + \frac{\partial f}{\partial z}\frac{\partial z}{\partial u}\right)$$

$$\qquad - \frac{\partial x}{\partial u}\left(\frac{\partial f}{\partial x}\frac{\partial x}{\partial v} + \frac{\partial f}{\partial y}\frac{\partial y}{\partial v} + \frac{\partial f}{\partial z}\frac{\partial z}{\partial v}\right)$$

$$= \frac{\partial f}{\partial z}\cdot\frac{\partial(z,x)}{\partial(u,v)} - \frac{\partial f}{\partial y}\cdot\frac{\partial(x,y)}{\partial(u,v)} \tag{18}$$

に等しい．これを D で重積分した値は面積分の定義から (13) の左辺に等しい．

系は (14) の右辺を udx, vdy, wdz の3個の線積分に分け，おのおのに定理 11.3 ないし変数を書き替えた同様の公式を適用すればよい．(15) は (14) の変形 (ベクトルに書き換えた形) である． □

ここで C^2 級という仮定は (18) の左辺の計算で $\frac{\partial^2 x}{\partial u \partial v}$, $\frac{\partial^2 x}{\partial v \partial u}$ が存在して相等しく打ち消し合う所に使うだけです．技巧的になりますが，C^1 級という仮定で (17) の右辺が (18) の D での重積分に等しくなることを導くことが可能です．

向きづけられる曲面 F については，F を細分しておのおのの小片が「座標近傍」に含まれ，分割に使った弧が隣り合う座標近傍に共通に含まれるようにできます．このときすべての座標近傍が同じ向きならば，G 上の線積分は両側の座標近傍で逆向きになり，和をとると打ち消し合うので，大域的に (14), (15) が成立します．向きづけられない曲面では G 上の線積分が同じ向きになって打ち消されず，(14) が成立しない場合があります．

ストークスの定理を平面 $z=0$ 上の範囲に適用すると $dz=0$ となり，前講で述べた平面上のグリーンの定理に還元されます．

例 12.3 上半球面 $F: z = \sqrt{a^2-x^2-y^2}$ について上側を表とした面積分

$$\iint_F (dy \wedge dz + dz \wedge dx + dx \wedge dy) \tag{19}$$

を計算します．直接にもできますが，ベクトル場 $\boldsymbol{v}=(u,v,w)$ で $\mathrm{rot}\,\boldsymbol{v}=(1,1,1)$ に

なるものをとります．例えば $u=0$, $v=x$, $w=y-x$ です（次節参照）．Γ を F の周：$z=0$, $x^2+y^2=a^2$ としますと，定理 11.3 系により，(20) は $\iint_F \boldsymbol{n}\cdot\operatorname{rot}\boldsymbol{v}\,dS = \int_\Gamma \boldsymbol{t}\cdot\boldsymbol{v}\,ds = \int_\Gamma x\,dy = $ (Γ で囲まれた平面の部分の面積) $= \pi a^2$ となります．

前講で述べた平面上のグリーンの定理およびガウスの定理，ストークスの定理は，微分式を活用して表現すると実質的に一つの公式にまとめられます．多様体の理論ではそのような形で使われます．

11.5 ベクトル・ポテンシャル

最後に例 12.3 で使ったベクトル場 v を $\operatorname{rot} u$ と表す u (v のベクトル・ポテンシャル) に一言します．

ベクトル場 v が $\operatorname{grad} f$ と表されるときは $\operatorname{rot} v = 0$ です．このとき v を**渦無し**とか**非回転的**とよびます．逆にそうなら各点の近傍で $v = \operatorname{grad} f$ を満たす局所的な f があります（大域的存在は定義域の位相的性質による）．

同様に $\operatorname{div}(\operatorname{rot} u) = 0$ は直接に計算できますから $v = \operatorname{rot} u$ と表される必要条件は $\operatorname{div} v = 0$ です．このとき**泉無し**，**管状**または**ソレノイダル**といいます．逆に局所的にはこれが十分条件でもあります．

定理 11.4 泉無しのベクトル場 v は各点の近傍で局所的にベクトル・ポテンシャル u によって $v = \operatorname{rot} u$ と表される．u は $\operatorname{grad} f$ を除いて一意的である．

証明 v の成分を (u, v, w) と表す．定点 (x_0, y_0, z_0) を原点とし，それに対してそこを中心とする小球あるいは小立方体において

$$p(x,y,z) = 0, \quad q(x,y,z) = \int_0^x w(t,y,z)\,dt$$
$$r(x,y,z) = -\int_0^x v(t,y,z)\,dt + \int_0^y u(0,t,z)\,dt \tag{20}$$

とおく（r は p, q に次ぐ文字で動径とは別物である）．u, v, w が C^1 級ならこれ

らはすべて C^1 級であり，定義から
$$\partial q/\partial x - \partial p/\partial y = w, \quad \partial p/\partial z - \partial r/\partial x = v$$
である．他方偏微分と積分の順序交換定理により

$\widetilde{u} = \partial r/\partial y - \partial q/\partial z$　　（とおく）
$$= -\int_0^x v_y(t, y, z)dt + u(0, y, z) - \int_0^x w_z(t, y, z)dt$$

だが，$\mathrm{div}\,\boldsymbol{v} = u_x + v_y + w_z = 0$ により，2個の積分の和は $\int_0^x u_x(t, y, z)dt = u(x, y, z) - u(0, y, z)$ に等しく，$\widetilde{u} = u$ となる．すなわち (20) が一組の解を与える．自由度は $\mathrm{rot}\,\boldsymbol{u} = 0$ である $\boldsymbol{u}$，すなわち $\mathrm{grad}\,f$ である．

(20) で $p = 0$ としたが，一般の (p, q, r) に対して $\partial f/\partial x = -p$ であるポテンシャル f の勾配を加えればいつでも $p = 0$ とできる．上記は一つの便宜的な標準形にすぎない．　　　　　　　　　　　　　　　　　　　　　　　□

前記例 12.3 で使った $(1, 1, 1)$ のベクトル・ポテンシャル $(0, x, y-x)$ は (20) によって計算したものです．

例 11.4 ベクトル $(y, -x, 0)$ は泉無しです．このベクトル・ポテンシャルを (20) によって計算すると $p = 0$, $q = 0$, $r = (x^2+y^2)/2$ となります．これに $\mathrm{grad}\,f$, $f = -(x^2+y^2)z/2$ を加えると $(-xz, -yz, 0)$ となります．$+\mathrm{grad}\,f$ の自由度があるので，他にも見掛け上いろいろな形ができます．

ベクトル・ポテンシャルは電磁気学で磁場を扱うときに本質ですが，その詳細は専門の著書にゆずります．ただその具体的な計算法を明示していない教科書が多いので，実例を通して説明しました．

第12講 全微分方程式

12.1 全微分方程式とは

 昔の教科書には「多変数の微分関係を，どれを独立変数どれを従属変数と区別なしに扱うとき全微分方程式という」といった記述がありました．しかしこれではあいまいすぎて定義になっていません．

 全微分方程式とは n 変数の 1 階微分式の族

$$\sum_{i=1}^{n} u_i^{(k)}(x_1, \cdots, x_n) dx_i = 0, \quad k = 1, \cdots, m (< n) \tag{1}$$

で表される方程式です．(1) は n 次元空間の各点に $n-m$ 次元の面素の向きを指示します．$n-m$ 次元の曲面 S で，その上の各点での同じ次元の「接平面」が (1) で与えられた面素と一致するとき，S が (1) の**解**(完全解)です．$n-m \geq 2$ のときは一般に (1) に何らかの「積分可能条件」がないと完全解は存在しません．

 とはいうもののその一般論を論ずる余裕がないので，以下では $n=2, m=1$ と $n=3, m=1,2$ の場合に限って論じます．前者は 1 階常微分方程式そのものであり，常微分方程式との関連にも注意します．

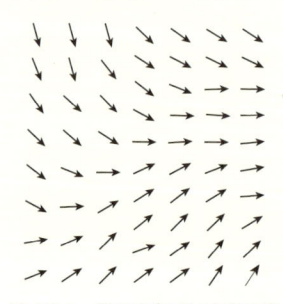

図 12.1 微分方程式は方向の場

12.2　2変数の全微分方程式

2変数の全微分方程式は

$$p(x, y)dx + q(x, y)dy = 0 \tag{2}$$

の形です．これが**完全微分式**——ある f があって

$$\partial f/\partial x = p, \quad \partial f/\partial y = q \quad (\mathrm{grad}\, f = (p, q)) \tag{3}$$

となるための条件(局所的)は

$$\partial p/\partial y = \partial q/\partial x \tag{4}$$

です．そのとき積分してポテンシャル f を求めれば，曲線族 $f = c$（定数）が (2) の一般解です．

かってな p, q はもちろん (4) を満足しません．しかしある関数(恒等的に 0 ではない) $u(x, y)$ を (2) に掛けて

$$\partial(up)/\partial y = \partial(uq)/\partial x \tag{5}$$

が成立すれば，$updx + uqdy$ は完全微分式であり，そのポテンシャル f を求めて $f = c$ が一般解です．このような関数 $u(x, y)$ を (2) の**積分因子**といいます．

例 12.1　$ydx - xdy = 0$．そのままでは (4) は成立しません．しかし商の導関数の公式から

$$\frac{1}{y^2}(ydx - xdy) = d\left(\frac{x}{y}\right), \quad \text{一般解}\ \frac{x}{y} = c\ (\text{定数})$$

をえます．$1/x^2$ も積分因子です．

定理 12.1　(2) に対して比が定数でない 2 個の積分因子 $u(x, y)$, $v(x, y)$ があれば，$u/v = a$ が一般解である．

略証　完全微分式 $vpdx + vqdy$ を考えれば $v = 1$ としてよい．$p = f_x$, $q = f_y$ と

131

多変数の微分積分学講義

して (up, uq) が (5) を満足するとすると $u_y f_x - u_x f_y = 0$ をえる．u, f のヤコビアンが 0 だから u と f は関数関係をもち（第 8 講参照），$f = c$ と $u = a$（定数）とは同じ内容を表す． □

例 12.2 例 12.1 で $1/y^2$, $1/x^2$ が積分因子なので，その比 $x^2/y^2 = a$ が一般解です．これは $x/y = c$ と同じ内容です．

積分因子 u に関する条件は u に関する 1 階偏微分方程式になります．しかし必要なのは一つの特殊解だけで十分です．次の定理は実用上に有用です．

定理 12.2 便宜上与えられた 1 変数関数 $g(t)$ に対し

$$G'(t)/G(t) = g(t), \text{ すなわち } G(t) = \exp\left(\int g(t)dt\right)$$

である「指数的原始関数」を $G = E(g)$ と略記する．

(1) $(\partial q/\partial x - \partial p/\partial y)/q$ が x のみの関数 $\varphi(x)$ のときは $E(-\varphi)$ が積分因子である．

(2) $(\partial q/\partial x - \partial p/\partial y)/p$ が y のみの関数 $\psi(y)$ のときは $E(\psi)$ が積分因子である．

略証 (1) 積分因子を x のみの関数 $u(x)$ とおくと，条件式は $u'(x) + \varphi(x)u(x) = 0$ となるので $u = E(-\varphi)$ でよい．

(2) 積分因子を y のみの関数 $v(y)$ とおくと条件式は $v'(y) - \psi(y)v(y) = 0$ となり，$v = E(\psi)$ でよい． □

例 12.3 変数分離型の方程式は $\varphi(x)\psi(y)dx - dy = 0$ と表されます．このとき $(\partial q/\partial x - \partial p/\partial y)/p = -\psi'(y)/\psi(y)$ であり，定理 12.2 (2) を適用して $E(-\psi'/\psi) = 1/\psi(y)$ が積分因子です．実際 $\varphi(x)dx = dy/\psi(y)$ と変形して積分します．

例 12.4 1 階線型方程式 $y' = \varphi(x)y + g(x)$ は

$$[\varphi(x)y+g(x)]dx-dy=0$$

と変形すれば $(\partial q/\partial x-\partial p/\partial y)/q=\varphi(x)$ であり，定理 12.2 (1) によって $E(-\varphi)=\exp\left(-\int\varphi dx\right)$ が積分因子です．

他にも 1 階常微分方程式の解法のうち，積分因子の視点から統一的に扱うことができる例があります．

12.3 3 変数単独の全微分方程式

3 変数単独の全微分方程式は

$$u(x,y,z)dx+v(x,y,z)dy+w(x,y,z)dz=0 \tag{6}$$

の形に表されます．これが**完全積分可能**とは，ポテンシャル f に対して $\mathrm{grad}\, f$ が (u,v,w) に比例する：

$$f_x:f_y:f_z=u:v:w \tag{7}$$

ことです．このとき $f=c$ が一般解です．この f を (6) の**積分**とよびます．(7) の比例定数を λ とおくと

$$u=\lambda f_x,\quad v=\lambda f_y,\quad u=\lambda f_z \tag{8}$$

です．f が C^2 級なら λ は C^1 級であり，(8) を微分して λ を消去すると，$(u,v,w)=\boldsymbol{v}$ として $\langle\boldsymbol{v},\mathrm{rot}\,\boldsymbol{v}\rangle=0$ すなわち

$$u(v_z-w_y)+v(w_x-u_z)+w(u_y-v_x)=0 \tag{9}$$

が成立します．(9) が積分可能条件です(必要条件)．

例 12.5 $ydx+zdy+xdz=0$ は (9) の左辺 $=x+y+z\ne 0$ であって完全積分可能ではありません．$(y+z)dx+(z+x)dy+(x+y)dz=0$ は (9) を満たします．実際 $f=xy+yz+zx$ がそのポテンシャルです．

定理 12.3 u,v,w が同一点で 0 にならなければ，(9) は完全積分可能のための

十分条件でもある．すなわち(9)が成立すれば(6)を局所的に(以下のようにして)解くことができる．

証明 定点 (x_0, y_0, z_0) において一般性を失うことなく $v(x_0, y_0, z_0) \neq 0$ としてよい．z を助変数とみなし，$udx+vdy=0$ を x, y の常微分方程式として解いてその一般解 $g(x, y; z) = c$ を求める．このときある関数 $\lambda \,(\neq 0)$ について

$$u = \lambda g_x, \quad v = \lambda g_y$$

である．$w = \lambda(g_z + h)$ とおいて，3変数 x, y, z の関数 h を定める．これらを積分可能条件(9)に代入して整理すると最終的に

$$\lambda^2(h_x g_y - h_y g_x) = 0, \quad \lambda \neq 0$$

をえる．これは $\partial(g, h)/\partial(x, y) = 0$ であり，z を固定すれば各点の近傍で g と h とに関数関係があることを意味する．それを $h = \varphi(g, z)$ とおく．

ここで g を新しい変数とみなして，g と z に関する常微分方程式 $dg + \varphi(g, z)dz = 0$ の解 $f(g, z) = c$ を求める．$F(x, y, z) = f(g(x, y; z), z)$ とおくと，$f_z = f_g \cdot \varphi(g, z)$ であり，

$$F_x : F_y : F_z = f_g g_x : f_g g_y : (f_g g_z + f_z)$$
$$= f_g g_x : f_g g_y : f_g(g_z + h) = u : v : w \tag{10}$$

となる．すなわち F は(6)の積分である． □

例 12.6 $(y-z)dx + (z-x)dy + (x-y)dz = 0$ を解きます．(9)が成立します．z を定数とするとき $(y-z)dx + (z-x)dy = 0$ の解は $(y-z)/(x-z) = k$ (定数)であり $h = 0$ なのでこれがそのまま解です．これは $ax + by + cz = 0; a + b + c = 0$ という平面，すなわち直線 $x = y = z$ を含む平面の族と解釈できます．

例 12.7 $xz^3 dx - zdy + 2ydz = 0$ を解きます．(9)が成立して条件が満たされます．z を定数とすると $xz^3 dx - zdy = 0$ の解は $g = x^2 z^2 - 2y = b$ (定数)，上の記号で $\lambda = z/2$, $h = 4y/z - 2zx^2 = -2g/z = \varphi$, $dg + \varphi dz = 0$ の解は $f = g/z^2 = a$ (定数)です．もとの方程式は $2z^{-3} = f_g/\lambda$ を掛けたとき完全微分式であり，そのポテンシャルは $F = x^2 - 2y \cdot z^{-2}$ です．

12.4　3 変数の連立全微分方程式

3 変数の 2 元連立全微分方程式は，(1) で $n = 3$, $m = 2$ のとき

$$\left.\begin{array}{l} u^{(1)}(x,y,z)dx + v^{(1)}(x,y,z)dy + w^{(1)}(x,y,z)dz = 0 \\ u^{(2)}(x,y,z)dx + v^{(2)}(x,y,z)dy + w^{(2)}(x,y,z)dz = 0 \end{array}\right\} \quad (11)$$

と表されます．もちろん $(u^{(1)}, v^{(1)}, w^{(1)})$ と $(u^{(2)}, v^{(2)}, w^{(2)})$ とは一次独立と仮定します．このとき (11) は，新しい関数 u, v, w により

$$\frac{dx}{u} = \frac{dy}{v} = \frac{dz}{w}, \quad (12)$$

と変形できます．一次独立の仮定から $u = v = w = 0$ となることはありません．したがって (12) は例えば x を独立変数とした y, z に関する連立常微分方程式となり，u, v, w が十分滑らかならば解が存在します．(12) の形を**連立全微分方程式**とよぶこともあります．

> **注意**　(11) のおのおのは必ずも積分可能条件を満たさなくてもよいので，それらに「解」があるとは限らないのに，両方合わせて条件をきつくすると「解」が存在するのは逆説的だと思いませんか？ これは「解」の意味がくい違っているためです．前者では「解」として 2 次元の曲面 $f = c$ が要求されているのに対し，後者 (連立) の場合には 1 次元の曲線が「解」です．曲線は接線の方向をたどって作ることができますが，曲面を面素の族から矛盾なく作るには，面素の配列に「積分可能条件」が必要なのです．

さて (12) を解くために通常の微分方程式の解法を適用できる場合があります．例えば (12) を dt とおいて，x, y, z を t の媒介変数で表すことです．

例 12.8　$\dfrac{dx}{y-z} = \dfrac{dy}{z-x} = \dfrac{dz}{x-y}$ を解きましょう．

これを dt とおくと

$$\frac{dx}{dt} = y-z, \quad \frac{dy}{dt} = z-x, \quad \frac{dz}{dt} = x-y$$

です．これから $\frac{dx}{dt} + \frac{dy}{dt} + \frac{dz}{dt} = 0$ すなわち $x+y+z = a$ と $2x\frac{dx}{dt} + 2y\frac{dy}{dt} + 2z\frac{dz}{dt} = 0$，すなわち $x^2+y^2+z^2 = b$ (定数 >0) をえます．一般解は両者の交線である円の族です．

この問題は例 12.6 と「共役」な問題です．一般に

$$udx + vdy + wdz = 0 \quad と \quad dx:dy:dz = u:v:w$$

が**共役問題**です．このとき後者の解は，前者の解の曲面族に対する直交切線族になります．

(11) の両式の一次結合で積分可能条件を満たす組を 2 通り作って解くのも (11) を解く一つの定跡です．

例 12.9 $\dfrac{dx}{y+z} = \dfrac{dy}{z+x} = \dfrac{dz}{x+y}$ を考えます．dt とおいて連立常微分方程式に直すと $\dfrac{d(x-y)}{dt} = -(x-y)$ から $x-y = ae^{-t}$ 同様に $y-z = be^{-t}$, $z-x = ce^{-t}$ $(a+b+c=0)$．また $x+y+z = ke^{2t}$ なので，これらから x, y, z を媒介変数 t で表すことができます．他方 $(y-z)/(x-z) = l$ (定数), $x^3+y^3+z^3 -3xyz = K$ (定数) を導くことができるので，後者の曲面を $x=y=z$ を含む平面で切った切り口の曲線族ともみなせます．それらは共役な全微分方程式 $(y+z)dx+(z+x)dy+(x+y)dz = 0$ の解曲面 $xy+yz+zx = C$ (定数) の直交切線族です．

12.5　ヤコビの最終乗式

前節の (11) または (12) に対して積分可能条件を満たす一次結合を 2 通り作っ

136

て積分すれば，その一般解

$$f(x, y, z) = a, \quad g(x, y, z) = b \tag{13}$$

をえます．その定義からヤコビアンの記号により

$$\frac{\partial(f, g)}{\partial(y, z)} : \frac{\partial(f, g)}{\partial(z, x)} : \frac{\partial(f, g)}{\partial(x, y)} = u : v : w \tag{14}$$

が成立します．この比を M とおくとそれは

$$\frac{\partial(Mu)}{\partial x} + \frac{\partial(Mv)}{\partial y} + \frac{\partial(Mw)}{\partial z} = 0 \tag{15}$$

を満たします．(15)を満たす関数 $M(x, y, z)$ をヤコビの**最終乗式**とよびます．これは12.2節で述べた2変数の場合の積分因子に相当する概念で，似た性質があります．

(u, v, w) をベクトル場 u で表すと M の条件は次のようにも表されます．

$$\mathrm{div}(Mu) = M \,\mathrm{div}\, u + \langle \mathrm{grad}\, M,\, u \rangle = 0 \tag{15'}$$

定理 12.4 (12)に対して2個の独立な（比が定数でない）ヤコビの最終乗式 M, N があれば，その比 M/N は(12)の一つの積分である（定理12.1の類比）．

証明 M, N に関する条件式(15)にそれぞれ N, M を掛けて引き，全体を N^2 で割って商の導関数の公式を使うと，M, N を微分しなかった項は打ち消し合って

$$u\frac{\partial(M/N)}{\partial x} + v\frac{\partial(M/N)}{\partial y} + w\frac{\partial(M/N)}{\partial z} = 0$$

をえる．これは $\mathrm{grad}(M/N)$ がベクトル u と直交することを意味し，$M/N = c$ の接平面が u を含むから，M/N が一つの積分である． □

別証 もし(12)に2個の独立な積分 f, g があれば，(14)と(15)から $\partial(f, g, M/N)/\partial(x, y, z) = 0$ が成立し，M/N は f と g との関数として表さ

れるから，一つの積分である． □

例 12.10 例 12.8 では定数 1 および $x+y+z$ がヤコビの最終乗式の条件を満たすことが直接に確かめられます．したがって $x+y+z=a$ が一つの積分になります．

さらに具体的な解法として次の定理があります．

定理 12.5 (12) に対し，一つの積分 f と一つのヤコビの最終乗式 M がわかれば（したがって特に独立な 2 個のヤコビの最終乗式がわかれば），f と独立な積分 g を求積法で計算できる．

証明 $f(x, y, z) = a$ を例えば z について解いて ($f_z \neq 0$ と仮定) $z = \zeta(x, y; a)$ とする．求める他の積分を仮に $g(x, y, z)$ とおいて，$z = \zeta$ を代入し

$$G(x, y; a) = g(x, y, \zeta(x, y; a))$$

とおく．ヤコビの最終乗式の定義 (15) から

$$Mu = \partial(f, g)/\partial(y, z) = -G_y \cdot f_z$$
$$Mv = \partial(f, g)/\partial(z, x) = G_x \cdot f_z$$
$$dG = G_x \cdot dx + G_y \cdot dy = (M/f_z)(vdx - udy) \tag{16}$$

となる．(16) は 2 変数の全微分方程式 $vdx - udy = 0$ に対して既知関数 M/f_z が積分因子であることを意味するから，これを解いて $G(x, y; a)$ を求めることができる．それから逆に

$$g(x, y, z) = G(x, y; f(x, y, z))$$

とおけば，$g = b$ は $f = a$ と独立な積分である． □

系 $\operatorname{div} u = 0$ ならば (15') から $M = 1$ がヤコビの最終乗式になるから，他の最終乗式または積分がわかれば，求積法で解くことができる．

例 12.11 少々くどいが，例 12.8 を再考します．この例では $u=(y-z, z-x, x-y)$ が $\text{div}\,u=0$ を満足するので，$M=1$ がヤコビの最終乗式です（例 12.10）．また積分 $f=x+y+z$ がわかりますので，定理 12.5 に従って他の積分 g を求めることにします．$f=a$ は $z=a-x-y$ で

$$(z-x)dx-(y-z)dy=(a-2x-y)dx+(a-x-2y)dy=0 \tag{17}$$

に対して $M/f_z=1$ が積分因子です．実際(17)自身が完全微分式です．その解

$$a(x+y)-x^2-y^2-xy=c$$

に $a=x+y+z$ を代入すれば，f と独立な積分

$$xy+yz+zx=c \tag{18}$$

をえます．(18)は例 12.8 で示した解と形は違うが

$$x^2+y^2+z^2=(x+y+z)^2-2(xy+yz+zx)$$

に注意すれば，$x+y+z=a$ の下では $x^2+y^2+z^2=b$（定数）と同値となります．

この例からもわかるように，全微分方程式の**解**の本質は積分曲線の族です．それを表す積分の式は一意的とは限らず，目的に応じて使い分ける必要があります（テスト用には不便？）．

なお定理 12.2 の類比として，$(\text{div}\,u)/u$ が x のみの関数 $\xi(x)$ ならば，$E(-\xi)$ がヤコビの最終乗式であることが同様に証明できます．

12.6 常微分方程式への応用例

いささかしゃれですが，最終乗式が登場した時点で最終にするべきかもしれません．しかし前節の理論がある種の常微分方程式の解法に有用なので一言注意しておきます．微分方程式の履修を多変数微分積分学の履修後にする場合には，この種の視点も必要と思います．

例 12.12 y' を含まない2階常微分方程式 $y'' = \varphi(x, y)$ は，力学でよく現われます．力が位置と時間だけで定まり，抵抗力など速度に関連する力がない場合に該当します．

この種の方程式では $y' = z$ と置いて，y, z の連立常微分方程式に直すのが有力な方法ですが，これを連立全微分方程式

$$\frac{dx}{1} = \frac{dy}{z} = \frac{dz}{\varphi(x, y)} \tag{19}$$

に変換すると，$\boldsymbol{u} = (1, z, \varphi(x, y))$ は $\operatorname{div} \boldsymbol{u} = 0$ を満たすので，定理 12.5 系が適用できます．このとき (19) の一つの積分 $f = a$ は $z = y'$ とすれば1階常微分方程式 $f(x, y, y') = a$ です．これは**中間積分**とよばれ，それがわかれば求積法で解くことができます．

例 12.13 汎関数の極値を求める変分法では

$$\frac{d}{dx} \cdot \frac{\partial F}{\partial z} - \frac{\partial F}{\partial y} = 0, \quad F = F(x, y, z), \quad z = y'$$

の形の「オイラーの方程式」が現われます．これは連立全微分方程式

$$\frac{dx}{1} = \frac{dy}{z} = \frac{F_{zz} \cdot dz}{F_y - F_{xz} - zF_{yz}} \tag{20}$$

に変形されます．これに対して $M = F_{zz}$ がヤコビの最終乗式の条件を満足します．したがって他の最終乗式がわかれば求積法で解くことができます．

例 12.14 変分法の一例として（詳しい解説は省略しますが）双曲幾何の基本である，$y > 0$ において線素 $ds = \sqrt{dx^2 + dy^2}/y$ に関する測地線を計算してみましょう．このとき $F = \sqrt{1+z^2}/y$ $(z = y')$ であり，(20) は

$$\frac{dx}{1} = \frac{dy}{z} = \frac{-y dz}{1+z^2} \tag{21}$$

になります．F_{zz} の定数倍として $1/y(1+z^2)^{3/2}$ が最終乗式です．(21) は y と z に関する変数分離形の方程式として直接に中間積分 $y^2(1+z^2) = c^2 (> 0)$ が求まります．これを $z = y'$ として解くと，$y' = \sqrt{c^2 - y^2}/y$ から一般解

$$x - a = \sqrt{c^2 - y^2}, \quad \text{すなわち } (x-a)^2 + y^2 = c^2$$

をえます．これは実軸上に中心をもつ円であり（図 12.2），双曲幾何のポアンカレによるモデルになっています．

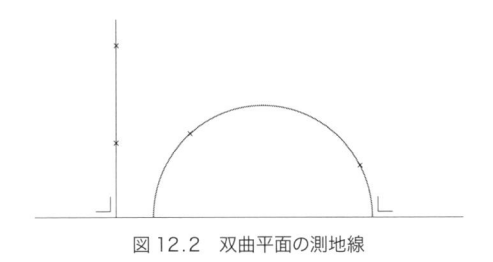

図 12.2 双曲平面の測地線

内容の説明をせず公式に機械的に代入して答えを求めるのは好ましくありませんが，一つの応用例とみてください．

12.7 むすびの言

以上でこの講座を終わります．多変数といっても 2 変数が主で部分的に 3 変数に触れただけです．多少工夫した点もあり，教科書の不足分を補充した個所もあったと自負しておりますが，在来の理論のやき直しに終始しました．紙数の関係で述べ足りなかったいくつかの話題を第 2 部に収録しましたので併せてご覧下さい．

第2部

関連事項補充

第 1 話　一様微分可能性について
第 2 話　微分法の平均値定理
第 3 話　最大最小問題補充
第 4 話　包絡線の実例
第 5 話　多変数のベキ級数
第 6 話　積分の応用例補充
第 7 話　多変数の変格微分
第 8 話　凸関数と不等式
第 9 話　条件付き極値問題補充
第10話　曲線の長さと曲線で囲まれる面積
第11話　調和関数の基本性質
第12話　曲面積

第1話 一様微分可能性について

1.1 一様微分可能の意味

　この本では微分可能性を通常の点別極限でなく，一様微分可能性を基礎にしました．

　導関数の通常の定義は第1部1.2節の式 (3) です．この極限が「x について一様に収束する」というのが**一様微分可能性**の本来の意味です．それを ε–δ 論法で述べると次の通りです：

定義 1.A　任意に指定された $\varepsilon > 0$ に対して，$a \leq x \leq b$ に無関係な $\delta > 0$ を（うまく）とると，x が区間内のどこにあっても $0 < |h| < \delta$ ならば

$$\left| \frac{f(x+h) - f(x)}{h} - f'(x) \right| < \varepsilon \tag{1}$$

が成立するようにできるとき**一様に微分可能**と呼ぶ．

　このとき導関数 $f'(x)$ は連続関数 $\dfrac{f(x+h) - f(x)}{h}$ の一様収束する列の極限関数なので連続であり，$f(x)$ は C^1 級です．逆に第1講1.2節の定義1の意味で一様に微分可能ならば，(1) の左辺の絶対値の内部は $F(x+h, x) - F(x, x)$ と表されます．閉区間 $\{a \leq x \leq b, a \leq u \leq b\}$ で連続な $F(x, x)$ は一様連続なので，不等式 (1) が x について一様に成立します．すなわち定義 1.A は前述の定義 1.1 とも C^1 級という条件とも同値です．多変数の場合にも同様の結論を示すことができます．

　その意味で実用上では通例の C^1 級という条件だけで十分なのですが，最初か

ら大域的に一様微分可能性の概念を導入すると，理論の流れが滑らかに進みます．

このような概念は一様収束の概念が確立した 19 世紀末期からあってもよかったと思いますが，伝統的な体系が確固として存在していたせいか，20 世紀後半に漸くとりあげる学者が現れました (例えば参考文献 [4] など)．1 変数の場合は差分商が一通りに定まる (第 1 講 1.2 節の式 (2)) ので余り問題はありません．しかし多変数の場合には偏差分商は一通りに定まらず，具体例ではその定めかたによって応用上に差が生じるなどの難点があり，余り歓迎されないのが実情です．以後では C^1 級，すなわち偏微分可能であって偏導関数が連続というごく普通の状況と理解して進んで差し支えありません．

1.2 接平面の定義について

これは第 2 講の冒頭に補充すべき内容ですが，ページ数の関係でここに収録した次第です．

1 変数の場合は，曲線 $C: y = f(x)$ 上の 1 点 $P(a, b = f(a))$ に対し，それに近い点 Q をとって直線 PQ を作ると，Q を P に近づけた極限が，点 P での C の**接線**です．では，2 変数の場合，曲面 $\varGamma: z = f(x, y)$ 上の 1 点

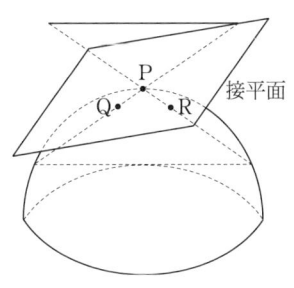

図 1A　平面 PQR → 接平面 ?

$P(a, b, c = f(a, b))$ に対し，それに近い 2 点 Q, R をとって 3 点 P, Q, R の作る平面を考え，Q, R を P に近づけた極限をとると，それが点 P で $\varGamma$ の接平面になるでしょうか (図 1. A) ?

一見当然のようですし，そう書いてある本もあります．しかし，実例で試みるとこれは誤りです．点 Q, R を独立に P に近づけると，平面 PQR は一定の極限に近づかず，接平面とは別の平面に近づくこともあります (具体的な反例は第 1 部 2.2 節例 2.2 参照)．

これは 2 点 Q, R を勝手に動かすからいけないので，例えば PQ = PR, ∠QPR = 90° として近づければ (大域的な微分可能性を仮定して)，期待される

第2部 関連事項補充

接平面

$$z - c = \frac{\partial f}{\partial x}(a, b)(x-a) + \frac{\partial f}{\partial y}(a, b)(y-b) \tag{2}$$

に近づきます．それほど窮屈に限定しなくとも，△PQR がむやみにつぶれない，すなわちその内角がすべてある定数 $0 < \alpha \ (< 90°)$ に対して α と $180° - \alpha$ の間にあるように限定して近づければ，接平面 (2) に近づきます（第1部 2.2 節参照）．この条件は，三角形の面積 S と最大の辺長 l について l^2/S が有界などとも表現できます．このような三角形に限定するとき，「**正則な三角形**に限って」と略称します．この考え方は「有限要素法」に基づく数値解析に初めて現れたようですが，数学の基礎にも反映させるとよい例です．曲面積の定義（第12話参照）のように，領域を三角形分割するときに正則な三角形に限らないと，奇妙な現象が生じる例が他にも多数あります．

第2話 微分法の平均値定理

2.1 微分学の基本定理

これは1変数関数の微積分に関する話題ですが,最も基本的ですし,後に多変数への類比拡張を扱います.

標題の定理は正式な用語ではありませんが,次の事実をそうよぶことがあります.

定理 2. A (微分学の基本定理) 実数値関数 $f(x)$ が $a \leq x \leq b$ の各点で微分可能であり,微分係数 $f'(x)$ がつねに正ならば $f(x)$ は増加する:

$$u < b \text{ のとき } \quad f(a) < f(b).$$

普通の教科書にある「標準的」な方法は
$$\text{最大・最小値の存在} \to \text{ロルの定理} \to \text{平均値定理}$$
というコースです.それが特におかしいというわけではありません.しかしいろいろな事情で近年では以下に述べる「平均値の不等式」を活用する証明を選ぶ教程が多くなったように思います.この考えは歴史的にはコーシーの解析教程(1821)にありますが,近年何人もの数学者が独立に再発見を繰り返しています.

使用する考えの基礎は次の**区間縮小法**です:

縮小区間列 $a_1 \leq a_2 \leq \cdots \leq a_n \leq \cdots \leq b_n \leq \cdots \leq b_2 \leq b_1$ があって $b_n - a_n \to 0$ ならば,全閉区間 $[a_n, b_n]$ に共通な一点 c があり,$a_n \to c, b_n \to c$ である.

これは「実数の連続性」を表現する一つの公理と考えられます.

補助定理 2. B $f(x)$ が $a \leq x \leq b$ の各点で微分可能なとき,その区間内の列 $a_n, b_n \ (a_n < b_n)$ が,a_n は増加, b_n は減少して共に共通な値 c に近づくなら

ば
$$\lim_{n\to\infty}\frac{f(b_n)-f(a_n)}{b_n-a_n}=f'(c) \tag{1}$$
である.

証明　$f(x)$ は $x=c$ で微分可能だから
$$f(a_n)=f(c)+f'(c)(a_n-c)+R_n,$$
$$f(b_n)=f(c)+f'(c)(b_n-c)+S_n,$$
剰余項は $R_n/(a_n-c)\to 0,\quad S_n/(b_n-c)\to 0$

を満たす．差をとれば
$$f(b_n)-f(a_n)=f'(c)(b_n-a_n)+S_n-R_n \tag{2}$$
だが, $a_n<c<b_n$ から
$$\frac{|S_n-R_n|}{b_n-a_n}\leq\frac{|S_n|+|R_n|}{b_n-a_n}$$
$$=\frac{b_n-c}{b_n-a_n}\cdot\frac{|S_n|}{b_n-c}+\frac{c-a_n}{b_n-a_n}\cdot\frac{|R_n|}{c-a_n}<\frac{|S_n|}{b_n-c}+\frac{|R_n|}{c-a_n}$$

であって, $n\to\infty$ のとき右辺は 0 に近づく．したがって (2) を b_n-a_n で割って極限をとれば (1) をえる．なお上記では $a_n<c<b_n$ と仮定したが，もしも a_n, b_n のどちらか一方 (両方同時はありえない) がある番号から先 c と一致すれば, (1) は微分係数 $f'(c)$ の定義から自明である．　□

定理 2. C（平均値の不等式）　$f(x)$ が $a\leqq x\leqq b$ の各点で微分可能ならば,
$$f'(c)\leqq\frac{f(b)-f(a)}{b-a} \tag{3}$$
である点 c $(a\leqq c\leqq b)$ がある．——同様に (3) の右辺以上の値をとる $f'(d)$ も存在する．

証明　記述の便宜上 (3) の右辺 (平均変化率) を $f[a,b]$ と略記する．2 以上の正の整数 m を定める ($m=2$ でよい).

$a_1 = a$, $b_1 = b$ とおく．区間 $[a_1, b_1]$ を m 等分して分点を
$$d_k = a + k(b-a)/m, \quad k = 0, 1, \cdots, m$$
とおく．区間の長さ $d_k - d_{k-1}$ が一定 $(= (b-a)/m)$ だから
$$f[a_1, b_1] = \{f[d_0, d_1] + f[d_1, d_2] + \cdots + f[d_{m-1}, d_m]\}/m$$
である．$f[d_{k-1}, d_k]$ の値が最小の小区間を選んでそれを $[a_2, b_2]$ とおくと
$$f[a_2, b_2] \leq f[a_1, b_1]$$
である（全部の $f[d_{k-1}, d_k]$ が等しい場合以外は＜だが，それは問わない）．この操作を小区間 $[a_2, b_2]$ に適用し，以下順次同様の縮小区間列 $[a_n, b_n]$ を作る．このとき
$$f[a_n, b_n] \leq f[a_{n-1}, b_{n-1}] \leq \cdots \leq f[a_1, b_1]$$
であり，$b_n - a_n = (b-a)/m^n \to 0$ だから縮小区間列 $[a_n, b_n]$ は一点 c に近づく．$a_n \leq c \leq b_n$ から補助定理 2.B により $f[a_n, b_n] \to f'(c)$ であって，その点 c での $f'(c)$ は (3) を満足する． □

定理 2.A の証明　平均値の不等式により，$f'(c) \leq f[a, b]$ である点 c が存在する．$f'(c) > 0$ だから $f(a) < f(b)$ である． □

定理 2.A 系　同じ条件下で $f'(x) \geq 0$ ならば $f(x)$ は広義の増加：$f(a) \leq f(b)$ である．

証明　$\varepsilon > 0$ として $g(x) = f(x) + \varepsilon x$ とおけば $g'(x) = f'(x) + \varepsilon > 0$ だから $g(a) < g(b)$ すなわち
$$f(a) + \varepsilon a < f(b) + \varepsilon b, \quad f(b) - f(a) \geq \varepsilon(a - b)$$
である．$\varepsilon \to 0$ とすれば $f(b) - f(a) \geq 0$ である． □

第2部 関連事項補充

2.2 微分法の平均値定理

前節で平均値定理は不等式の形で十分だと述べましたが，等式の形もロルの定理（最大値の存在）とは無関係に直接区間縮小法で証明できます．この方法もコーシー自身に負うにも拘わらず，近年の教科書にほとんど見掛けないのがかえって不思議です．

定理 2.D（微分法の平均値定理）
$y = f(x)$ が $a \leq x \leq b$ の各点で微分可能ならば，微分係数の値 $f'(c)$ が平均変化率と等しい点 c（$a \leq c \leq b$）が存在する．―― $a < c < b$ も証明できるが，多くの場合そこまで必要ない．

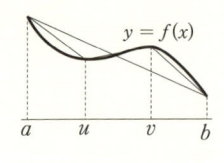

図2A 区間を3等分

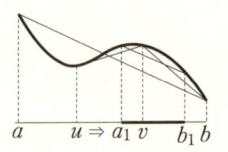

図2B 区間を移動

証明 まず $a_0 = a$, $b_0 = b$ とおく．記法を簡単にするため，区間 $a \leq x \leq b$ での f の平均変化率を

$$f[a, b] = \frac{f(b) - f(a)}{b - a} \tag{4}$$

と表す．区間 $a \leq x \leq b$ を点 u, v で3等分したとき

$$\frac{1}{3}\{f[a, u] + f[u, v] + f[v, b]\} = f[a, b] \tag{5}$$

に注意する．したがって(5)の左辺の3項中，最大のものは $f[a, b]$ 以上，最小のものは $f[a, b]$ 以下である．長さが一定な区間での平均変化率は，端点を変数として連続だから，上記の最大値区間と最小値区間の間に，長さが

$(b-a)/3$ で，そこでの平均変化率がちょうど $f[a, b]$ に等しい区間がある (中間値の定理)．その区間を $a_1 \leq x \leq b_1$ とおく．

同様の操作を区間 $a_1 \leq x \leq b_1$ に適用すれば，長さがその区間の 1/3 でそこでの平均変化率が $f[a_1, b_1] = f[a, b]$ に等しい区間 $a_2 \leq x \leq b_2$ がある．この操作を反復すれば，次々の長さが一つ前の区間の 1/3 になって，そこでの平均変化率が $f[a, b]$ に等しい区間 $a_n \leq x \leq b_n$, $n = 1, 2, 3, \cdots$ の列を作ることができる．この縮小区間列は一点 c に収束する．補助定理 2B によりそこでの微分係数は $f'(c) = \lim_{n \to \infty} f[a_n, b_n] = f[a, b]$ である． □

系 $a \leq x \leq b$ の各点で $f(x)$ が微分可能であり，導関数 $f'(x)$ がリーマン積分可能ならば

$$\int_a^b f'(x) dx = f(b) - f(a) \tag{6}$$

である (微分積分学の基本定理の一つの形)．

証明 区間 $a \leq x \leq b$ を n 等分： $a_0 = a$, $a_k = a + \dfrac{k(b-a)}{n}$ $(k = 1, 2, \cdots, n)$ する．各小区間 $a_{k-1} \leq x \leq a_k$ に $f'(c_k) = f[a_{k-1}, a_k]$ である点 c_k がある．これから積和を作ると

$$\sum_{k=1}^n f'(c_k)(a_k - a_{k-1}) = \sum_{k=1}^n f[a_{k-1}, a_k](a_k - a_{k-1})$$
$$= \sum_{k=1}^n [f(a_k) - f(a_{k-1})] = f(b) - f(a)$$

である．ここで $n \to \infty$ としたとき，左辺がある値 (それが (6) の左辺の定積分) に収束するというのが，リーマン積分可能の定義だから，$n \to \infty$ として (6) を得る． □

定理 2D の証明で，区間を 3 等分して縮小するのが通常の区間縮小法との違いですが，これは本質的な差ではなく，任意の m 等分で同様にできます．

関連事項補充

この方法の長所は多変数の場合に拡張できる点です（次節参照）．

「微分積分学の基本定理」は多くの教科書にあるとおりです．いまさらと感じた読者も多いと思いますが，細かく切って加えるという大域的操作に基づく(6)の左辺が，右辺のような局所的（小域的）な値で定まるという事実に留意すべきと思います（なお付録参照）．

2.3　2変数への拡張

以下に現れる線積分・面積分などは第1部　第10講・第11講で扱いました．ここでは説明なしに使用します．

平面上で辺が座標軸に平行な長方形を R とし，その周を正の向きに一周する閉曲線を ∂R で表します．R の面積を $\mu(R)$ とおくとき，次の結果が成立します．

定理 2E　点 $A(x_0, y_0)$ を含む開集合 D で微分式 $\omega = Pdx + Qdy$ が C^1 級とする．点 A を内部に含み，D に含まれる閉長方形の A への縮小列 $\{R_n\}$（$A \in \cap R_n$ で，R_n の縦横とも 0 に収束）があるとき，R_n の周上での線積分の極限値は

$$\lim_{n\to\infty} \frac{1}{\mu(R_n)} \int_{\partial R_n} \omega = \left(\frac{\partial Q}{\partial x} - \frac{\partial P}{\partial y}\right)(x_0, y_0) = d\omega(A) \tag{7}$$

である．$d\omega$ は ω の外微分 $\left(\dfrac{\partial Q}{\partial x} - \dfrac{\partial P}{\partial y}\right)dx \wedge dy$ であり，右辺はその係数が点 A でとる値を意味する．——(7)自身を外微分の「定義」と理解してもよい．

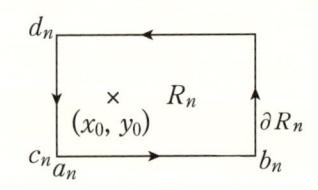

図2C　長方形の周の線積分

証明 $R_n = \{a_n \leq x \leq b_n, c_n \leq y \leq d_n\}$ $(a_n \leq x_0 \leq b_n, c_n \leq y_0 \leq d_n)$ とおく. P, Q は (x_0, y_0) で全微分可能であり, R_n の周 ∂R_n 上で

$$Pdx + Qdy = P_0 dx + Q_0 dy + \left(\frac{\partial P}{\partial x}\right)_0 (x-x_0)dx + \left(\frac{\partial P}{\partial y}\right)_0 (y-y_0)dx$$
$$+ \left(\frac{\partial Q}{\partial x}\right)_0 (x-x_0)dy + \left(\frac{\partial Q}{\partial y}\right)_0 (y-y_0)dy + \varepsilon_n, \tag{8}$$

$$\lim_{n\to\infty} \frac{\varepsilon_n}{|x-x_0|+|y-y_0|} = 0$$

と表すことができる. ここで添え字 0 は (x_0, y_0) での値を示す. (8)を ∂R に沿って線積分すると $dx, dy, (x-x_0)dx, (y-y_0)dy$ は 0 となり, $\int_{\partial R_n} \varepsilon_n$ は $\mu(R_n)$ で割った値が 0 に近づく. 他の項は

$$\int_{\partial R_n} (y-y_0)dx = \int_{a_n}^{b_n} [(c_n - y_0) - (d_n - y_0)]dx$$
$$= -(b_n - a_n)(d_n - c_n)$$
$$\int_{\partial R_n} (x-x_0)dy = \int_{c_n}^{d_n} [(b_n - x_0) - (a_n - x_0)]dy$$
$$= (b_n - a_n)(d_n - c_n)$$

となり, けっきょく全体は

$$\frac{1}{\mu(R_n)} \int_{\partial R_n} (Pdx + Qdy) = -\left(\frac{\partial P}{\partial y}\right)_0 + \left(\frac{\partial Q}{\partial x}\right)_0 + \frac{1}{\mu(R_n)} \int_{\partial R_n} \varepsilon_n$$

となる. ここで $b_n - a_n \to 0, d_n - c_n \to 0$ とすれば, ε_n の積分の項は 0 に近づき, この右辺は(7)の右辺の値に近づく. □

定理 2F 長方形 $R = \{a \leq x \leq b, c \leq y \leq d\}$ で微分式 $\omega = Pdx + Qdy$ が C^1 級のとき, R 中に

$$d\omega(x_0, y_0) = \frac{1}{\mu(R)} \int_{\partial R} \omega \tag{9}$$

を満足する点 (x_0, y_0) がある (2変数の平均値定理).

第2部 関連事項補充

証明 (9) の右辺を ω の「平均変化率」$M(R)$ と考える．R の縦横を 3 等分し，9 個の小長方形 $R^{(1)}, \cdots, R^{(9)}$ に分割すると，$\dfrac{1}{9}\sum_{k=1}^{9} M(R^{(k)}) = M(R)$ だから，$M(R^{(k)})$ 中最大なものは $M(R)$ 以上，最小のものは $M(R)$ 以下である．両辺がそれぞれ R の $\dfrac{1}{3}$ の小長方形を動かして，それに中間値の定理を適用すると，そこでの (7) の右辺の形の量がもとの $M(R)$ に等しい長方形が存在する．それを R_1 とする．同様の操作を R_1 に適用して R_2 を作り，以下この操作を反復すると，縮小区間列 R_n ができ，ある一点 (x_0, y_0) に収束する．その点に定理 2E を適用すれば，

$$M(R) = M(R_1) = \cdots = M(R_n) = \cdots = \lim_{n \to \infty} \frac{1}{\mu(R_n)} \int_{\partial R_n} \omega$$

を得る． □

系（グリーンの定理） 上と同じ条件で

$$\iint_R \left(\frac{\partial Q}{\partial x} - \frac{\partial P}{\partial y} \right) dxdy = \int_{\partial R} (Pdx + Qdy) \tag{10}$$

証明は定理 2D 系と同様です．上記の証明を注意深く扱えば，個々の $\left(\dfrac{\partial Q}{\partial x}, \dfrac{\partial P}{\partial y} \right)$ が必ずしも連続でなくても，両者の差が (2 変数の) リーマン積分可能ならば，(10) が成立します．これは第 1 部第 10 講 (10.3 節) の結果の別証になります． □

> **注意** かつてデュードンネが現行の微分積分学の体系を批判し，微分法の平均値定理は 1 変数特有で多変数に拡張できないと主張したことがありました．確かに多くの教科書にある「多変数関数の平均値定理」という命題は形式的な拡張にすぎず，「微分積分学の基本定理」と直結していないようです．しかし「内容の類似」に視点をおくなら，形式的には一見別物のような (9) の右辺

(線積分)が平均変化率(差分商)の拡張に相当します．上記の方法で1変数の場合とまったく並行に，2変数の微分積分学の基本定理に相当するグリーンの定理に到達しました．さらに複素関数論の基本定理である「コーシーの積分定理」もグリーンの定理の変形です．

　歴史的な理由もあってこのような進め方は現在余り行われておりませんが，基礎の見直しと再構築は(教育上の配慮以外にも)必要な作業と感じます．

第3話 最大最小問題補充

3.1 1変数の最大最小問題

これは高校以来おなじみで，微分法が有用な場合が大半です．増減表を書かなくても，次の一般的定理を確立しておくとよいでしょう．

定理3A $a \leq x \leq b$ において $f(x)$ が微分可能であり，内部の一点 $c(a<c<b)$ のみにおいて $f'(c)=0$，かつ $a \leq x<c$ では $f'(x)>0$，$c<x \leq b$ では $f'(x)<0$ ならば，$x=c$ は**単峰極大**である．$f(c)$ は $a \leq x \leq b$ での $f(x)$ の最大値である．

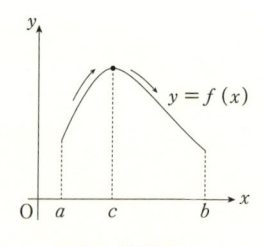

図3A 単峰極大

証明 $f(x)$ は $a \leq x<c$ において増加，$c<x \leq b$ において減少なので，$x=c$ において最大値をとる． □

さらに凸関数の活用も有用です（第2部第8話参照）．

高校段階の問題ですが，一例を挙げます．

例題3A ある工場で容積 0.25 立方メートルの底面が正方形である直方体の容器を作っている．側面と上面は1平方メートルあたり1000円の材料でよいが，底面は丈夫にするために1平方メートルあたり3000円の材料が必要である．材料費を最小にするには，どのような形にすればよいか．またそのときの1個あたりの材料費はいくらか．板の厚さは無視してよい．

解 底面の一辺を x メートルとすると，高さは $\dfrac{0.25}{x^2}$ メートルである．材料費

は側面 4 枚と上下の面を合わせて

$$1000 \times \left(4x \times \frac{0.25}{x^2} + x^2\right) + 3000x^2 \text{ (円)}$$

である．整理して $1000f(x)$, $f(x) = \frac{1}{x} + 4x^2$ だが，$f'(x) = -\frac{1}{x^2} + 8x$．これが 0 になるのは $8x^3 = 1$ の実数解 $x = \frac{1}{2}$ だけである．$0 < x < \frac{1}{2}$ で $f'(x) < 0$，$x > \frac{1}{2}$ で $f'(x) > 0$ だから，$x = \frac{1}{2}$ は単峰（単谷）極小であり，このとき最小である．すなわち底面の一辺を 0.5 メートル，高さを 1 メートルにする．材料費は 1 個あたり $1000f\left(\frac{1}{2}\right) = 3000$ 円である． □

しかし 1 変数の極値問題でも難しいものがあります．

例題 3B 半径 r の円板の中心から出る 2 本の半径に沿って円板を切り，2 個の扇形をそれぞれ丸めて直円錐を作る．のりしろは無視する．この 2 個の直円錐の体積の和を最大にするには，どのように切ればよいか．

一方だけの体積を最大にする問題は，「数学Ⅱ」の知識で解けますが，両方の和は難問です．対称に半円形 2 個に切ったときが最大ではないことに注意します．

解 便宜上角の単位を全周 (360°) とし，扇形の一方の中心角を $x(0 < x < 1)$ とする．その弧長は $2\pi r x$ で，丸めた円錐の底面の半径は rx，母線の長さが r だから，高さは $r\sqrt{1-x^2}$ であり，体積は $\frac{\pi}{3}r^3 x^2 \sqrt{1-x^2}$ と表される．この一方だけなら，定数係数を除き，$x^2 = X$ とおいて 2 乗すると $X^2(1-X)$ は $X = \frac{2}{3}$ を単峰極大とし，$x = \sqrt{\frac{2}{3}}$ すなわち $360° \times \sqrt{\frac{2}{3}} = 293.94°$ のとき最大になる．しかし反対側すなわち中心角 $1-x$ の部分も考えると体積の和は

$$\frac{\pi}{3}r^3 f(x) \ ; \ f(x) = x^2\sqrt{1-x^2} + (1-x)^2\sqrt{2x-x^2} \tag{1}$$

関連事項補充

図3B 問1.2のグラフ

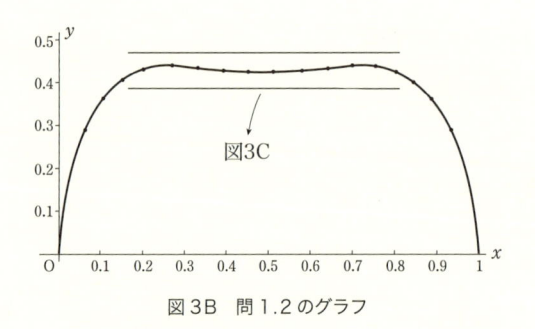

図3C (a)の拡大図

となる．この関数のグラフをグラフ電卓で描くと，図3Bのような丘の形で，$x = 0.2$ から 0.8 までほぼ一定値に見える．図3Cのように中央部分を拡大して眺めると，中央の $x = \frac{1}{2}$ は**極小**であり，$x = 0.32$ と 0.68 の付近に最大があるらしい．

ここで，$f'(x) = 0$ を計算すると，方程式

$$\frac{2x - 3x^3}{\sqrt{1-x^2}} = \frac{(1-x)(-1 + 6x - 3x^2)}{\sqrt{2x - x^2}} \tag{2}$$

になる．整理すれば7次方程式になるが，$x = 0.5$ で対称なので，$\left(x - \frac{1}{2}\right)^2$ の3次方程式になる．(2)を直接コンピュータで解くと，無縁解も含まれるが，解のうち

$$x = 0.3240138\cdots\cdots \quad \text{と} \quad x = 0.6759861\cdots\cdots$$

が $f(x)$ の最大値を与える．両者は x と $1-x$ の関係で同一の解（小さいほうがほぼ $116.6°$ の中心角）を表している．　　　□

158

第 3 話

最大最小問題補充

電卓使用の下でもない限り，このような問題が試験に出題されることはないと思います (米国のコンテストには出題されたことがあります)．ともかく中央が極小で，その両側に最大値がある—但し変化はごく僅か—というのが奇妙です．

3.2 多変数の場合 —— 鞍点に注意

多変数関数 $f(x_1, \cdots\cdots, x_n)$ の極値も偏導関数の共通零点

$$\frac{\partial}{\partial x_k} f(x_1, \cdots\cdots, x_n) = 0, \quad k = 1, 2, \cdots\cdots, n \tag{3}$$

から計算できますが，(3) を満たす**停留点**は必ずしも極値でなく，**鞍点** (ある方向に極小，別の方向に極大な点) のこともあります．その判定には 2 階ないし高階の導関数が有用なことが多いのですが，実際の問題ではそうした「一般論」にこだわらず，個々の問題の意味を考えて工夫したほうが有用です (「数学の精神」に反する (？) 意見かもしれませんが)．

次の例は入試問題ではありませんが，名著といわれる　藤原松三郎，微分積分学第一巻，(内田老鶴圃，1937) にあった「歴史的に有名な誤り」です．

例題 3C　△ABC の辺 BC, CA, AB 上に点それぞれ D, E, F をとり，△DEF の面積を最大にするものを求めよ．

(誤った) 解．

BD:DC $= x:(1-x)$, CE:EA $= y:(1-y)$,
AF:FB $= z:(1-z)$ とおく $(0 < x, y, z < 1)$．
△AEF, △BFD, △CDE の面積は，それぞれ
△ABC の $z(1-y)$, $x(1-z)$, $y(1-x)$ 倍だから，△DEF の面積は△ABC の

$$f(x, y, z) = 1 - z(1-y) - x(1-z) - y(1-x)$$
$$= 1 - (x+y+z) + xy + yz + zx$$

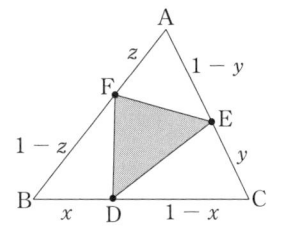

図 3D　三角形の内の三角形

第2部
関連事項補充

倍である．$\dfrac{\partial f}{\partial x} = 0$, $\dfrac{\partial f}{\partial y} = 0$, $\dfrac{\partial f}{\partial z} = 0$ を計算すると

$$y + z = 1, \quad z + x = 1, \quad x + y = 1 \text{ から } x = y = z = \dfrac{1}{2} \tag{4}$$

をえる．したがって解は D, E, F が各辺の中点のときである． □

しかし (4) は鞍点です．例えば $x = y = z$ として動かせば，

$$1 - 3x + 3x^2 = 3\left(x - \dfrac{1}{2}\right)^2 + \dfrac{1}{4}$$

ですから，$x = \dfrac{1}{2}$ は**最小**です．他方後述のような制限（例題 3D）をつければ，中点を結んだ三角形が最大になることがあります．

じつはもとの問題自体が無意味なのです．D, E, F を自由にとってよければ，D, E, F をそれぞれ B, C, A に近づければ △DEF の面積は △ABC の面積自体に近づきます．また D を止めて E, F をともに A に近づければ，△DEF の面積は 0 に近づきます．最大，最小は存在しませんが，面積の上限，下限はそれぞれ △ABC の面積と 0 です．

(4) が鞍点であることは，高階導関数を計算するよりも

$$x = X + \dfrac{1}{2}, \quad y = Y + \dfrac{1}{2}, \quad z = Z + \dfrac{1}{2} \quad (X, Y, Z) \text{ は原点近く}$$

と座標変換すると

$$f(x, y, z) = XY + YZ + ZX + \dfrac{1}{4}$$

となることからわかります．ここで，例えば $X = Y = Z$ として動かせば極小ですが，$Y + Z = 0, X = 0$ として動かせば極大です．これは問題の含む意味を考えず形式的な計算をして，解の吟味を怠った失敗例といってよいでしょう．

次の問題は，読者の方々への演習問題にしておきます（付録参照）：

例題 3D 三角形 ABC の内部に 1 点 P をとって AP, BP, CP の延長と対辺と

の交点をそれぞれ D, E, F とする．△DEF の面積が最大になるのはどのようなときか？

答． P が重心で，D, E, F が各辺の中点のとき．

3.3 一つの幾何学的極値問題

問題 3D の類題として次の問題を考えます．

例題 3E 鋭角三角形 ABC 内に点 P をとる．P の垂足三角形，すなわち P から 3 辺 BC, CA, AB に引いた垂線とその辺との交点 D, E, F のなす三角形の面積が最大になるのは，どのような場合か？

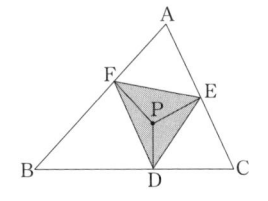

図 3E 点 P の垂足三角形

解

$a = BC$, $b = CA$, $c = AB$, $x = PD$, $y = PE$, $z = PF$ とおく．

$$ax + by + cz = 2S \text{ （一定）}, \quad S \text{ は}\triangle ABC \text{ の面積} \tag{5}$$

である．他方 $\angle EPF = 180° - \angle A$ だから，正弦定理より

$$\triangle EPF \text{ の面積} = \frac{1}{2} yz \sin(\angle EPF)$$

$$= \frac{1}{2} yz \sin A = \frac{1}{4R} ayz \quad (R \text{ は外接円の半径})$$

$$\triangle DEF \text{ の面積} = \frac{1}{4R}(ayz + bzx + cxy)$$

である．定数倍を除いて，付帯条件 (5) の下で

$$ayz + bzx + cxy \tag{6}$$

を最大にすればよい（ひとまず中断）．

これは 1 次式の制約条件 (5) の下で 2 次式 (6) の極値ですから，例えば z を消

去して x, y の2次式にし，平方完成 (2乗の和にまとめる) と三角形の性質を活用しますと，

$$x = R\cos A, \quad y = R\cos B, \quad z = R\cos C \tag{7}$$

のとき最大値が実現されることが導かれます．その意味では「数学 I」の難問クラスですが，大変に技巧的です．(7) は P が外心のときで，D, E, F は各辺の中点になります．興味ある方は試みてください．

以下では第1部第9講で述べた**ラグランジュの乗数法**を使って計算してみます．但し最大値であることの吟味は省略します．

定理 3B $g(x_1, \cdots, x_n) = 0$ の下で $f(x_1, \cdots, x_n)$ を極値にする変数値は，λ を助変数 (ラグランジュ乗数) として

$$\frac{\partial}{\partial x_k}(f - \lambda g) = 0, \quad k = 1, \cdots\cdots, n \;;\; g = 0$$

の解に含まれる (必要条件)． □

この証明は第1部第9講で論じました．

例題 3E の解 (続き)：定理 3B に従って，

$$ayz + bzx + cxy - \lambda(ax + by + cz - 2S)$$

の，x, y, z に関する偏導関数 $= 0$ とおくと，

$$cy + bz = \lambda a, \quad cx + az = \lambda b, \quad bx + ay = \lambda c$$

をえる．これを x, y, z の連立1次方程式とみなして (λ は既知として) 解くと

$$x = \frac{\lambda(b^2 + c^2 - a^2)}{2bc} = \lambda \cos A, \quad y = \frac{\lambda(c^2 + a^2 - b^2)}{2ca} = \lambda \cos B,$$

$$z = \frac{\lambda(a^2 + b^2 - c^2)}{2ab} = \lambda \cos C \tag{8}$$

をえる．(5) に代入して

$$2S = \frac{\lambda}{2abc}[a^2(b^2+c^2-a^2)+b^2(c^2+a^2-b^2)+c^2(a^2+b^2-c^2)]$$

だが，ヘロンの公式と $4RS = abc$ により，$\lambda = R$ である．x, y, z が (7) を満足するとき最大であり，これは P が**外心**のときである． □

関連した問題をもう一つ挙げます．

例題 3F △ABC 内に点 P をとる．P から 3 辺に引いた垂線の長さ x, y, z の 2 乗の和 $x^2+y^2+z^2$ が最小になる点 P はどのような点か？

これは 1 次式の制約条件 $ax+by+cz = $ 一定 $(= 2S)$ の下で 2 次式 $x^2+y^2+z^2$ を最小にする問題です．答は 3 次元空間内で平面 $ax+by+cz = 2S$ に原点から引いた垂線の足に相当する点であり，$x:y:z = a:b:c$ を満たします．これは**ルモワーヌ点**とか**擬似重心**とよばれ，重心 G の等角共役点に相当します．AG, BG, CG をそれぞれの頂角の 2 等分線について対称変換した 3 直線は一点に会し，その交点が G の等角共役点です．普通の平面幾何学では現れない点なのでとまどう方が多いかもしれません．

ここで $x+y+z$ を最小にする問題はほぼ無意味です．答は P が最大内角の頂点に一致したときです．正三角形ではこの和は三角形内どこでも一定値です．

3.4 ふたたび鞍点に注意

次の問題は過去の数検 1 級で正答率が低かった (20 % 以下) ものです．もっとも少々「ひっかけ問題」的です．

問題 3G $0 \leq x, y, z \leq 1$；$x+y+z = 1$ の下で

$$f(x, y, z) = x^2y+xy^2+y^2z+yz^2+z^2x+zx^2$$

の最大値を求めよ．

関連事項補充

(誤った)解 ラグランジュの乗数法により

$$f(x, y, z) - \lambda(x+y+z-1)$$

の x, y, z に関する偏導関数を 0 とおくと

$$\left.\begin{array}{l} 2xy+2xz+y^2+z^2=\lambda \\ 2yx+2yz+z^2+x^2=\lambda \\ 2zx+2zy+x^2+y^2=\lambda \end{array}\right\} \quad (9)$$

をえる．3 式を加えて 2 で割り，おのおのの式を引くと

$$x^2+2yz = y^2+2zx = z^2+2xy = \frac{\lambda}{2}$$

をえる．また (9) の第 1 項と第 2 項，第 3 項との差をとると

$$(x-y)(x+y-2z)=0, \quad (x-z)(x+z-2y)=0$$

から

$$(x=y \text{ または } x+y=2z) \text{ かつ } (x=z \text{ または } x+z=2y)$$

となる．このまたはの組合せ 4 通りをどうとっても

$$x=y=z$$

となり，$x=y=z=\frac{1}{3}$ のときの値 $\frac{2}{9}$ が答えである． □

大半の誤答はこの形でした．ところが $x=y=z=\frac{1}{3}$ は鞍点 (詳しくは三つまたのいわゆる "monkey saddle point") です．じっさい $f\left(0, \frac{1}{2}, \frac{1}{2}\right) = \frac{1}{4}$ のほうが $f\left(\frac{1}{3}, \frac{1}{3}, \frac{1}{3}\right) = \frac{2}{9}$ より大きいので，$\frac{2}{9}$ は最大値ではありません．

これは最大値が周上で生じる場合をうっかりした誤りです．少々技巧的ですが，微分法にこだわらず，以下のように解くのが賢明でしょう．

解 z を固定すると，$x+y=1-z$ (一定) から

$$\begin{aligned} f(x,\ y,\ z) &= z^2(x+y)+z(x+y)^2-2xyz+xy(x+y) \\ &= z^2(1-z)+z(1-z)^2+xy(1-z-2z) \\ &= (1-3z)xy+z(1-z) \end{aligned}$$

である．$1-3z>0$ すなわち $z<\dfrac{1}{3}$ のときは，xy が大きいほど f は大きい．正の2数 x，y の和が一定のとき積の最大は $x=y$ のときで，そのとき $xy=\dfrac{1}{4}(1-z)^2$ である．

$$\begin{aligned} g(z) &= f\left(\frac{1}{2}(1-z),\ \frac{1}{2}(1-z),\ z\right) \\ &= \frac{1}{4}(1-z)^2(1-3z)+z(1-z) \\ &= \frac{1}{4}(1-z)(1+3z^2) \end{aligned}$$

とおく．$4g'(z)=-1+6z-9z^2=-(1-3z)^2 \leqq 0$ であり，単調減少だから，$g(z)$ は $z=0$ が最大で，最大値は $\dfrac{1}{4}$ である．$z=\dfrac{1}{3}$ は停留点だが極値ではない．$1-3z=0$ のときは f の値は定数 $\dfrac{2}{9}$ である．

$1-3z<0$ すなわち $z>\dfrac{1}{3}$ のときは，xy の係数が負なので，$xy=0$ のとき最大値 $z(1-z)$ をとる．この関数は $z=\dfrac{1}{2}$ のとき最大値 $\dfrac{1}{4}$ をとる．以上をまとめると，

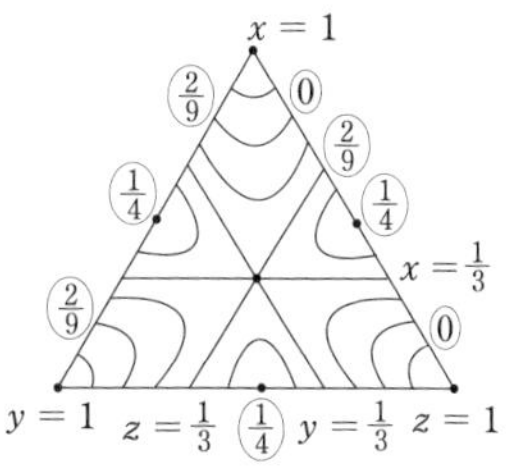

図 3F　問題 3G の等高線

$$f\left(\frac{1}{2},\ \frac{1}{2},\ 0\right)=f\left(0,\ \frac{1}{2},\ \frac{1}{2}\right)=f\left(\frac{1}{2},\ 0,\ \frac{1}{2}\right)=\frac{1}{4}$$

が所要の範囲における f の最大値である．□

様式的に f の等高線を描けば図 3F のとおりです．○で囲ったのが f の値です．

第2部 関連事項補充

3.5 曲線上の最近点

例題3H 原点から曲線

$$x^2 + 8xy + 7y^2 = 324 \tag{11}$$

上の点までの最短距離を求めよ．

　数検でこの問題に対する答えは千差万別でした．最も多かったのは 18（たぶん x 軸との交点までの距離）でしたが，(11) 上に $\left(0, \pm\dfrac{18}{\sqrt{7}}\right)$ といったもっと近い点がありますから，明らかに誤りです．ただしラグランジュ乗数法を機械的に適用すると 18 という解がでることがあるで要注意です．

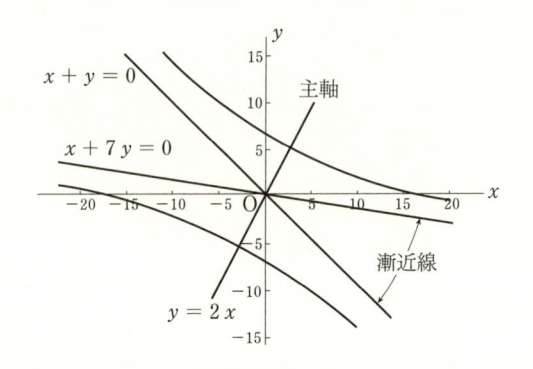

図3G　問題3Hの双曲線

　少し前なら原点を中心とする回転で標準化し，(11) が双曲線（図3G）を表すことから，2本の漸近線 $x+y=0$, $x+7y=0$ の二等分線 $y=2x$（計算を要す）との交点

$$\left(\pm\dfrac{6}{\sqrt{5}}, \pm\dfrac{12}{\sqrt{5}}\right) \text{（複号同順）} \tag{12}$$

が最近点で最短距離 6 と求めるのがエレガントだったでしょう．しかし現在こういう解答をすると，「論理に飛躍がある」と判断される可能性があります．

解 無難な解は t を助変数とし $y=tx$ と (11) の交点

$$\left(\pm\frac{18}{\sqrt{7t^2+8t+1}},\ \pm\frac{18t}{\sqrt{7t^2+8t+1}}\right)\text{(複号同順)}$$

までの距離の 2 乗

$$\frac{324(1+t^2)}{7t^2+8t+1}=\frac{18^2}{7}\left[\frac{-\frac{7}{3}}{1+t}+\frac{\frac{25}{3}}{1+7t}+1\right]$$

を最小にする方法である．定数係数と定数項を除いて

$$f(t)=\frac{-7}{1+t}+\frac{25}{1+7t}$$

とおき，$f'(t)=0$ を計算すると，整理して

$$\frac{1+7t}{1+t}=\pm 5,\quad \text{解は}\ \ t=2\ \ \text{または}\ -\frac{1}{2}$$

だが，$t=-\frac{1}{2}$ のときは，(11) と交わらない．$t=2$ のときの交点 (12) が最近点を与え，最短距離は 6 である． □

図 3G のようなグラフ（グラフ電卓を使用）を正しく描くことができれば容易です．機械的な計算だけでは何をやっているのかわからないという一例かもしれません．

3.6 ある極値問題と不等式

例題 3J a, b, c を $abc=2$ を満たす正の数とするとき，次の式（関数）の最小値を求めよ．

$$\frac{1}{a(1+b)}+\frac{1}{b(1+c)}+\frac{1}{c(1+a)} \tag{13}$$

この問題は下手に微分法を使うと泥沼に陥ります．たぶん最小値は，

関連事項補充

$a = b = c = \sqrt[3]{2}$ のときの値

$$\frac{3}{\sqrt[3]{2}(1+\sqrt[3]{2})} = 1.053621576\cdots \tag{14}$$

だと見当をつけて，(13)≧(14)を示すのが賢明です（数検での原問題はこの不等式の証明）．これは相加平均≧相乗平均 の関係によってすぐにできそうです．

(誤った)解 $(13) \geq 3 \times \sqrt[3]{\dfrac{1}{abc(1+a)(1+b)(1+c)}}$ $\tag{15}$

であり，この根号内の分母は，$abc = 2$ を使うと

$$2(3+a+b+c+ab+bc+ca) = 2 \times 3\left(1+\frac{a+b+c}{3}+\frac{ab+bc+ca}{3}\right)$$

に等しいので

$$(15) \geq \frac{3}{\sqrt[3]{2}} \cdot \sqrt[3]{\frac{1}{3(1+\sqrt[3]{abc}+\sqrt[3]{a^2b^2c^2})}} = \frac{3}{\sqrt[3]{2}}\sqrt[3]{\frac{1}{3(1+\sqrt[3]{2}+\sqrt[3]{4})}} \tag{16}$$

根号内の分母 $= 1 + 3\sqrt[3]{2} + 3\sqrt[3]{4} + 2 = (1+\sqrt[3]{2})^3$ となって

$(13) \geq \dfrac{3}{\sqrt[3]{2}(1+\sqrt[3]{2})}$ をえる． □

慧眼な読者は，この証明（もどき）に重大な誤りがあることにお気付きと思います．実のところ私自身も数検での採点の手伝いをして，上記のような誤った証明にだまされかけた場面が何回かありました．相加平均≧相乗平均 の不等式から，(15)の分母≧(16)の分母なので，(16)の不等式は実は逆向きの≦です．ですからこれは証明になっていません．

正しい証明はいろいろ可能ですが，次のようにするのがよさそうです．まず(13)は a, b, c に関して対称式でないので，対称式の関係式に変形する工夫します．

補助定理3B x, y, z を実数とすると

$$x^2 + y^2 + z^2 \geq xy + yz + zx \tag{17}$$

である．等号は $x = y = z$ のときに限る．

168

系1 $$(x+y+z)^2 \geq 3(xy+yz+zx)$$

近年熱心な生徒が実験的に(17)を発見したが，証明ができなかったという話を日本数学教育学会の発表で聞きました．この不等式は少し前には，

$$(17)の左辺-右辺 = \frac{1}{2}[(x-y)^2+(y-z)^2+(z-x)^2] \geq 0 \tag{18}$$

という変形により，「常識」でした．しかし現在では(18)が技巧的だといって嫌われるようです．それでは2次関数を活用した次の証明はどうですか．

証明 (17)の左辺-右辺を，変数 x に関する2次式

$$x^2-(y+z)x+(y^2-yz+z^2) \tag{19}$$

だと思うと，その判別式は

$$(y+z)^2-4(y^2-yz+z^2) = -3y^2+6yz-3z^2$$
$$= -3(y-z)^2 \leq 0$$

で，(19)は実数 x に対して常に ≥ 0 である．等号は判別式=0，すなわち $y=z$ のとき，かつ $x=y$ においてのみ，すなわち $x=y=z$ のときに限る． □

系2 $x, y, z > 0$ なら $x^3+y^3+z^3 \geq 3xyz$

証明 直接計算して

$$(x+y+z)(x^2+y^2+z^2-xy-yz-zx) = x^3+y^3+z^3-3xyz$$

から自明． □

これは3個の正の数に対する相加平均≧相乗平均の直接証明です．

系2の別証 この左辺を x の3次式 $f(x)$ とみなすと，$f'(x)=0$ の解は $x=\pm\sqrt{yz}$ だが，極大をとる点 $x=-\sqrt{yz}$ は負で，$x>0$ での最小値は，$x=\sqrt{yz}$ での極小値である．その最小値は

169

関連事項補充

$$f(\sqrt{yz}) = (yz)^{\frac{3}{2}} - 3(yz)^{\frac{3}{2}} + y^3 + z^3 = \left(y^{\frac{3}{2}} - z^{\frac{3}{2}}\right)^2 \geq 0$$

であり，$x > 0$ で $f(x) \geq 0$ である．等号は $y = z$ のとき，$x = y$ においてのみ成立する． □

この種の別証は工夫する価値があると思います．少し割り込みが続きましたが本題に戻ります．

例題 3J の解 (13) の 3 項を x, y, z と考えて上記の系 1 を適用すると，

$$[(13)]^2 \geq 3\left[\frac{1}{ab(1+b)(1+c)} + \frac{1}{bc(1+c)(1+a)} + \frac{1}{ca(1+a)(1+b)}\right]$$

$$= \frac{3[c(1+a) + a(1+b) + b(1+c)]}{abc(1+a)(1+b)(1+c)}$$

$$= \frac{3(a+b+c+ab+bc+ca)}{2(3+a+b+c+ab+bc+ca)}$$

$$= \frac{3}{2}\left[1 - \frac{3}{3+a+b+c+ab+bc+ca}\right] \tag{20}$$

である．ここで (20) の右辺第 2 項の分母を

$$3\left(1 + \frac{a+b+c}{3} + \frac{ab+bc+ca}{3}\right) \geq 3(1 + \sqrt[3]{abc} + \sqrt[3]{a^2b^2c^2}) = (1 + \sqrt[3]{2})^3$$

と評価すると，

$$(20) \geq \frac{3}{2}\left[1 - \frac{3}{(1+\sqrt[3]{2})^3}\right] = \frac{3 \times 3 \cdot \sqrt[3]{2}(1+\sqrt[3]{2})}{2(1+\sqrt[3]{2})^3} = \frac{3^2}{\sqrt[3]{4}(1+\sqrt[3]{2})^2}$$

となる．右辺は (14) の 2 乗であり，(13), (14) とも正なので，(13) $\geq$ (14) が証明できた．等号は何個所かの不等号がすべて等号になる $a = b = c \ (= \sqrt[3]{2})$ のときに限る． □

式 (16) が本当は $\leq$ なので，(15) の右辺に相当する式が負号を伴って現れるように (同時に対称式になるように) 変形したのが，この証明の要点です．

> **注意**　不等式の証明で正面から進むと，中間に逆向きの不等式が現れ，「ひとひねり」が必要な例は，他にもいくつかあります．こういう問題は「証明せよ」ではなく，誤った証明もどきを示して，「誤りを発見して正しい証明をせよ」という形で出題するのがよいのかもしれません．また (14) > 1 なので，等号成立条件を無視して，「(13) > 1 を証明せよ」と結論を弱くすると，もっといろいろな証明が可能になるかもしれません．熱心な読者読賢の御研究を期待します．

　この章は誤った「証明もどき」をも紹介したりして大変に長くなりました．しかし極値問題は重要であり，必要に応じてさらに検討頂く材料を提供する意味で少し詳しくまとめた次第です．

第4話 包絡線の実例

4.1 包絡線とは

　包絡線（ほうらくせん）とは，助変数に従って動く直線族に共通に接する曲線です．もっと一般に曲線族の包絡線もありますが，ここでは直線族に限定します．今日ではグラフ電卓やコンピュータの画像によって多数の直線族を描くことは容易になり，その図から包絡線が「見える」場面も少なくありません．

　包絡線の計算には助変数による偏微分が必要として，近年では敬遠される傾向にあるようです．しかしいくつかの代表的な包絡線は，「いろいろな曲線」の一例として知っていても損はしない知識と思います．

　考える直線族を，助変数 s を含む係数を使って

$$u(s)x + v(s)y = 1 \tag{1}$$

と表します．(1)の形は原点を通る直線を含まないので，完全に一般的ではありませんが，例外的な直線は個別に扱うことにします．

　(1)の包絡線は，それ自身にごく近い同じ族の直線

$$u(s+h)x + v(s+h)y = 1 \tag{2}$$

との交点をとり，$h \to 0$ とした極限点 $\mathrm{P}(s)$ の軌跡と考えられます．厳密にいうと，冒頭の定義と点 $\mathrm{P}(s)$ の軌跡とは微妙なくい違いがありますが，普通の例では両者を同一視して構いません．

　(1)と(2)との交点は，(1)と両者の差を表す方程式

$$\frac{u(s+h)-u(s)}{h}x + \frac{v(s+h)-v(s)}{h}y = 0 \tag{3}$$

との交点とみなすことができます．(3)において $h \to 0$ とすれば（$u(s)$, $v(s)$ が

微分可能と仮定して), 交点の極限点 P(s) の座標は(3)の極限である方程式

$$u'(s)x + v'(s)y = 0 \qquad (4)$$

と(1)とを連立させて計算できます. その結果は, x, y を媒介変数 s によって表現した形になります. それから s を消去して $\varphi(x, y) = 0$ の形に表現できる場合が普通です.

上記の(2), (3)において h を Δs とか ds とか表すのが慣用です. しかしそれがかえって混乱の原因になります. これが s と独立な別の(小さい値をとる)変数という意味を明確にするために, わざと別の文字で h と記しました. 上記のように考えれば, s による「偏微分」を表に出さないでも, (1)と(4)とを連立させて包絡線を計算する説明になると思います. 以下の諸例は昔から有名な典型例で, 結果はよく知られていますが, 改めて説明します.

4.2 放物線になる例

例題 4 A　定点 F と定直線 ℓ 上の動点 A を結ぶ線分の垂直二等分線の族の包絡線を求めよ.

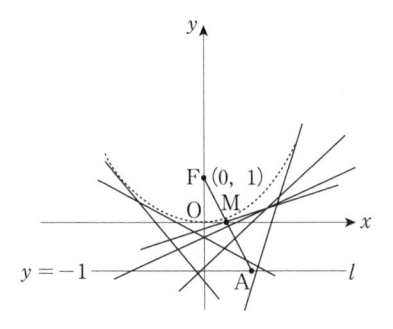

図 4A　例題 4A の解

定点 F を $(0, 1)$, 定直線を $y = -1$ ととり, 動点の座標を $(2s, -1)$ とします. FA の中点 M の座標は $(s, 0)$ であり, FA の垂直二等分線は, M を通って傾きが s の直線

関連事項補充

$$y = s(x-s) \quad \text{すなわち} \quad \frac{x}{s} - \frac{y}{s^2} = 1 \tag{5}$$

と表されます．(1)で $u(s) = \dfrac{1}{s}$, $v(s) = -\dfrac{1}{s^2}$ であり，(4)は

$$-\frac{x}{s^2} + \frac{2y}{s^3} = 0 \quad \text{すなわち} \quad sx = 2y \tag{6}$$

です．(5)と(6)を連立させて x, y について解くと

$$x = 2s, \ y = s^2 \quad \text{すなわち} \quad y = \frac{x^2}{4} \tag{7}$$

をえます．(7)は原点を頂点とする放物線です． □

(7)はさらに

$$x^2 + (y-1)^2 = (y+1)^2 \tag{7'}$$

と変形できます．この式はその上の点 P について，

$$\text{PF} = \text{P から } \ell \text{ までの距離}$$

を意味します．すなわちこの包絡線は定点 F を焦点とし，定直線 l を準線とする放物線です．そして ℓ 上の点 A に対して FA の垂直二等分線が放物線と接する点 P は，PA ⊥ ℓ という性質をもちます．

これらの性質は放物線の接線の性質として多くの教科書・参考書の演習問題にあります．折り紙でも実演できます．同じ性質でも直線族の包絡線という目で眺めなおすと一味違う感じです．

4.3 2 直線にまたがる線分

例題 4B 互いに直交する 2 本の半直線 Ox, Oy がある．おのおのの上に点 A, B をとり，OA + OB = a を一定値としたとき，線分族 AB の包絡線を求めよ．

包絡線の実例

　相似変換をすれば $a=1$ として一般性を失いません．$\mathrm{OA}=s$, $\mathrm{OB}=1-s$ とおくと，線分 AB の方程式は

$$\frac{x}{s}+\frac{y}{1-s}=1 \qquad (8)$$

です．(4) に相当する方程式は

$$-\frac{x}{s^2}+\frac{y}{(1-s)^2}=0 \qquad (9)$$

です．これと (8) を連立させ x, y について解くと

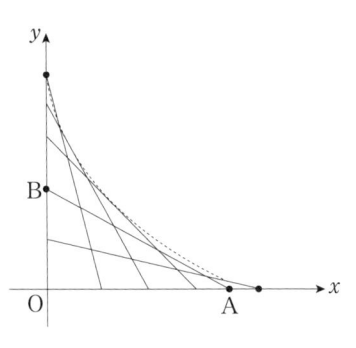

$$x=s^2, \quad y=(1-s)^2, \quad \text{すなわち } x^{\frac{1}{2}}+y^{\frac{1}{2}}=1 \qquad (10)$$

図 4B　例題 4B の解

をえます．(10) はみなれない曲線かもしれませんが，移項し 2 乗して有理化しますと，

$$y=1-2\sqrt{x}+x, \quad 2\sqrt{x}=1+x-y,$$
$$(x-y)^2=2(x+y)-1$$

となります．これは 45°回転した座標系

$$Y=\frac{1}{\sqrt{2}}(x+y), \quad X=\frac{1}{\sqrt{2}}(x-y)$$

をとりますと，

$$2X^2=\sqrt{2}\,Y-1, \quad \text{すなわち}$$
$$Y=\sqrt{2}\,X^2+\frac{1}{\sqrt{2}} \qquad (11)$$

という**放物線**を表します．　　　□

　上記の座標変換は，図 4C を見て理解して頂けると思います．

図 4C　45°回転した座標

175

第2部 関連事項補充

次のは問題4Bと似て非な曲線です．

例題4C 互いに直交する2本の半直線 Ox, Oy がある．一定長 a の線分 AB の一端 A が Ox 上に，他端 B が Oy 上にあって動くとき，線分族 AB の包絡線を求めよ．

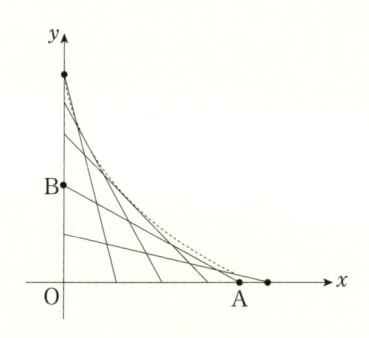

図4D　例題4Cの解

例題4Bでは OA+OB が一定だったのに対して，今度は OA^2+OB^2 が一定の場合です．$a=1$ として一般性を失いません．$OA=\cos\theta$, $OB=\sin\theta$ とおくことができます．θ は線分 AB と xO 方向との間の角を表しますが，単なる助変数と考えて構いません．線分 AB の方程式は

$$\frac{x}{\cos\theta}+\frac{y}{\sin\theta}=1 \tag{12}$$

です．(4)に当たる式は

$$\frac{\sin\theta}{\cos^2\theta}x-\frac{\cos\theta}{\sin^2\theta}y=0, \quad \text{すなわち}\quad y=\frac{\sin^3\theta}{\cos^3\theta}x \tag{13}$$

です．(12)と(13)を連立させて x, y について解きますと

$$x=\cos^3\theta, \quad y=\sin^3\theta \tag{14}$$

となります．θ を消去すれば $x^{\frac{2}{3}}+y^{\frac{2}{3}}=1$ となりますが，(14) の媒介変数表示のままのほうが扱いやすいかもしれません．ここでは $0 \leqq \theta \leqq 90°$ の範囲の第1象

176

限の部分だけに限定しましたが，θ を 360°までに拡張しますと，四方向の星型になります．これは**アストロイド(星型曲線)**とよばれています(付録参照)．　□

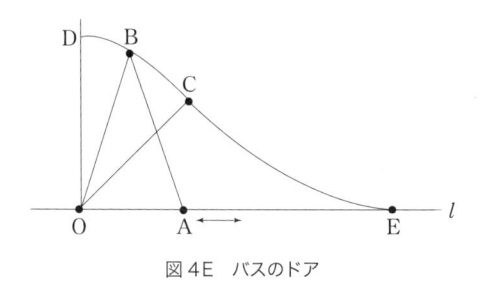

図 4E　バスのドア

近年バスなどの自動折りたたみ式ドアに図 4E のような機構があり，床に掃いた跡の曲線がついているのを見掛けます．これは等長の 2 線分 OB と BA とを B でつないで O を固定し，A を定直線 l 上にすべらせるリンク機構です．曲線のうち DC の部分 ($\angle$ DOC = 45°) は O を中心とする円周です．C から E の部分は，例題 4C の半分に相当し，アストロイドの一部です．実用数学技能検定(数検)での出題では，例題 4B と例題 4C の混同が意外に多く，また図 4E の CE の部分を円あるいは放物線という誤答が多かったと聞いています．円と放物線以外の曲線を(学校で習わなかったから)知らないというのでなければ幸いです．

4.4　2 次曲線になる例

次の例は計算するよりも初等幾何学的に示したほうが容易かもしれません．

例題 4 D　一定の円 O 内に中心とは違う定点 A をとる．円周上の動点 B に対し，線分 AB の垂直二等分線の包絡線を求めよ．

第2部

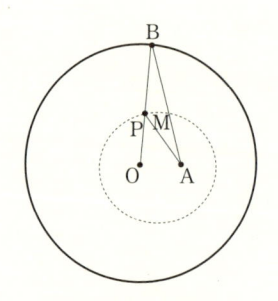

関連事項補充

図4F 例題4Dの解

解 AB の中点を M とし，垂直二等分線と半径 OB との交点を P としますと，対称性から

$$\text{OP} + \text{PA} = \text{OP} + \text{PB} = \text{OB} = \text{一定}, \quad \angle \text{APM} = \angle \text{BPM} \quad (15)$$

となります．これは点 P が定点 O, A を焦点とする楕円の周上にあり，PM がその楕円に接することを意味します．

この楕円が垂直二等分線の包絡線です．円の半径を r，$\text{OA} = a < r$ としますと，この楕円は中心が OA の中点，長半径が $\dfrac{r}{2}$，離心率 $\dfrac{a}{r}$ です． □

定点 A が円外にあれば OP と PA との差 (の絶対値) が一定である双曲線になります．このとき A から円 O に引いた 2 本の接線が，双曲線の漸近線と平行です．

そうすると定点 A が円周上にあるときは放物線になりそうですが (そう書いた本も見受けますが)，それは早合点です．そのときには AB の垂直二等分線はすべて円の中心 O を通ります．放物線を作りたければ，例題 4A で示したとおり，円を「半径が無限大になった」直線に修正しなければなりません．

しかし念のために例題 4D を計算で求めてみましょう．点 A の座標を $(a, 0)$ $(0 < a < r)$，$r = 1$，として一般性を失いません．点 B の座標は $(\cos\theta, \sin\theta)$ と表され，AB の垂直二等分線の方程式は

$$y - \frac{\sin\theta}{2} = \frac{a - \cos\theta}{\sin\theta}\left(x - \frac{a + \cos\theta}{2}\right)$$

と表されます．これを整理すると

$$-\frac{2(a-\cos\theta)}{1-a^2}x + \frac{2\sin\theta}{1-a^2}y = 1 \tag{16}$$

となります．(4)に相当する式は(定数倍を除いて)

$$x\sin\theta - y\cos\theta = 0 \tag{17}$$

です．これを(16)と連立させて解くと，媒介変数表示により

$$x = \frac{(1-a^2)\cos\theta}{2(1-a\cos\theta)}, \quad y = \frac{(1-a^2)\sin\theta}{2(1-a\cos\theta)}$$

です．このままではよくわかりませんが

$$\left(x - \frac{a}{2}\right)^2 + \frac{y^2}{1-a^2} = \frac{(\cos\theta-a)^2 + (1-a^2)\sin^2\theta}{4(1-a\cos\theta)^2} \tag{18}$$

を計算しますと，この分子は

$$a^2 - 2a\cos\theta + \cos^2\theta + \sin^2\theta - a^2\sin^2\theta$$
$$= 1 - 2a\cos\theta + a^2\cos^2\theta = (1-a\cos\theta)^2$$

と変形され，(18)の右辺は定数 $\frac{1}{4}$ になります．すなわち x, y は，方程式

$$\frac{\left(x-\frac{a}{2}\right)^2}{\left(\frac{1}{2}\right)^2} + \frac{y^2}{\left(\frac{\sqrt{1-a^2}}{2}\right)^2} = 1 \tag{19}$$

を満たします．(19)はOAの中点を中心とし，離心率が a の楕円を表します．
□

4.5 シムソン線の包絡線

三角形 ABC の外接円 O の周上に任意の点 P をとります．P から3辺 BC, CA, AB またはその延長に引いた垂線とその辺との交点(垂線の足)を D, E, F

関連事項補充

とすると，この3点は同一直線上にあります．この直線を点Pに関するシムソン線といいます．ただしこの真の発見者はウォーレスとのことです．

上記3点が同一直線上にあることの古典的な証明は次のとおりです．ただし点Pの位置によって若干の修正がいります．図4Gの場合ですと，四角形AEPF, BDFPは円に内接し（相対する2個の角が直角）

$\angle$EFA = $\angle$EPA = $90°-\angle$EAP,
$\angle$BFD = $\angle$BPD = $90°-\angle$PBD

です．しかし四角形PACBが円に内接し，$\angle$EAP = $\angle$PBC なので，$\angle$EFA = $\angle$BFD となって，D, F, E は一直線上にあります． □

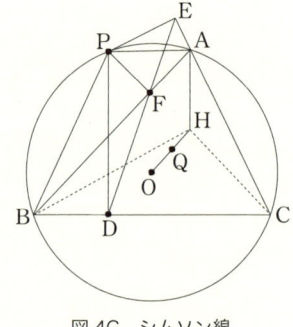

図4G　シムソン線

例題 4E 点Pを外接円周上を動かしたとき，シムソン線 DEF の包絡線はどうなるか．

1970年代にコンピュータに熱心な先生から質問を受けました．描いてみると，△ABCの形状によらず，いつでも三方対称な3本の円弧のような図形が現れるというのです（図4H）．たまたま私はこれを論じた文献を知っていましたので，それをお伝えしました．

この包絡線はじつは円弧ではなく，**デルトイド**（三星形）です．19世紀の中頃スタイナーが初等幾何学的な証明を与えています．その結果の概要を述べます．

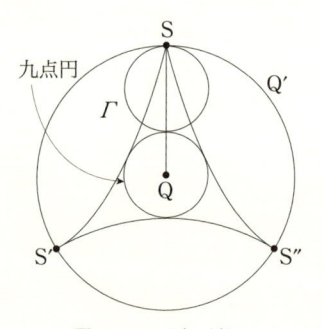

図4H　デルトイド

略解　△ABCの各辺の中点と，各頂点から対辺に引いた垂線の足と，頂点と垂心との中点の合計9点は同一円周上にあります（**九点円**とよばれる）．その中

心 Q は外心と垂心の中点です．シムソン線のうち，Q を通る直線が 3 本あります．ただしその作図には角の三等分が必要になり，一般的には定規とコンパスだけでは作図できません．

　Q を中心として半径が九点円の 3 倍の大円 Q′ を描きます．Q を通るシムソン線が Q′ と交わる点を S とします．3 個の S はちょうど Q′ の周上を 120°ずつ 3 等分した位置にきます．その一つをとり，Q′ の 3 分の 1 の半径の円 Γ（したがって九点円と合同）をそこで Q′ に内接させます．円 Γ を Q′ の内側を滑らぬように転がすと，Γ に固定された点が三方対称なデルトイドを描きます．特に最初 S にあった点の軌跡が，シムソン線の包絡線になります．

　その証明には，相異なる点 P, P′ に関するシムソン線のなす角が，円弧 PP′ 上の円周角に等しいことが使われます．　　　　　　　　　　　　　　　□

　この頃ときたまシムソン線を動かして包絡線を見せる画面を，コンピュータ・グラフィックスの展示で見掛けます．△ABC が正三角形なら三方対称になるのは当然ですが，どんな形でも（鈍角三角形でも）包絡線が三方対称になるのが，初見者には奇異に感じます．理論は難しいが，こういった意外な現象を見せるのが，数学に関心をもってもらう糸口になれば幸いと思います．

　この他綺麗な包絡線の例として，**ルーレット曲線**の類があります．それは定円（あるいは定直線）に接して別の円が滑らずに転がるとき，動円に対して固定されいる点の描く軌跡です．定円周上の 2 点 A, B が定まった比で動くとき，直線 AB の包絡線として，いろいろのルーレット曲線ができます．計算すると面倒な場合が多いのですが，美しい図になるものもあり，手頃な演習問題になるものも少なくありません．

第5話 多変数のベキ級数

5.1 2変数のベキ級数（付優極限）

第1部で余裕がなかったので若干の補充をします．

二重等比級数

$$\sum_{m=0}^{\infty} \sum_{n=0}^{\infty} a^m b^n$$

は a, b の少なくとも一方の絶対値が1以上なら発散し，$|a|<1$ かつ $|b|<1$ のときには $1/(1-a)(1-b)$ に（絶対）収束します．これと比較してベキ級数 $\sum_{m,n=0}^{\infty} c_{mn} x^m y^n$ は，$x=a, y=b$ で収束すれば，$\{|x|<a, |y|<b\}$ で絶対収束します．ここで条件は $|c_{mn} a^m b^n|$ が一様有界というので十分です．級数の和で表される関数 $f(x,y)$ が C^∞ 級であり，偏導関数が項別微分したベキ級数で表されることは，1変数の場合と同様に証明できます．

その収束域を調べるために1変数のベキ級数に関するコーシー・アダマールの定理を復習します．

定義 5.A 実数列 $\{a_n\}$ に対してその最大の集積値 α （$\pm\infty$ も含む）を a_n の**優極限**といって $\alpha = \limsup\limits_{n\to\infty} a_n$ で表す．それは次の性質をもつ値である．

1° $\alpha < \beta$ である β に対して $\beta < a_n$ である a_n は有限個に限る．

2° $\alpha > \gamma$ である γ に対して $\gamma < a_n$ である a_n は無限にある．（$\alpha = \pm\infty$ のときは一方のみ有意味．）

第 5 話
多変数のベキ級数

定理 5. A（コーシーアダマールの定理） 1 変数のベキ級数 $\sum_{n=0}^{\infty} c_n x^n$ に対して，その収束半径 ρ は

$$1/\rho = \limsup_{n\to\infty} \sqrt[n]{|c_n|} \tag{1}$$

で与えられる．但し $1/(+\infty) = 0$，$1/0 = +\infty$ と解釈する．

略証 (1) で与えられる ρ について $|x| > \rho$ ならば，$1/|x| < \sqrt[n]{|c_n|}$ すなわち $|c_n x^n| > 1$ である n が無限に多いから $\sum c_n x^n$ は収束しない．$|x| < \rho$ ならば $|x| < \sigma < \rho$ である σ をとると $1/\sigma < \sqrt[n]{|c_n|}$ すなわち $|c_n \sigma^n| > 1$ である n は有限個なので，ある番号から先は $|c_n \sigma^n| \leq 1$，$|c_n x^n| \leq (|x|/\sigma)^n$ だから，$\sum c_n x^n$ は $|x| < \sigma$ で収束する． □

5.2 関連収束半径

2 変数のベキ級数の収束域は複雑です．例えば

$$\sum_{m=0}^{\infty} x^m / 2^m + \sum_{m=0}^{\infty} y x^m$$

の収束域は $y \neq 0$ なら $|x| < 1$ ですが，$y = 0$ のときは $|x| < 2$ に拡がります．こうした人工的（？）な $y = 0$ での特例を除外して次のような概念がよく使われます．

定義 5.B ベキ級数 $\sum_{m,n=0}^{\infty} c_{mn} x^m y^n$ に対し，$\{|x| < r, |y| < s\}$ では絶対収束し，$\{|x| > r, |y| > s\}$ では発散するような正の実数 (r, s) の組を**関連収束半径**という．$\{|x| < r, |y| > s\}$ や $\{|x| > r, |y| < s\}$ での収束・発散は一切問わない．

183

関連事項補充

例題 5.A $\sum_{m=0}^{\infty}\sum_{n=0}^{\infty} \frac{(m+n)!}{m!n!} x^m y^n$ に対しては，$0<\rho<1$ として，$(\rho, 1-\rho)$ である組がすべて関連収束半径です．

例題 5.B $\sum_{m=0}^{\infty}\sum_{n=0}^{\infty} x^m y^n$ では，$(1,1)$ が極大関連収束半径ですが，$0<\rho<1$ に対して $(\rho, 1)$, $(1, \rho)$ の対もすべて関連収束半径の条件を満足します．この場合極大の $(1,1)$ に限定するのは，理論上ではかえって不便です．

定理 5.A とほぼ同じ論法で次の定理が証明できます．

定理 5.B（ビールマン・ルメールの公式） ベキ級数 $\sum c_{mn} x^m y^n$ の任意の関連収束半径 (r, s) に対して

$$\limsup_{m,n\to\infty} (|c_{mn}|r^m s^n)^{1/(m+n)} = 1 \tag{2}$$

が成立する．

略証 (2) の左辺を α とおく．$\alpha<1$ なら $\alpha<\beta<1$ である β をとると有限個を除いて $|c_{mn}|r^m s^n < \beta^{m+n}$ だから $r<x<r/\beta$, $s<y<s/\beta$ である点 (x, y) でベキ級数が収束して定義に反する．逆に $\alpha>1$ なら $\alpha>\gamma>1$ である γ をとると，無限に多くの番号について $|c_{mn}|r^m s^n > \gamma^{m+n}$ だから，$r/\gamma<x<r$, $s/\gamma<y<s$ である (x, y) で発散することになり，ともに定義に反する． □

以上は 1 変数の場合の類似ですが，次の結果は多変数に特有です．

定理 5.C（ハルトグスの定理） ベキ級数の収束域 Ω は対数的に凸である．すなわち $\xi = \log|x|$, $\eta = \log|y|$ によって (ξ, η) 平面の凸領域 Δ にうつる．

略証 前の注意により項が $|c_{mn} x^m y^n| \leq k$ $(1, 2, \cdots;$ 一様有界$)$ である点集合の

像 Δ_k が凸であることを示せば $\Delta = \bigcup_{k=1}^{\infty} \Delta_k$ （単調増加列の合併）も凸である．しかし Δ_k は

$$m\xi + n\eta \leq \log k - \log|c_{mn}|$$

という半平面の (m, n) に関する共通部分だから凸である． □

系　r を定めて (r, s) が関連収束半径である s の下限を $\varphi(r)$ とおくと $\varphi(r)$ は r について広義の単調減少関数だが下半連続であり，かつ $-\log\varphi(r)$ が $\log r$ の凸関数である．

詳しい証明は略しますが定理 5. C から導くことができます．これは (r, s) で表される収束域の境界が「任意の」形ではないことを示唆します．ハルトグスは逆に系の条件を満足する関数 $\varphi(r)$ があれば，$s = \varphi(r)$ として (r, s) が関連収束半径となるようなベキ級数を構成し，系の条件が関連収束半径の「必要十分条件」であることを示しました．

こうなるともはや「多変数の微分積分学」というより「多変数解析関数論」の第一歩です．その意味でこれ以上深入りするのはやめます．

多変数のベキ級数はある種の偏微分方程式の解法に活用されます．しかしその収束域が意外に小さく，実用上それにこだわりすぎるのは賢明でないようです．多変数関数のテイラー展開が普通の教科書に余り詳しく書かれていないのは，理論の記述が煩雑なだけでなく，そのような実用上の問題を配慮したせいかもしれません．

第6話 積分の応用例補充

　ここでは第1部の補充として，数検1級の過去問から積分，特に重積分に関する応用例を解説します．但し微分方程式は本書の対象外として取り上げません．

　最初の面積計算は1変数の例ですが，序曲の意味で扱います．なお閉曲線で囲まれる部分の面積は第10話でも論じます．

6.1 面積の例

問題6.A 媒介変数 t（全実数の範囲を動く）で
$$x = t^2 + 2, \quad y = t^2 + 2t - 3 \tag{1}$$
と表される曲線と x 軸とで囲まれる範囲の面積を求めよ．

　第10話で解説する線積分の公式を使えば，すぐに $\dfrac{64}{3}$ がでますが，ここでは高等学校数学の範囲で考えます．(1)の図6Aを正しく描くことが必要です．

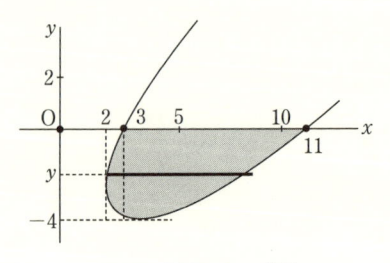

図6A　例題6.Aの曲線

解 (1) は $x \geq 2$, $y = (t+1)^2 - 4 \geq -4$ であり, $t = -3$ と 1 のとき $y = 0$ となって x 軸と交わる. 所要の範囲は x 軸より下の部分である. この面積を計算するには, y を独立変数と考え, $-4 \leq y \leq 0$ の範囲で水平線が (1) によって切りとられる線分の長さを y について積分するとよい.

y を (≥ -4 の範囲で) 止めたとき (1) との交点は

$$t^2 + 2t - (3+y) = 0, \quad \text{すなわち } t = 1 \pm \sqrt{4+y}$$

に相当する 2 点である. その間の距離は x の差

$$(1+\sqrt{4+y})^2 - (1-\sqrt{4+y})^2 = 4\sqrt{4+y}$$

と表される. したがって所要の面積は

$$\int_{-4}^{0} 4\sqrt{4+y}\,dy = 4 \times \frac{2}{3}(4+y)^{\frac{3}{2}} \Big|_{-4}^{0} = \frac{8}{3} \times 4^{\frac{3}{2}} = \frac{64}{3}$$

である. □

(1) の表す曲線は, 対称軸が $y = x$ に平行な放物線です. 座標を 45° 回転させて標準形に直して計算することもできますが, なるべく直接に計算したほうがよいでしょう. x を独立変数と固執すると, $x = 3$ の左と右に分けて計算する必要が生じて厄介です. 上述のような工夫はごく普通の技法と思います.

易しい問題ですが次のを読者への演習問題にします (付録参照).

例題 6.B 曲線 $y = x^2$ と $x = y^2$ とで囲まれる部分の面積を求めよ.

$$\left(\text{答} \quad \frac{1}{3}\right).$$

187

第2部
関連事項補充

6.2 体積の例

例題 6.C 3次元空間の直交座標 (x, y, z) で，

$$x^2+y^2 \leq 1, \quad y^2+z^2 \leq 1, \quad z^2+x^2 \leq 1 \tag{2}$$

と表される3円柱の共通部分の体積を計算せよ．

正しい値は $16-8\sqrt{2}$ で，π が入らないのが奇妙です．しかし数検に出題したときこの値をえた解答は数名で，最多数の誤答は $\frac{4\pi}{3}$ でした．中には「(2) の共通部分は半径1の球だから答えは $\frac{4\pi}{3}$」とあっさり済ませた早合点の解答も多数ありました．(2) の共通部分が球でないことは，少し考えれば確かめられます（後述）．どうも「エレガントな解答」を模索して勘違いしたようです．当人が鮮やかに解いたと錯覚しているなら，もう一度考え直してください．

(2) の体積を第1部 例4.6 では円柱座標により x, y 平面上の関数値の積分として計算しました．ここでは xy 平面に平行に切った切り口の面積を積分する形で計算します．

解 図形が x, y 平面について対称だから，上半分の体積を計算して2倍する．z $(0 \leq z \leq 1)$ を固定した平面による切り口は，$z \geq \frac{1}{\sqrt{2}}$ のときは一辺の半分が $\sqrt{1-z^2}$ の正方形であり（球でない一つの証拠），その面積は $4(1-z^2)$ である．$z \leq \frac{1}{\sqrt{2}}$ のときは正方形と円 $x^2+y^2 \leq 1$ との共通部分である（図6B）．これは半径1の円から4個の弓形を除いた図形である．各弓形が中心においてなす角を 2θ とすると

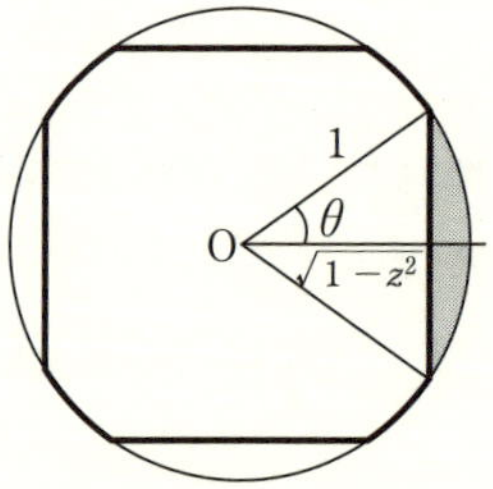

$$\cos\theta = \sqrt{1-z^2}, \quad \sin\theta = z \tag{3}$$

図6B 問題6.C の切り口

であり，1個の弓形の面積は

$$\theta - \cos\theta \cdot \sin\theta \quad (\theta はラジアン単位)$$

188

と表される．したがって上半分の体積は積分

$$\int_{\frac{1}{\sqrt{2}}}^{1} 4(1-z^2)dz + \int_{z=0}^{z=\frac{1}{\sqrt{2}}} [\pi - 4(\theta - \cos\theta \cdot \sin\theta)]dz$$

と表される．第 2 項の最初の部分の積分値は $\frac{\pi}{\sqrt{2}}$ である．第 1 項は

$$4\left(z - \frac{z^3}{3}\right)\Big|_{\frac{1}{\sqrt{2}}}^{1} = \frac{1}{3}(8 - 5\sqrt{2})$$

である．第 2 項の残りの部分は θ の積分に直すと

$$-4\int_{\theta=0}^{\frac{\pi}{4}} (\theta - \cos\theta \cdot \sin\theta)\cos\theta \, d\theta$$

になる．この後の部分は

$$-\frac{4}{3}\cos^3\theta \Big|_0^{\frac{\pi}{4}} = \frac{4}{3}\left(1 - \frac{1}{2\sqrt{2}}\right) = \frac{4}{3} - \frac{\sqrt{2}}{3}$$

である．前の部分は部分積分により

$$-4\theta \cdot \sin\theta \Big|_0^{\frac{\pi}{4}} + 4\int_0^{\frac{\pi}{4}} \sin\theta d\theta = -\frac{\pi}{\sqrt{2}} + 4\left(1 - \frac{1}{\sqrt{2}}\right)$$

となる．以上を合計すると π を含む項は消えて

$$\frac{8}{3} - \frac{5}{3}\sqrt{2} + \frac{4}{3} - \frac{\sqrt{2}}{3} + 4 - 2\sqrt{2} = 8 - 4\sqrt{2}$$

となる．全体積は 2 倍した $16 - 8\sqrt{2}$ である． □

この値 $4.6862915\cdots$ が，$\frac{4\pi}{3} = 4.1887902\cdots$ よりも大きいのは自然です．(2) が球 $x^2 + y^2 + z^2 < 1$ を含むからです．

例題 6．D 3 次元空間内で，$x \geqq 0$，$y \geqq 0$，$z \geqq 0$，$x^{\frac{1}{2}} + y^{\frac{1}{2}} + z^{\frac{1}{2}} \leqq 1$ で表される範囲の体積を求めよ．

関連事項補充

いくつかの計算法があります．重積分の公式を活用しますが，他の方法も工夫してください．平面で $x^{\frac{1}{2}}+y^{\frac{1}{2}}=1$ は放物線の一部（第2部 4.3節）ですが，この問題の天井 $x^{\frac{1}{2}}+y^{\frac{1}{2}}+z^{\frac{1}{2}}=1$ は2次曲面ではありません．

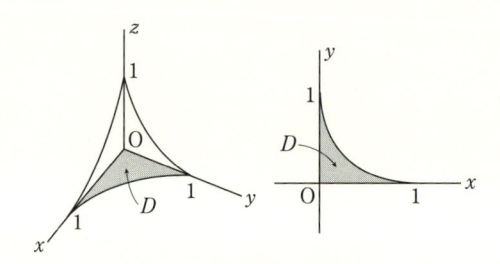

図6C 問題6.D の図形

解 求める体積 V は，
$$D = \{(x, y) | x \geq 0, \ y \geq 0, \ x^{\frac{1}{2}}+y^{\frac{1}{2}} \leq 1\} \ (\text{図} 6\text{C})$$
上の重積分

$$V = \iint_D (1-x^{\frac{1}{2}}-y^{\frac{1}{2}})^2 \, dxdy \tag{4}$$

で表される．$x^{\frac{1}{4}}=X, \ y^{\frac{1}{4}}=Y$ と置換すると (4) は

$$\iint_{\text{四半円}} (1-X^2-Y^2)^2 \cdot 4X^3 \cdot 4Y^3 \, dXdY$$

に変換される．ここで (X, Y) に対する極座標 (r, θ) に変換すると

$$16 \int_{r=0}^{1} \int_{\theta=0}^{\frac{\pi}{2}} (1-r^2)^2 r^6 \cdot \cos^3\theta \cdot \sin^3\theta \cdot r \, drd\theta$$
$$= 16 \int_0^1 r^7 (1-r^2)^2 dr \times \int_0^{\frac{\pi}{2}} \cos^3\theta \cdot \sin^3\theta d\theta$$

となる．この動径方向の積分は

$$\frac{1}{8} - \frac{2}{10} + \frac{1}{12} = \frac{5}{24} - \frac{1}{5} = \frac{1}{120}$$

である．円周方向の積分は $t=\sin\theta$ と置換すると

$$\int_0^1 (1-t^2)t^3 dt = \frac{1}{4}-\frac{1}{6}=\frac{1}{12}$$

である．併せて求める体積(4)は次のとおりになる．

$$V = 16\times\frac{1}{120}\times\frac{1}{12}=\frac{1}{90} \qquad \Box$$

天井が $x^{\frac{1}{p}}+y^{\frac{1}{p}}+z^{\frac{1}{p}}=1$ (p は正の定数)ならベータ関数により

$$V = \frac{[\Gamma(p+1)]^3}{\Gamma(3p+1)}, \quad p\text{ が整数なら }\frac{(p!)^3}{(3p)!} \qquad (5)$$

となることが計算できます．

また n 次元空間での $x_1\geq 0, \cdots, x_n\geq 0, x_1^{\frac{1}{2}}+\cdots+x_n^{\frac{1}{2}}\leq 1$ で囲まれる部分の体積は，ベータ関数を活用して $2^n/(2n)!$ であることが計算できます(第12話参照)．

ところである種の立体の体積が積分を使わず

$$\frac{1}{6}\times\text{高さ}\times[\,(\text{上底の面積})+(\text{下底の面積})+4\times(\text{中央の面積})\,] \qquad (6)$$

によって計算できるという秘策があります．上底，下底の半径が a, b で高さが h の直円錐台の体積が

$$\frac{h}{3}(a^2+ab+b^2)$$

と表されるものがその一例です．(6)は**シンプソンの積分公式**そのものですから，切り口の面積が底からの距離の2次(あるいは3次)関数で表される立体に適用できます．該当する立体は角錐台，球など他にも多数あります(もちろん無条件に乱用してはいけません)．

関孝和を含む初期の和算家達が，球の体積を求めるのに最初は多数の切り口から区分求積法で考えたが，そのうち細かく切らなくても，公式(6)で正しい値が出るのに気づいて不思議に思ったという研究史が解明されています．

第2部 関連事項補充

6.3 連続分布の統計量

例題 6. E　確率変数 (X, Y) が $0 \leq Y \leq X \leq 1$ の範囲 D に一様分布しているとき，それぞれの平均値 $\overline{X}, \overline{Y}$ と標準偏差 σ_X, σ_Y および X と Y との相関係数を求めよ．

　見掛け上は記述統計の問題ですが，実質は重積分の計算です．数検に出題されたとき，計算せずに平均値を

$$\overline{X} = \overline{Y} = \frac{1}{2}$$

とした誤答が多かったそうです．平均値 $(\overline{X}, \overline{Y})$ は計算しなくても与えられた範囲 D (図 6D の三角形) の**重心**の座標 $\left(\frac{2}{3}, \frac{1}{3}\right)$ で表されるというのは正しい推察ですが，これはごく少数でした．

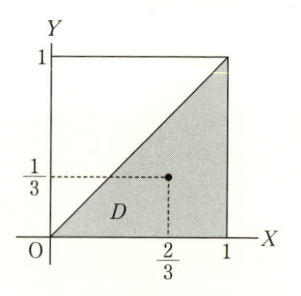

図 6D　例題 6.E の範囲

解　平均値 $\overline{X} = \iint_D x\,dxdy \div \frac{1}{2}$ ($\frac{1}{2}$ は D の面積)

$$= 2\int_0^1 \left[\int_0^x dy\right] x\,dx = 2\int_0^1 x^2 dx = \frac{2}{3},$$

$$\overline{Y} = \iint_D y\,dxdy \div \frac{1}{2} = 2\int_0^1 \left[\int_y^1 dx\right] y\,dy$$

$$= 2\int_0^1 y(1-y)dy = \frac{1}{3},$$

$$\sigma_X^2 = \iint_D (x-\overline{X})^2 dxdy \div \frac{1}{2} = 2\int_0^1 x\left(x-\frac{2}{3}\right)^2 dx$$

$$= 2\int_0^1 \left(x^3 - \frac{4}{3}x^2 + \frac{4}{9}x\right)dx = 2\left(\frac{1}{4} - \frac{4}{9} + \frac{2}{9}\right) = \frac{1}{18},$$

$$\sigma_Y^2 = \iint_D (y-\overline{Y})^2 dxdy \div \frac{1}{2} = 2\int_0^1 (1-y)\left(y-\frac{1}{3}\right)^2 dy$$

$$= 2\int_0^1 \left(\frac{1}{9} - \frac{7}{9}y + \frac{5}{3}y^2 - y^3\right)dy$$

$$= 2\left(\frac{1}{9} - \frac{7}{18} + \frac{5}{9} - \frac{1}{4}\right) = \frac{1}{18},$$

したがって $\sigma_X = \sigma_Y = \dfrac{1}{3\sqrt{2}}$ である．相関係数は

$$r_{XY} = \frac{1}{\sigma_X \sigma_Y} \iint_D (x-\bar{X})(y-\bar{Y}) dxdy \div (D \text{の面積}) \tag{7}$$

と表される．この積分値は

$$\int_0^1 \left[\left(x - \frac{2}{3}\right) \int_0^x \left(y - \frac{1}{3}\right) dy \right] dx = \int_0^1 \left(x - \frac{2}{3}\right)\left(\frac{x^2}{2} - \frac{x}{3}\right) dx$$

$$= \int_0^1 \left(\frac{x^3}{2} - \frac{2}{3}x^2 + \frac{2x}{9}\right) dx = \frac{1}{8} - \frac{2}{9} + \frac{1}{9} = \frac{1}{72}$$

だから，$r_{XY} = \dfrac{1}{72} \div \left(\dfrac{1}{18} \times \dfrac{1}{2}\right) = \dfrac{1}{2} = 0.5$ である． □

相関係数 0.5 は弱い相関の存在を意味します．

この問題の起源は，甲，乙 2 回の試験の成績 X, Y の 2 次元分布が $0 \leqq Y \leqq X \leqq 1$（満点）にほぼ一様に散布して，「相関がない」といった某大先生の言葉に疑問をもってモデル化したものです．左上の部分，すなわち甲の成績が悪く乙の成績が良い生徒が多数あれば全体として無相関ですが，それがなく乙の成績が甲以上にならない偏りが問題でした．

このとき，甲乙両試験の比較は無意味とは思われません．例えば甲の結果で「足切りする」のは十分な合理性があります．統計量の計算はコンピュータにまかせてもよいが，結果の数値の解釈・判断は人間にまかせられた責任でしょう．

同様の例題は多数ありますが，この一例に留めます．相関係数の公式 (7) は正しく記憶してください．

重積分の他の応用例としてさらにベータ関数関連がありますが，それは第 12 話で論じます．

第7話 多変数関数の変格積分

7.1 全平面で正値関数の積分

変格積分 (improper integral;「広義の積分」など別名が多い) とは無限領域での定積分, あるいは積分範囲内に特異点をもつ関数の定積分の総称です. いずれも関数が有界である有界領域で通常の定積分を計算した後, 積分域を拡大した極限をとって計算します.

1 変数の場合には実数の順序を活用して極限 $\lim_{X \to +\infty}$ は自然な意味をもちますが, 多変数の場合には範囲を拡大するといっても円 (球) や正方形 (立方体) などいろいろな列があります. 正値関数あるいは絶対収束する場合はどれでも同一ですが (定理 7.A), そうでない場合には範囲の拡大列によって答えが異なる場合が普通です (7.3 節参照). 以下に論じるのは個々の例題が主です.

定理 7. A $f(x, y)$ が全 (x, y) 平面で正 (または 0) の値をとり積分可能条件を満たすとする. 例えば全平面で連続であるとか, 区分的に連続で任意の有界な範囲で値が有界とする. 平面上の有界積分域 D を区分的に滑らかな曲線で囲まれ内部に円板を含む領域とする. このとき積分域 D について

$$\int_{-\infty}^{\infty} \int_{-\infty}^{\infty} f(x, y) dx dy = \left(\iint_D f(x, y) dx dy \right) \text{の上限値} \qquad (1)$$

と定義する. 但し (1) の右辺の値には $+\infty$ も認める. 任意の積分域の増加列 D_n ($D_1 \subset D_2 \subset \cdots ; \cup D_n =$ 全平面) に対して D_n での積分値 (増加列) の極限値が (1) に等しい.

(1) が有限値のとき $f(x, y)$ は全平面で積分可能といい, (1) をそこでの重積分の値とする.

略証 $f \geqq 0$ だから積分値は積分域の増加関数である．(1)の上限値に収束する積分域の列 $G_1, G_2, \cdots$ がある．各 G_k は有界で単調増加であり，$\bigcup_k G_k =$ 全平面としてよい．各 G_k は十分大きな番号の D_n に含まれ，(G_k での積分値) $\leqq$ (D_n での積分値) から，右辺の極限値は左辺の極限値以上だが，それは上限値を超えることができないので(1)と一致する． □

例題 7. A $f(x, y) = \exp(-x^2 - y^2) = e^{-x^2 - y^2}$ とおく．D_n として円板 $D_n = \{x^2 + y^2 \leqq n^2\}$ を採ると，極座標に変換して

$$\iint_{D_n} f(x, y) dx dy = \int_0^n \int_0^{2\pi} \exp(-r^2) r d\theta dr$$
$$= 2\pi \int_0^n r e^{-r^2} dr = \pi e \Big|_0^n = \pi(1 - e^{-n^2})$$

である．したがってここで $n \to \infty$ として

$$\int_{-\infty}^{\infty} \int_{-\infty}^{\infty} f(x, y) dx dy = \lim_{n \to \infty} \pi(1 - e^{-n^2}) = \pi \tag{2}$$

である．

他方正方形の列 $G_k = \{|x| \leqq k, |y| \leqq k\}$ を採ると，

$$\iint_{G_k} f(x, y) dx dy = \int_{-k}^k e^{-x^2} dx \cdot \int_{-k}^k e^{-y^2} dy = \left[\int_{-k}^k e^{-x^2} dx\right]^2 \tag{3}$$

である．$k < n/\sqrt{2}$ なら $G_k \subset D_n \subset G_n$ であって，$\{D_n\}, \{G_k\}$ は互いに含み合うから，$k \to \infty$ としたときの(3)の極限値は(2)に等しく，次の結果を得る(正規分布に関する基本公式)．

$$\int_{-\infty}^{\infty} e^{-x^2} dx = \sqrt{\pi}. \tag{4}$$

戦前の旧制高校で少々無理をして(?)重積分まで扱ったのは，この公式の証明が目標だったという噂もあります．

このような場合には積分域の増加列をどうとっても結果に差がないので，うまい列を選ぶのが計算を楽にする秘訣です．次の例は読者への演習としますが，正

195

方形列によって容易に計算できます(付録参照).

例題 7.B $\int_{-\infty}^{\infty}\int_{-\infty}^{\infty}\exp(-|x|-2|y|)dxdy$ を求めよ.

(答. 2)

7.2 絶対収束する変格積分

定理 7.B 定理 7.A において積分可能な $f(x, y)$ が正値とは限らないが $|f(x, y)|$ が(定理 7.A の意味で)積分可能とする.このとき任意の積分域の増加列 D_n に対し,

$$\int_{-\infty}^{\infty}\int_{-\infty}^{\infty}f(x, y)dxdy = \lim_{n\to\infty}\iint_{D_n}f(x, y)dxdy \tag{5}$$

であり,その極限値は $\{D_n\}$ の選び方によらない.このとき $f(x, y)$ の重積分が絶対収束するという.同じ結果は全平面以外の無限領域,あるいは有限な範囲にある $f(x, y)$ の特異点を除いた領域についても成立する.

略証 $f^+ = \max(f, 0), \quad f^- = \max(-f, 0) = -\min(f, 0)$
とおくと $|f| = f^+ + f^-, \ f = f^+ - f^-$ である.$f^+ \geqq 0, \ f^- \geqq 0$ に定理 7.A を適用すれば,$f^+, f^- \leqq |f|$ から f^+, f^- は積分可能である.f の積分値=(f^+ の積分値)−(f^- の積分値)として,f^+, f^- について考案すればよい. □

但し $f^{\pm}$ に分割せず,絶対収束する級数は収束して順序を変えても和は一定という定理の証明と同様に直接に示す方法があります.以下その要点を述べます.理論面ではこのほうをお勧めします.

略証 D_n での f の積分値を α_n とおくと,絶対収束の条件から $|f|$ の積分値と比較して $\{\alpha_n\}$ はコーシーの基本列をなす.したがってある値 I に収束する.別の列 G_m に対する積分値 β_m も,α_n, β_m を併せて並べた数列が基本列をなし,

同一の極限値 I に収束する．それが所用の無限積分の値である． □

例題 7. C α を正の定数とし，$\Omega = \{1 \leq x^2 + y^2\}$ において $f(x, y) = 1/(x^2+y^2)^{\alpha/2}$ を考える (これは正値)．D_n を円環 $\{1 \leq x^2+y^2 \leq n\}$ とすると，

$$\iint_{D_n} f(x,\,y) = \int_1^n \int_0^{2\pi} \frac{1}{r^\alpha} r d\theta dr = 2\pi \int_1^n \frac{dr}{r^{\alpha-1}} \tag{6}$$

である．$\alpha \neq 2$ なら積分 (6) は

$$\left. \frac{1}{2-\alpha} r^{2-\alpha} \right|_1^n = \frac{1}{2-\alpha}(n^{2-\alpha} - 1)$$

だから，$0 < \alpha < 2$ なら $+\infty$ に発散する．$\alpha > 2$ なら $1/(\alpha-2)$ に収束する．$\alpha = 2$ のときには積分 (6) は $2\pi \log n$ に等しく，$n \to \infty$ とすれば $+\infty$ に発散する． □

したがって例えば

$$\int_{-\infty}^{\infty} \int_{-\infty}^{\infty} \frac{\sin(x+y)}{(x^2+y^2)^{3/2}}\,dxdy$$

は絶対収束します (具体的な値は不問)．

次の問題は読者への演習問題とします (付録参照)．

例題 7. D 無限角領域 $G : \{\alpha \leq \theta \leq \beta\}$ を考える．但し θ は偏角を表し，$0 < \alpha < \beta < \pi/2$ とする．次の無限積分

$$\iint_G (x^2 - y^2) \exp(-2xy) dxdy$$

が絶対収束することを確かめ，その値を求めよ．

極座標をとって容易に計算できます．答は $\dfrac{1}{4}\left(\dfrac{1}{\sin 2\alpha} - \dfrac{1}{\sin 2\beta}\right)$ です．

次に有限の範囲に特異点をもつ変格積分の例を挙げます．

第2部 関連事項補充

例題 7. E 穴のあいた円板
$$D = \{0 < x^2 + y^2 \leq 1\}$$
において
$$\iint_D \frac{x^2 - y^2}{(x^2 + y^2)^{3/2}} \, dxdy \tag{7}$$
が絶対収束することを確かめ，(7)の値を求めよ．

解 極座標に直せば(7)は
$$\lim_{\delta \to 0} \int_\delta^1 \int_0^{2\pi} \frac{r^2 (\cos^2\theta - \sin^2\theta)}{r^3} \, rdrd\theta \tag{8}$$
である．被積分関数の絶対値は $|\cos 2\theta|$ であり，0 から 2π までの積分値は有限（具体値は4）だから(8)の極限をとる前の値は $(1-\delta)4$ である．$\delta \to 0$ とすると4に収束する．(7)自体の値は $\int_0^{2\pi} \cos 2\theta d\theta = 0$ から，積分値は0である．□

ここで(7)の積分域を $D_1 = \{(x, y) \in D, x > |y|\}$ などと分割すれば，D_1 では被積分関数が定符号なため，特異点である原点の付近をどのように除いて極限値をとっても，そこでの積分値は1になります．全体でこのような4個の扇形に分けてそれぞれの絶対値（交互に 1 と -1）を加えれば，絶対値をとった積分値4に等しくなります．

7.3 条件収束する例

絶対収束しない変格積分は近似列 D_n によって値が変わったり収束しなくなったりするので，意味が薄くなります．

例題 7. F $\int_{-\infty}^\infty \int_{-\infty}^\infty ydxdy$ はどうなるか？

これは**無意味**と言うのが正しい答だと思います．積分域として x 軸に対して

対称な図形に限定すれば値はつねに 0 です．しかし上下対称でない長方形をとれば $+\infty$ にも $-\infty$ にもなります．

しかし特別な列に対してその極限値が必要な場面もあります．そのときにはどういう列を使ったかを明記して述べる必要があります．かなり人工的ですが，その種の一例を挙げます．

例題 7. G
$$\int_{-\infty}^{\infty}\int_{-\infty}^{\infty} \frac{\sin(x^2+y^2)}{x^2+y^2}\,dxdy \tag{9}$$

を考える．

（ⅰ）これが絶対収束しないことを確かめよ．

（ⅱ）D_n として半径 n の円板列 D_n をとった極限とすると (4) は収束する．そのときの値を求めよ．

解　（ⅰ）$x^2+y^2=r^2=t$ とおく．原点においては被積分関数の値を 1 とすれば有界連続である．積分 (9) は極座標に変換して円板 D_n 上で積分すると

$$\int_{r=0}^{n}\int_{0}^{2\pi} \frac{\sin(r^2)}{r^2} r\,drd\theta = \pi \int_{t=0}^{n^2} \frac{\sin t}{t}\,dt \tag{10}$$

と表される．右辺の積分区間を $t=\pi, 2\pi, \cdots$ で切って $k\pi$ から $(k+1)\pi$ までの積分値を α_k とおくと，$(-1)^k \alpha_k > 0$ である．$k \geqq 1$ について

$$|\alpha_k| = \int_{k\pi}^{(k+1)\pi} \frac{|\sin t|}{t}\,dt \geqq \frac{1}{k\pi}\int_{k\pi}^{(k+1)\pi} |\sin t|\,dt = \frac{2}{k\pi}$$

なので，$\pi(m+1) < n^2$ である最大の m を採ると

$$\pi\int_{t=0}^{n^2} \frac{|\sin t|}{t}\,dt \geqq \frac{2}{1} + \frac{2}{2} + \cdots + \frac{2}{m}$$

となる．この右辺は $n \to \infty$ とすれば $m \to \infty$ となって，いくらでも大きくなるから，絶対収束しない．　□

（ⅱ）円板 D_n 上の積分値 (10) は $n \to \infty$ とすれば

関連事項補充

$$\pi \int_0^\infty \frac{\sin t}{t}\,dt = \pi \cdot \frac{\pi}{2} = \frac{\pi^2}{2}$$

に収束する．（この計算は第 1 部 5.5 節式 (18) 参照．） □

　もちろんこれは特別な列 (ここでは円板列) をとった場合であり，条件収束する積分値にはそのことを明記する必要があります．

第8話 凸関数と不等式

この章は主として1変数関数の話題ですが，次の章への準備でもあるので取り上げました．

8.1 凸関数の基本的性質

定義 8.A　n次元空間内の集合Dがつぎの性質をもつとき，**凸集合**という．

2点$(x_1,\cdots,x_n)$, $(y_1,\cdots,y_n)$がDに属すとき，この2点を結ぶ線分上の点，すなわち$0<\lambda<1$に対する点$(\lambda x_1+(1-\lambda)y_1,\cdots,\lambda x_n+(1-\lambda)y_n)$も$D$に含まれる．

たとえば閉区間，平面上の円板，半空間などはいずれも凸集合です．

定義 8.B　凸集合Dで定義された実数値関数$f(x_1,\cdots,x_n)$がつぎの性質をもつとき**凸関数**という．

2点$(x_1,\cdots,x_n)$, $(y_1,\cdots,y_n)\in D$, $0\leqq\lambda\leqq 1$に対して，線分上での値は，両端を結ぶ線分より下にある．すなわち，

$$f(\lambda x_1+(1-\lambda)y_1,\cdots,\lambda x_n+(1-\lambda)y_n) \leqq \lambda f(x_1,\cdots,x_n)+(1-\lambda)f(y_1,\cdots,y_n). \tag{1}$$

もし$0<\lambda<1$のとき(1)で真の不等号$<$が成立すれば，**狭義の凸関数**という．

注意　凸関数とは，正しくは下に凸な関数ですが，数学では，下に凸な関数

関連事項補充

を凸関数とよぶ習慣です．また凸関数の定義において，(1) を $\lambda = \frac{1}{2}$ だけについてしか仮定しないことがあります．この仮定でも，f が連続なら (1) が示されます．さらにたとえば f が上に有界としますと，連続性を仮定しなくても (1) が示されます．こういうふうになるべく少なく仮定して，いろいろの結果を導くのは，数学者の本能です．しかし実用上では，はじめから (1) をすべての λ ($0 \leq \lambda \leq 1$) について仮定して差し支えないでしょう．以下もそうします．

以下しばらく D が実軸上の閉区間 $[a, b]$ のときを考えます．$z = \lambda x + (1-\lambda) y$ とおくと，z は x と y との間にあり，$\lambda = \dfrac{z-y}{x-y}$ となり，(1) は

$$f(z) \leq \frac{(z-y)f(x)}{x-y} + \frac{(x-z)f(y)}{x-y} \tag{2}$$

となります．$y < z < x$ のとき行列式を使えば (2) は $\begin{vmatrix} 1 & x & f(x) \\ 1 & y & f(y) \\ 1 & z & f(z) \end{vmatrix} \geq 0$ と書くこともできます．これはまたつぎのようにも書きかえられます．

$$\frac{f(z)-f(y)}{z-y} \leq \frac{f(x)-f(y)}{x-y} \leq \frac{f(x)-f(z)}{x-z} \quad (y < z < x). \tag{3}$$

(3) の左辺 ≤ 右辺が (1) と同値なことに注意しましょう．なぜなら，$\dfrac{f(z)-f(y)}{z-y} \leq \dfrac{f(x)-f(z)}{x-z}$ の分母を払って ($y<z<x$ に注意) 整理すると $(x-y)f(z) \leq (z-y)f(x) + (x-z)f(y)$ となって (2) をえるからです．(3) は c を区間 $[a, b]$ の内部に固定したとき $\dfrac{f(x)-f(c)}{x-c}$ が x の関数として増加関数であることを意味します．$x < c$ ならば，これは $\dfrac{f(b)-f(c)}{b-c}$ でおさえられ，上に有界ですから，$x \to c-0$ とした極限値，すなわち左微分係数 $f'_-(c)$ が存在します．同様に右微分係数 $f'_+(c)$ も存在します．そして (3) から

$$f'_-(c) \leq f'_+(c), \quad c < c^* \text{ ならば } f'_+(c) \leq f'_-(c^*) \tag{4}$$

凸関数と不等式

です．すなわち次の結果が示されました．

定理 8．A 区間 $[a, b]$ の内部で，凸関数は常に左側及び右側微分可能で，(4) をみたす．すなわち $f'_-(x), f'_+(x)$ は x について増加関数である．

系 1 $[a, b]$ での凸関数は，区間の内部では連続である．

略証 1 実変数の関数が片側微分可能ならば，その側について連続である．左側と右側についてそれぞれ連続なら，連続になる． □

系 2 凸関数 $f(x)$ が 2 回微分可能ならば $f'(x)$ は増加で，$f''(x) \geq 0$ である．

定理 8．B 定理 8A 系 2 と逆に，$f(x)$ が 2 回微分可能で $f''(x) \geq 0$ ならば，凸関数である．さらに $f''(x) > 0$ ならば，狭義の凸関数である．

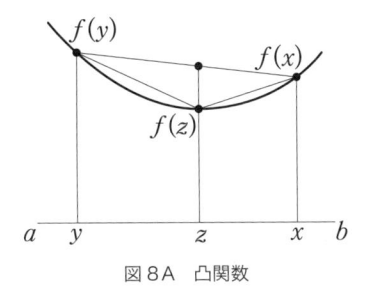

図8A 凸関数

証明 $y < z < x$ とする．$f''(x)$ が存在する以上，$f'(x)$ は微分可能だから，当然連続である．$f''(x) \geq 0$ なら $f'(x)$ は広義の単調増加だから，

$$\frac{f(x)-f(z)}{x-z} = \frac{1}{x-z}\int_z^x f'(t)dt \geq f'(z) \geq \frac{1}{z-y}\int_y^z f'(t)dt = \frac{f(z)-f(y)}{z-y}$$
(5)

となる．これは (3) の左辺 ≤ 右辺であり，上の注意により，(1) と同値である．また $f''(x) > 0$ なら $f'(x)$ は狭義の増加で，(5) の ≥ はいずれも > でおきかえら

203

第2部
関連事項補充

れ, (1)で真の不等号<が成立する.

系 $f(x, y)$ が C^2 級で, 凸集合 D の各点で $(f_{xy})^2 - f_{xx}f_{yy} < 0, f_{xx} > 0$ をみたせば, 狭義の凸関数である.

略証 この条件から線分上の関数 g について式(1)を出し, $g'' > 0$ が示される.
□

8.2 凸関数の応用と拡張

次の定理は次章で, 最小値の十分条件を判定するのに利用されます.

定理 8. C 凸集合 D で狭義の凸関数 f が最小値をとる点はたかだか一つしかない.

証明 2点 $x = (x_1, \cdots, x_n)$, $y = (y_1, \cdots, y_n)$ で最小値をとったとする. 両者を結ぶ線分上の点(たとえば中点)では, (1)により値が $f(x_1, \cdots, x_n) = f(y_1, \cdots, y_n) = $ 最小値よりもさらに小さくなって矛盾になる. 広義の凸のときには, 矛盾ではないが, 2点 x, y を結ぶ線分上の点では, すべて同じ最小値をとらなければならない.
□

ところで, $f''(x)$ は $f'(x)$ の導関数ですから, 2階の微分係数 $f''(a)$ を論ずるにあたっては1階導関数 $f'(x)$ が不可欠のようにみえます. しかしじつは1階を経ずに直接2階にゆくことが可能です. $f(x)$ が a の近傍で C^2 級ならば,

$$\lim_{h \to 0} \frac{f(a+h) + f(a-h) - 2f(a)}{h^2} = f''(a) \tag{6}$$

であることが示されます. そこで, f が微分可能であるなしにかかわらず, とにかく(6)の左辺の極限値があったら, それを**一般化された2階微分係数**ということにします. 詳しい説明は略しますが, $f(x)$ が微分可能でなくて $f'(x)$ が存在しなくても, (6)の極限値が存在する例もじっさいにあります. 但し特別な記号

204

がないので，やはり $f''(a)$ と表します．次のは定理 8.B の拡張です．

定理 8．D 区間 $[a, b]$ で連続な $f(x)$ が，$a<x<b$ である各点で一般化された 2 階微分係数をもち，常に $f''(x) \geqq 0$ ならば，$f(x)$ は凸関数である．

証明 $a \leqq \alpha < \gamma < \beta \leqq b$ である α, β, γ を固定し，

$$g(x) = \frac{(x-\beta)(x-\gamma)}{(\alpha-\beta)(\alpha-\gamma)} f(\alpha) + \frac{(x-\gamma)(x-\alpha)}{(\beta-\gamma)(\beta-\alpha)} f(\beta) + \frac{(x-\alpha)(x-\beta)}{(\gamma-\alpha)(\gamma-\beta)} f(\gamma)$$

とおく．$g(x)$ は x について 2 次式だから，ふつうの $g''(x)$ が存在して定数 C だが，それを計算すると

$$C = 2 \left[\frac{f(\alpha)}{(\beta-\alpha)(\gamma-\alpha)} + \frac{f(\beta)}{(\beta-\gamma)(\beta-\alpha)} - \frac{f(\gamma)}{(\gamma-\alpha)(\beta-\gamma)} \right] \quad (7)$$

となる．$C \geqq 0$ を示せば，α, γ, β を y, z, x として前節の (2) が成立し，凸関数になる．さて $\varphi(x) = f(x) - g(x)$ は各点で一般化された 2 階微分係数をもち，$\varphi(\alpha) = \varphi(\beta) = \varphi(\gamma) = 0$ である．もし $[\alpha, \gamma]$ または $[\gamma, \beta]$ で $\varphi(x)$ が恒等的に 0 ならば，そこでは C は $f''(x) \geqq 0$ に等しく，$C \geqq 0$ である．そうでなければ，連続な $\varphi(x)$ は $[\alpha, \beta]$ のどこか $x = \xi$ で広義の極大値をとる．というのは，もし $\varphi(x) > 0$ である x があれば，正の最大値をとる点 ξ がそうである．つねに $\varphi(x) \leqq 0$ ならば，$\alpha < \xi_1 < \gamma$, $\gamma < \xi_2 < \beta$ である ξ_1, ξ_2 で負の値をとり，その間の γ で 0 になるから，$[\xi_1, \xi_2]$ 内に広義の極大 ξ がある．いずれにせよ，ξ では $\varphi(\xi+h), \varphi(\xi-h) \leqq \varphi(\xi)$ だから，(6) から $\varphi''(\xi) \leqq 0$ である．したがって $C = g''(\xi) = f''(\xi) - \varphi''(\xi) \geqq f''(\xi) \geqq 0$ となる． □

8.3 不等式への応用

凸関数は，各種の不等式を証明するのに，有効な手段を与えてくれます．これを詳しく論ずれば，それだけで 1 冊の本になります．ここには二三の重要な例を挙げるのに留めます．基礎になるのは次の事実です．

第2部

関連事項補充

定理 8.E $f(x)$ が凸集合 D で凸関数ならば，$x_1, \cdots, x_m \in D$, 定数 $\lambda_1, \cdots, \lambda_m$ ($\lambda_i \geqq 0, \lambda_1 + \cdots + \lambda_m = 1$) に対して

$$f(\lambda_1 x_1 + \cdots + \lambda_m x_m) \leqq \lambda_1 f(x_1) + \cdots + \lambda_m f(x_m). \tag{8}$$

証明 m に関する帰納法による．$m = 2$ のときは凸関数の定義そのものである．$m-1$ 個のとき証明できたものとして，

$$y = \frac{\lambda_1 x_1 + \cdots + \lambda_{m-1} x_{m-1}}{\lambda_1 + \cdots + \lambda_{m-1}}$$

とおけば，$\dfrac{\lambda_i}{\lambda_1 + \cdots + \lambda_{m-1}} = \mu_i$ は $\mu_i \geqq 0, \mu_1 + \cdots + \mu_{m-1} = 1$ をみたすから

$$f(y) = f(\mu_1 x_1 + \cdots + \mu_{m-1} x_{m-1}) \leqq \mu_1 f(x_1) + \cdots + \mu_{m-1} f(x_{m-1})$$

である．一方 $\lambda_1 + \cdots + \lambda_{m-1} = 1 - \lambda_m$ だから，凸関数の定義から

$$f(\lambda_1 x_1 + \cdots + \lambda_m x_m) = f((\lambda_1 + \cdots + \lambda_{m-1})y + \lambda_m x_m)$$
$$\leqq (\lambda_1 + \cdots + \lambda_{m-1})f(y) + \lambda_m f(x_m) \leqq \lambda_1 f(x_1) + \cdots + \lambda_{m-1} f(x_{m-1}) + \lambda_m f(x_m)$$

となって，m のときにも (8) が示された．f が狭義の凸関数なら，(8) で等号が成立するのは $\lambda_1, \cdots, \lambda_m$ のうち 0 でない番号 λ_i に対する x_i がすべて相等しいときに限る． □

例題 8.A e^x は定理 8B から狭義の凸関数です．したがって，$\lambda_i \geqq 0$, $\lambda_1 + \cdots + \lambda_m = 1$ のとき

$$\exp(\lambda_1 x_1 + \cdots + \lambda_m x_m) \leqq \lambda_1 e^{x_1} + \cdots + \lambda_m e^{x_m} \tag{9}$$

となります．$e^{x_i} = a_i (>0)$ とおけば，(9) の左辺は $a_1^{\lambda_1} \cdots a_m^{\lambda_m}$ となりますから，$a_1, \cdots, a_n > 0$ のとき

$$a_1^{\lambda_1} \cdots a_m^{\lambda_m} \leqq \lambda_1 a_1 + \cdots + \lambda_m a_m \quad (\lambda_1 + \cdots + \lambda_m = 1; \lambda_i \geqq 0) \tag{10}$$

となります．(10) で等号が成立するのは，$\lambda_i \neq 0$ である番号について，a_i が相等しいときに限ります． □

とくに(10)で $\lambda_1 = \cdots = \lambda_m = \dfrac{1}{m}$ とおくと次の結果をえます．

定理 8.F　$a_1, \cdots, a_m > 0$ のとき

$$(a_1 \cdots a_m)^{\frac{1}{m}} \leq \frac{a_1 + \cdots + a_m}{m} \quad (相乗平均 \leq 相加平均),$$

$$等号は a_1 = \cdots = a_m のときに限る． \qquad \square$$

これはよく知られた結果で，ほかにもたくさんの証明があります．

例題 8.B　$p > 1$ としますと，x^p は $x > 0$ において狭義の凸関数です．したがって $\lambda_i \geq 0$, $\lambda_1 + \cdots + \lambda_m = 1$, $x_i > 0$ のとき，

$$(\lambda_1 x_1 + \cdots + \lambda_m x_m)^p \leq \lambda_1 x_1^p + \cdots + \lambda_m x_m^p \tag{11}$$

となります．いま $y_1, \cdots, y_m > 0$ としますと，$\lambda_i = \dfrac{y_i}{y_1 + \cdots + y_m}$ とおけば $\lambda_1 + \cdots + \lambda_m = 1$ になりますから，(11)に代入して

$$(x_1 y_1 + \cdots + x_m y_m)^p \leq (y_1 x_1^p + \cdots + y_m x_m^p)(y_1 + \cdots + y_m)^{p-1} \tag{12}$$

となります．ここで a_i, b_i を

$$x_i y_i = a_i b_i, \quad y_i x_i^p = a_i^p$$

であるようにきめますと，$a_i = x_i y_i^{\frac{1}{p}}$, $b_i = y_i^{1-\frac{1}{p}}$ となります．

$$\frac{1}{p} + \frac{1}{q} = 1 \quad \left(q = \frac{p}{p-1}\right)$$

とおくと $y_i = b_i^q$ となり，(12)の $(1/p)$ 乗をとれば

$$(a_1 b_1 + \cdots + a_m b_m) \leq (a_1^p + \cdots + a_m^p)^{\frac{1}{p}} (b_1^q + \cdots + b_m^q)^{\frac{1}{q}} \tag{13}$$

となります．(13)で等号が成立するのは，$x_1 = \cdots = x_m$，したがって $a_1^p : b_1^q = \cdots = a_m^p : b_m^p$ のときに限ります．(13)を**ヘルダーの不等式**といいます．とくに $p = q = 2$ のときは，**コーシーの不等式**，あるいは**シュワルツの不等式**とよばれています．このときは2次形式の判別式を利用して，直接に証明できます． $\square$

第2部
関連事項補充

例題 8. C $p>1$ のとき, $(|a_1|^p+\cdots+|a_m|^p)^{\frac{1}{p}}=\|a\|_p$ がノルムの性質をもつこと. すなわち $a_1,\cdots,a_m,\ b_1,\cdots,b_m \geq 0$ (但し $a_i+b_i>0$ の i がある) として

$$[(a_1+b_1)^p+\cdots+(a_m+b_m)^p]^{\frac{1}{p}} \leq (a_1^p+\cdots+a_m^p)^{\frac{1}{p}}+(b_1^p+\cdots+b_m^p)^{\frac{1}{p}} \quad (14)$$

を証明しましょう. (14) を**ミンコフスキーの不等式**といいます.

$$(a_1+b_1)^p+\cdots+(a_m+b_m)^p = \sum_{i=1}^m (a_i+b_i)^p$$

を

$$\sum_{i=1}^m a_i(a_i+b_i)^{p-1}+\sum_{i=1}^m b_i(a_i+b_i)^{p-1} \quad (15)$$

と分解し, この各項にヘルダーの不等式を使うと, $\frac{1}{p}+\frac{1}{q}=1$ として

$$式(15) \leq \left(\sum_{i=1}^m a_i^p\right)^{\frac{1}{p}}\left[\sum_{i=1}^m (a_i+b_i)^{(p-1)q}\right]^{\frac{1}{q}}+\left(\sum_{i=1}^m b_i^p\right)^{\frac{1}{p}}\left[\sum_{i=1}^m (a_i+b_i)^{(p-1)q}\right]^{\frac{1}{q}}$$

となります. $(p-1)q=p$ ですから, 両辺から $\left[\sum_{i=1}^m (a_i+b_i)^p\right]^{\frac{1}{q}}>0$ を約すと, ちょうど (14) になります. (14) で等号が成立するのは,

$$a_i^p : (a_i+b_i)^{(p-1)q}, \quad b_i^p : (a_i+b_i)^{(p-1)q}$$

が i によらないとき, すなわち $(a_i,\cdots,a_n)$ と $(b_1,\cdots,b_n)$ とが比例するときに限ります. □

他にも興味深い実例が多数ありますが, 前述の趣旨に沿って以上に留めます.

8.4 陰関数の描画について

これはこの章の主題ではなく, 第1部第7講の補充ですが, 独立の章にするほどの内容がないので便宜上ここに記します.

近年の数式処理システムではかなり複雑な陰関数 $f(x,y)=0$ のグラフを

208

第 8 話

凸関数と不等式

もかなり正確に描いてくれます．しかし細かいことをいうと問題点が残ります．原理的には代表的な $x[y]$ の値に対して $f(x, y) = 0$ を満たす $y[x]$ の値を計算してプロットしてゆけばそれらしい図形が現れますが，それ以外に停留点 ($f_x = f_y = 0$ となる点)の近傍の状況など細かい配慮を要する部分が多数あります．昔の教科書にあった「曲線の追跡」の技法の活用を要する場面です．

もしも部分的にも $y = g(x)$ の形に解く，あるいは
$$x = \varphi(t), \quad y = \psi(t) \tag{16}$$
と媒介変数表示ができれば，それによってずっと「正確」な図を描くことが可能ですが，それには限界があります．以下に若干の例を挙げます．

例題 8.D 円周 $x^2 + y^2 = 1$ の図を描く．

もし極座標 $r = f(\theta)$ あるいは(16)のような媒介変数表示
$$x = \cos(t), \quad y = \sin(t), \quad 0 \leq t \leq 2\pi$$
による描画が使えるならそれに越したことはありません．別の表現
$$x = \frac{1-t^2}{1+t^2}, \quad y = \frac{2t}{1+t^2}, \quad -\infty < t < \infty$$
も媒介変数 t の範囲と刻みをうまくとれば有用です．
$$y = \sqrt{1-x^2} \quad と \quad y = -\sqrt{1-x^2}, \quad -1 < x < 1$$
の 2 個に分けると，x の刻みのとり方次第で $x = \pm 1$ の付近が空くことがあります(特にグラフ電卓で；図 8B)．但しグラフィックアートでは逆にそのような形で中央の空いた 2 個の半円を描く場合もあります．グラフ電卓では全般的に画面の縦横比を適切に調整しないと図が楕円になります．

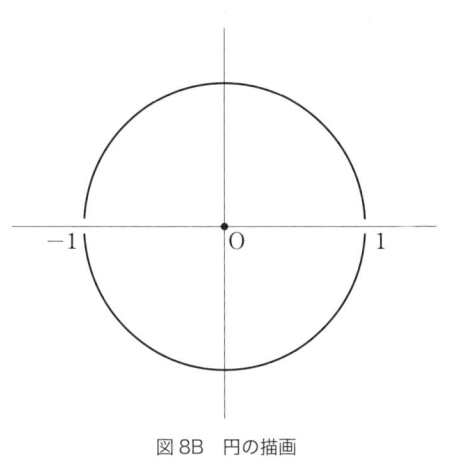

図 8B　円の描画

209

第2部
関連事項補充

例題 8.E　デカルトの葉形

$x^3 + y^3 - 3xy = 0$ (図 8C) は

$$x = \frac{3t}{1+t^3}, \quad y = \frac{3t^2}{1+t^3},$$
$$-\infty < t < \infty$$

と媒介変数表示されます．しかしこのままでは t との対応が悪くてあまり綺麗に書けません．媒介変数を変換して

$$x = \frac{3(1-t)(1-t^2)}{2(1+3t^2)},$$
$$y = \frac{3(1+t)(1-t^2)}{2(1+3t^2)}, \quad -\infty < t < \infty$$

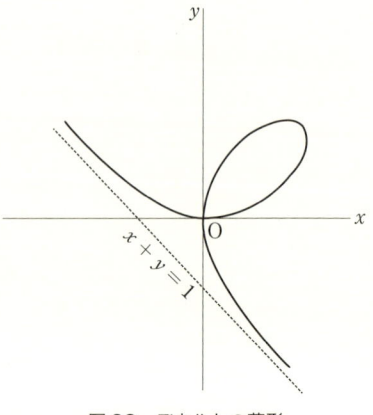

図 8C　デカルトの葉形
（破線は漸近線）

とすると (式は複雑ですが) 一端から綺麗に描けます．

例題 8.F　$4x^3 + 4y^3 - x^2y^2 - 18xy + 27 = 0$ のグラフを描く．

これはある 3 次方程式の判別式を表します．その由来にさかのぼると次のような媒介変数表示が可能です．

$$x = t^{-2} - 2t, \quad y = t^2 - 2t^{-1}, \quad t \neq 0 \tag{17}$$

グラフを描くには (17) が便利です．(17) がもとの式を満足することは読者各自で確かめてください．もっと腕に自身のある方は，(17) の両式から t を消去して上の方程式を導いてください (付録参照)．

このグラフの概形は図 8D のようになります．右上が $t<0$，左下が $t>0$ に対応する軌跡です (図中の放物線などは当面無視してください)．$t = -1$ に相当する点 $(3, 3)$ は**尖点**(せんてん;cusp)です．尖(とが)った点というのが慣用の用語ですが，近年では媒介変数によって描くとき，点の進み方が逆向きになる (鉄道マニアならスイッチバックという) 点なので，**逆向点**とよぼうという提案もあります．

第 8 話

凸関数と不等式

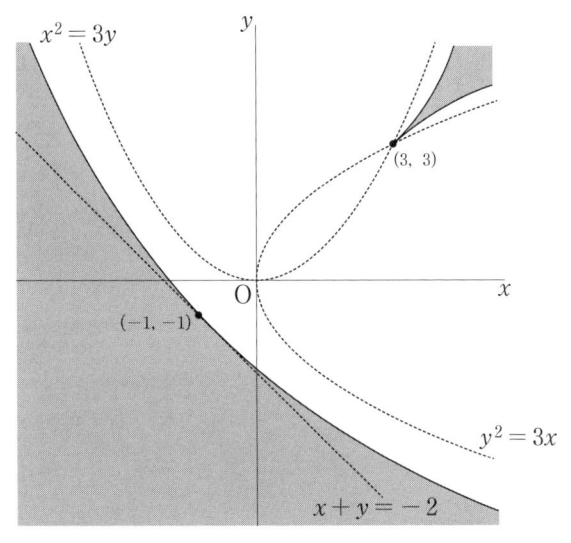

図 8D　例題 8F のグラフ

　但し高次代数方程式が (17) のようにうまく媒介変数表示できるのは，極めて特殊な例外的な場合に限ります．それは古典的な代数幾何学の困難だが重要な課題です．ここでは例を示しただけでこれ以上立ち入りません．

第9話 条件付き極値問題補充

9.1 ラグランジュ乗数の意味（続き）

第1部第9講で条件付き極値問題に関してラグランジュ乗数法を述べ，乗数が条件式の潜在価格を表すことを扱いました．9.2節と若干重複しますが重要な論点なので，このことを再度少し観点を変えて論じます．

定理9A 制約条件式 $g(x, y) = 0$ の下で，目的関数 $f(x, y)$ の極値を求めるには，**ラグランジュ乗数** λ を導入して，$F = f - \lambda g$ に対する3変数 x, y, λ に関する極値

$$\frac{\partial F}{\partial x} = \frac{\partial f}{\partial x} - \lambda \frac{\partial g}{\partial x} = 0, \quad \frac{\partial F}{\partial y} = \frac{\partial f}{\partial y} - \lambda \frac{\partial g}{\partial y} = 0, \quad \frac{\partial F}{\partial \lambda} = -g = 0 \quad (1)$$

を求めればよい（必要条件：関数の微分可能性を仮定）．

略証 $\partial g/\partial y \neq 0$ ならば，陰関数定理により

$$g(x, \varphi(x)) = 0 \text{ （恒等的に）}$$

である $y = \varphi(x)$ が存在する．これを代入して $f(x, \varphi(x))$ を x の関数として微分すると，極値（の候補）は

$$\frac{df(x)}{dx} = \frac{\partial f}{\partial x} + \frac{\partial f}{\partial y}\frac{d\varphi}{dx} = \frac{\partial f}{\partial x} - \frac{\partial f}{\partial y} \cdot \frac{\partial g}{\partial x} \Big/ \frac{\partial g}{\partial y} = 0 \quad (2)$$

で与えられる．(2) は $\dfrac{\partial f}{\partial x} : \dfrac{\partial g}{\partial x} = \dfrac{\partial f}{\partial y} : \dfrac{\partial g}{\partial y}$ を意味するので，その比を $\lambda : 1$ とおくと条件式(1)にまとめられる． □

第9話
条件付き極値問題補充

定理9B ラグランジュ乗数 λ は，条件式 $g=0$ の**潜在価格**を表す．すなわち条件式をほんの僅か $g=\delta$ に変えたとき，f の極値が α から $\alpha+\varepsilon$ に変化すれば，

$$\lambda = \lim_{\delta \to 0} \frac{\varepsilon}{\delta} \tag{3}$$

が成立する．

略証 $g(x, y) = 0$ を解いた陰関数を $y = \varphi(x)$ とすると，$g(x, y) = \delta$ の解は g のテイラー展開から2次以上の項を無視してほぼ $y = \varphi(x) + \delta \Big/ \dfrac{\partial g}{\partial y}$ で与えられる．$f(x, \varphi(x))$ の極値が $x = x_0$ で起これば $f(x_0, \varphi(x_0)) = \alpha$ である．$g = \delta$ のとき極値が (x_1, y_1) で生じれば

$$y_1 = \varphi(x_1) + \delta \Big/ \frac{\partial g}{\partial y} \; ; \; \alpha + \varepsilon = f(x_1, y_1)$$
$$= f(x_0, y_0) + (x_1 - x_0)\frac{\partial f}{\partial x} + (y_1 - y_0)\frac{\partial f}{\partial y} + (\text{高次の項}).$$

と表される．ここで

$$y_1 - y_0 = \varphi(x_1) - \varphi(x_0) + \delta \Big/ \frac{\partial g}{\partial y}$$

であり，高次の項を無視すれば

$$\varepsilon = (x_1 - x_0)\left[\frac{\partial f}{\partial x} - \frac{\partial f}{\partial y} \cdot \frac{\partial g}{\partial x} \Big/ \frac{\partial g}{\partial y}\right] + \delta \frac{\partial f}{\partial y} \Big/ \frac{\partial g}{\partial y} \tag{4}$$

と表される．(4) の右辺第1項の [ ] 内は，正確に極値をとる点では0であり，$(x_1 - x_0)$ との積は2次以上の項である．他方 (4) の右辺第2項の比は λ の定義だから $\varepsilon \doteqdot \lambda \delta$ である．これは (3) を意味する． □

9.2 潜在価格が負になる例

多くの場合第1部9.2節で扱ったように，条件式の潜在価格 λ が正でないと

第2部 関連事項補充

不自然です．しかし複数の条件式の下では，ある条件の潜在価格が負であるという「病的」な例があります．この場合には規制緩和するとかえって事態が悪化し，逆に規制をある程度厳しくしたほうが都合がよくなります．現実の問題でこのような状況がどのくらい発生するものなのかはよくわかりませんが，皆無ではないようです．その一例を挙げます．

例題9A 表面積が $90\,\mathrm{cm}^2$，辺の長さの総和が $48\,\mathrm{cm}$ である直方体のうち，体積が最大のものを求めよ．

解 これは3辺を $x, y, z\,(\mathrm{cm})$ とすると，条件式

$$x+y+z = 48 \div 4 = 12, \quad xy+yz+zx = 90 \div 2 = 45 \tag{5}$$

の下で xyz を最大にする問題です．

この問題は次の解1ように直接に条件式を変形すると高校の「数学 II」の範囲で解くことができます．

解1 x を主変数として解いて

$$y+z = 12-x, \quad yz = 45-x(y+z) = 45-12x+x^2$$

とし，これを代入して体積を

$$xyz = x^3 - 12x^2 + 45x = \varphi(x) \text{ とおく}. \tag{6}$$

$\varphi'(x) = 0$ は $3(x^2-8x+15) = 3(x-3)(x-5) = 0$ で，$x=3$ または $x=5$；但し $4yz \leqq (y+z)^2$ から x の許容範囲は

$$3(x^2-8x+12) = 3(x-2)(x-6) \leqq 0 \,;\, 2 \leqq x \leqq 6$$

で，$x=3$ が極大，$x=5$ が極小，しかも端点の $x=2$ と $x=6$ は結果的に (5) の x, y, z を交換した形を与える．$\varphi(x)$ のグラフを図9Aに示した．

214

第 9 話

条件付き極値問題補充

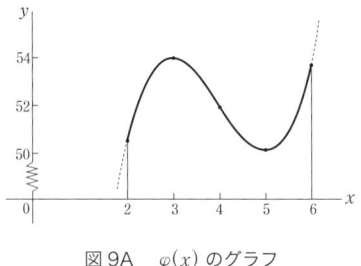

図 9A　$\varphi(x)$ のグラフ

すなわち最大体積は辺長 $3, 3, 6$ (cm) のときの $54\,\mathrm{cm}^3$ である．　□

解 2　ラグランジュ乗数を使う．(5) の両条件式にそれぞれラグランジュ乗数 λ, μ を掛け

$$xyz - \lambda(x+y+z-12) - \mu(xy+yz+zx-90)$$

の，x, y, z に関する偏導関数を 0 とおくと

$$yz = \lambda + \mu(y+z), \quad zx = \lambda + \mu(z+x), \quad xy = \lambda + \mu(x+y) \quad (7)$$

をえる．2 項ずつの差をとって

$$(z-\mu)(x-y) = 0, \quad (x-\mu)(y-z) = 0, \quad (y-\mu)(z-x) = 0$$

から

$(z=\mu$ または $x=y)$ かつ $(x=\mu$ または $y=z)$ かつ $(y=\mu$ または $z=x)$

となる．しかし $x=y=z$ は条件式 (5) と矛盾するから，可能なのは $x=y=\mu$，$y=z=\mu$，$z=x=\mu$ のいずれかである．x, y, z を交換すれば，どれも本質的に同じなので，$x=y=\mu$ を採用すると，

$$\lambda = -\mu^2 < 0, \quad 2x+z = 12, \quad x^2 + 2xz = 45$$

をえる．$z = 12-2x$ を第 3 の式に代入して整理すると

$$x^2 - 4x^2 + 24x - 45 = 0, \quad \text{すなわち } x^2 - 8x + 15 = 0$$

であって，$x=3$ または 5，したがって解は

$$x=3, \ y=3, \ z=6 \quad \text{か} \quad x=5, \ y=5, \ z=2 \quad (8)$$

である．体積 xyz はそれぞれ $54, 50$ なので前者が最大値である．このとき

215

第2部 関連事項補充

$\lambda = -9 < 0$, $\mu = 3 > 0$ で，負の潜在価格が現れる． □

例題9B 例題9Aにおいて第1の条件式をゆるめる（右辺の値を大きくする）ときの最大値の変化を吟味せよ．

解 第1の条件式をゆるめて，例えば $x+y+z = 12.3$ としますと，(6)から

$$\varphi(x) = x^3 - 12.3x^2 + 45x, \quad \varphi'(x) = 3(x^2 - 8.2x + 15)$$

$$\varphi'(x) = 0 \text{ の解は } 4.1 \pm \sqrt{4.1^2 - 15} = 5.445 \text{ と } 2.655$$

となり，前者が極小，後者が極大です．極大のときの体積は $49.27\,\text{cm}^3$ ほどで，和が12のときよりかえって小さくなります．

一般に第1の条件式をゆるめて

$$x+y+z = 12+\delta, \quad V = x^3 - (12+\delta)x^2 + (45+\theta)x$$

とします．条件式を解いて

$$yz = 45 + \theta - x(12+\delta-x), \quad V = x^3 - (12+\delta)x^2 + (45+\theta)x$$

とし，y, z を消去して V を x の関数と考えると

$$\frac{dV}{dx} = 3x^2 - 2(12+\delta)x + (45+\theta)$$

です．これを0とおいて x の2次方程式を解くと

$$\begin{aligned} x &= \frac{1}{3}[(12+\delta) - \sqrt{(12+\delta)^2 - 3(45+\theta)}] \\ &= 4 + \frac{\delta}{3} - \frac{1}{3}\sqrt{9 + 24\delta - 3\theta - \delta^2} \end{aligned} \quad (9)$$

です．ただし $\delta = \theta = 0$ のとき，最大値を与えるのは $x = 3$, $(y, z) = (3, 6)$ なので，(9)の根号を負にとりました．正にとった値 $x = 5$, $(y, z) = (5, 2)$ は極小値です．(9)の末尾の平方根は，テイラー展開して δ, θ の1次の項をとると

$$1 + \frac{4}{3}\delta - \frac{\theta}{6}, \quad x = 3 - \delta + \frac{\theta}{6}$$

となります．これを V の式に代入し，展開して θ, δ の 1 次の項だけとりますと最終的に(途中の計算略)

$$V = 54 - 9\delta + 3\theta \tag{10}$$

となります．同条件式のラグランジュ乗数を λ, μ とすると，$\lambda = -9 < 0, \mu = 3 > 0$ です．後者はまともですが，前者は λ が負であるため「規制緩和するとかえって状況が悪化する」という逆説的現象を呈します． □

表面積あるいは辺の和の一方だけが一定な直方体のうち，体積が最大なのは立方体です．しかし両方を指定すると立方体にならず，底面が正方形の四角柱になります．このとき解 (8) の前者は細長い柱形，後者は平たい座布団形です．制約条件の値によっては後者は存在しない(高さが負になる)こともあります．前者の方が体積が大きいのですが，表面積を一定にして辺長の和を大きくすると，極値をとる形がますます細長くなって立方体から遠ざかります．そのために最大体積はかえって減少します．

似た例は三角形で面積 S と外接円の半径 R を定めて内接円の半径を最大(周長を最小)にする問題でも生じます．但しこの種の例は制約条件の与えすぎかもしれません．

9.3 不等式制約条件の例(続き)

例題 9C　$x \geq 0, y \geq 0, x+y \leq 1$ の範囲で x^2+y^2 の最大値を求めよ．

このような問題は図を描いてみればすぐに $x=1, y=0$ または $x=0, y=1$ で $x^2+y^2=1$ が最大とわかります．こんな場合に微分法を使うなどは牛刀であり，アホカイナといわれそうですが，あえて第 1 部 9.4 節の理論を使って解いてみます．

217

第2部 関連事項補充

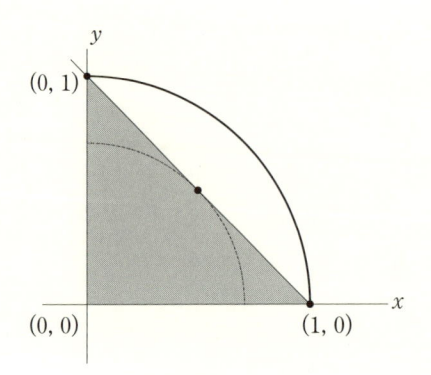

図9B　例題9Cの範囲

解　条件式を $-x \leqq 0$, $-y \leqq 0$, $x+y-1 \leqq 0$ と表し，3個のラグランジュ乗数 λ, μ, ν ($\geqq 0$) を入れて

$$F = x^2 + y^2 - \lambda(-x) - \mu(-y) - \nu(x+y-1)$$

を考えると，条件は $\partial F/\partial x = 0$, $\partial F/\partial y = 0$ から

$$2x + \lambda - \nu = 0, \quad 2y + \mu - \nu = 0 \tag{11}$$

$$\text{付帯条件 } \lambda x = 0, \quad \mu y = 0 \quad \nu(x+y-1) = 0 \tag{12}$$

である．(11)の両式にそれぞれ λ, μ をかけて(12)を使えば

$$\lambda(\lambda - \nu) = 0, \quad \mu(\mu - \nu) = 0$$

だから，λ, μ, ν の間の関係は4個の場合がある．

(ⅰ) $\lambda = 0$, $\mu = 0$: $x = y = \nu/2$,
(ⅱ) $\lambda = 0$, $\mu = \nu$: $y = 0$, $x = \nu/2$
(ⅲ) $\mu = 0$, $\lambda = \nu$: $x = 0$, $y = \nu/2$,
(ⅳ) $\lambda = \nu$, $\mu = \nu$: $x = 0$, $y = 0$.

このうち(ⅰ)，(ⅱ)，(ⅲ)では $\lambda = \mu = \nu = 0$ が許されないので $\nu \neq 0$, $x + y = 1$ となる．(ⅰ)は $x = y = 1/2$．これは $x + y = 1$ 上で $x^2 + y^2$ が最小になる点だが当面の問題の解ではない．

第 9 話
条件付き極値問題補充

(ii), (iii)は $x=1, y=0$ または $x=0, y=1$ であって,そこで $x^2+y^2=1$ が最大値をとる.(iv)は $x^2+y^2=0$ に相当し全体での最小値を与える. □

　この種の問題では極値の候補にあがった点の付近で局所的な極大極小を吟味するよりも,そこでの目的関数の値を計算して相互に比較するのが正道です.
　ところで線型計画法は不等式の制約条件下で 1 次式の最大最小を扱う問題です.これには独自の効率的解法があり,第 1 部 9.4 節の理論の応用と考えるのは単なる理論的興味にすぎませんが,ついでに注意しておきます.もっと一般的に扱うこともできますが,実例として雛形の一例を説明します.

例題 9D　目的関数 $2x+3y$ を,$x \geqq 0, y \geqq 0$ かつ

$$\left.\begin{array}{r}x+2y \leqq 6 \\ x+y \leqq 4 \\ 3x+y \leqq 10\end{array}\right\} \tag{13}$$

の下で最大にする点と最大値を求めよ.

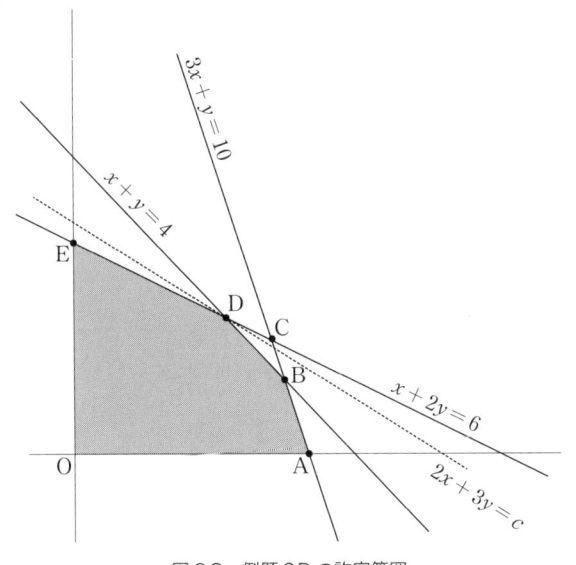

図 9C　例題 9D の許容範囲

219

第2部 関連事項補充

解 $x=0$ や $y=0$ では値が小さいので条件 $x \geq 0$, $y \geq 0$ を無視し，(13)の各条件式にラグランジュ乗数 λ, μ, ν を掛けて

$$2x+3y-\lambda(x+2y-6)-\mu(x+y-4)-\nu(3x+y-10) \quad (14)$$

を考える．(14)を x, y で微分して 0 とおけば方程式

$$\lambda+\mu+3\nu = 2, \quad 2\lambda+\mu+\nu = 3 \quad (15)$$

および $\lambda(x+2y-6)=0$, $\mu(x+y-4)=0$, $\nu(3x+y-10)=0$ をえる．(15)から $\lambda-2\nu=1$ なので $\lambda=0$ は許されない ($\nu<0$ になる)．$\mu=0$ のときは $\lambda=1.4$, $\nu=0.2$, $x=2.8$, $y=1.6$ ((13)の第1，第3式の交点，図9．CのC点)になるが，これは許容域の外にある $(x+y>4)$．$\nu=0$ のときは (図9．CのD点) であり，目的関数の値が 10 で，これが所要の最大値を与える点である． □

(13)の許容範囲は図9Cに示した凸図形の OABDE です．最大値をとる点はこの頂点のどこかです．O(原点)では値が 0 でそれ以外の点の値を計算すると

点	座標	目的関数の値	
A	(10/3, 0)	20/3 ≒ 6.67	
B	(3, 1)	9	
D	(2, 2)	10	←最大値！
E	(0, 3)	9	

となります． □

例題 9E 前題の**双対問題**を考える．それは

$$\left.\begin{array}{l} u+v+3w \geq 2 \\ 2u+v+w \geq 3 \end{array}\right\} \text{かつ} \quad u, v, w \geq 0 \quad (16)$$

の下で，目的関数 $6u+4v+10w$ を最小にする問題である．一般的に双対問題は係数行列を転置し，目的関数の係数を不等式の右辺に，(13)の右辺を目的関数の係数にしてえられる．

この解は前題の解を与えたラグランジュ乗数の値の組

$$u = \lambda = 1, \quad v = \mu = 1, \quad w = \nu = 0$$

で，最小値は前題の最大値と等しい 10 です．双対問題の解が各条件式の潜在価格 (ラグランジュ乗数) に等しく，極値の値が原問題と同じという結果は，線型計画法での一般的な定理です．

これ以上の詳細は専門書にゆずりますが，ラグランジュ乗数が単なる計算技巧の手段ではなく，その値自体が極値問題に重要な意味を持つことを例示しました．

9.4 クーン・タッカーの定理について

第 2 部 8.2 節で述べた凸性による十分条件の形の定理は，条件付き問題の場合にも拡張できます．この種の定理が一般的に示されたのは，1950 年代になってからです．**クーン・タッカーの定理**とよばれる結果はもっと一般的なもので，応用上にはいろいろ細かい条件がいりますが，その本質的な部分を示す簡単な場合をあげます (下記の定理 9B)．要は凸性の応用で，最小値の十分条件を与える結果です．

$f(x, y), g_1(x, y), \cdots, g_m(x, y)$ を C^1 級の凸関数とし，少し制約条件をかえて $g_j(x, y) \leqq b_j$ $(j = 1, \cdots, m)$ の下で $f(x, y)$ を最小にすることを考えます．ただし $\Omega = \{g_j(x, y) \leqq b_j, (j = 1, \cdots, m)\}$ は有界とします．Ω は凸集合です．有界閉集合 Ω の上で，f は必ず最小値をとります．制約条件は $-g_j \geqq -b_j$ と考えられますから，$F(x, y) = f(x, y) + \sum_{j=1}^{m} \lambda_j (g_j(x, y) - b_j)$ とおいて，第 1 部 9.4 節に相当する条件

$$\frac{\partial F}{\partial x} = 0, \quad \frac{\partial F}{\partial y} = 0, \quad \lambda_j \geqq 0, \quad g_j(x, y) \leqq b_j, \quad \sum_{j=1}^{m} \lambda_j (g_j(x, y) - b) = 0 \quad (17)$$

をみたす点 $(x_0, y_0; \lambda_j^0)$ を考えます．もしすべての j について $g_j(x_0, y_0) < b_j$ で，$\lambda_j^0 = 0$ ならば，(x_0, y_0) は凸集合 Ω の内部にあり，そこで $\dfrac{\partial f}{\partial x} = \dfrac{\partial f}{\partial y} = 0$ ですから，第 2 部 8.2 節の場合と同様に (x_0, y_0) は f の Ω での最小値を実際に

221

関連事項補充

与えます．

以下 (x_0, y_0) は境界にあるものとし，g_j の順序をかえて，$g_k(x, y) = b_k$ $(k = 1, \cdots, q)$, $g_h(x, y) < b_h$ $(h = q+1, \cdots, m)$ とします．$q \geq 1$ で，$\lambda_1^0, \cdots, \lambda_q^0 > 0$ です．

さて Ω で f が最小になる点を (x_1, y_1) とし，$(x_0, y_0) \neq (x_1, y_1)$ としてみましょう．この両者を結ぶ線分 $l : x = x_1 + t(x_0 - x_1), \ y = y_1 + t(y_0 - y_1)$ を作ります．$t = 0, 1$ が $(x_1, y_1), (x_0, y_0)$ に担当します．この線分 l 上で考えた関数の t に関する微分を $\frac{d}{dt}$ で表わします．線分 l 上で f は凸で，$t = 0$ のとき最小値をとりますから，$\frac{df}{dt}$ は増加で $\frac{df}{dt}(0) \leq \frac{df}{dt}(1)$ です．$(x_0, y_0; \lambda_j^0)$ は (17) をみたし，(x_1, y_1) もある λ_j の値 λ_j^1 とあわせて，(17) をみたします．

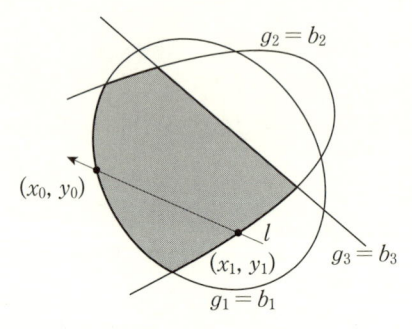

図 9D　当面の点の状況

これはつぎのように書くことができます．

$$\frac{\partial f}{\partial x}(x_l, y_l) = -\sum_{j=1}^m \lambda_j^l \frac{\partial g_j}{\partial x}(x_l, y_l),$$

$$\frac{\partial f}{\partial y}(x_l, y_l) = -\sum_{j=1}^m \lambda_j^l \frac{\partial g_j}{\partial y}(x_l, y_l) : i = 0, 1.$$

$\frac{df}{dt}$ は $\frac{\partial f}{\partial x}, \frac{\partial f}{\partial y}$ に定数(l の方向で定まる)をかけて加えたものですから，

$$-\frac{df}{dt}(1) = \sum_{j=1}^{m} \lambda_j^1 \frac{dg_j}{dt}(1) \geqq \sum_{j=1}^{m} \lambda_j^0 \frac{dg_j}{dt}(0) = \sum_{k=1}^{q} \lambda_k^0 \frac{dg_k}{dt}(0) = -\frac{df}{dt}(0) \quad (18)$$

です．ところが線分 l は (x_0, y_0) では，Ω の外側を向いているので，$k = 1, \cdots, q$ について $\frac{dg_k(0)}{dt} \geqq 0$ で，(18) の右辺 $\geqq 0$ です．一方 (x_1, y_1) が Ω の内部にあれば，すべての $\lambda_j^1 = 0$ ですし，(x_1, y_1) が Ω の境界にあれば，l がそこで Ω の内側を向くため，$\lambda_j^1 > 0$ である（つまり $g_j(x_1, y_1) = b_j$ である）番号 j について，つねに $\frac{dg_j(1)}{dt} \leqq 0$ となります．ゆえに (18) の左辺 $\leqq 0$ です．(18) が成立するためには，両辺とも 0 でなければなりません．もし各 j について $\frac{\partial g_j}{\partial x} = \frac{\partial g_j}{\partial y} = 0$ となることがなければ，$\lambda_j^1 > 0$ または $\lambda_j^0 > 0$ である j について，線分 l に沿って $\frac{dg_j}{dt} = 0$，したがって $g_j = b_j$（定数）となり，l は Ω の境界の一部になります．そして l に沿って f は一定ですから，$f(x_0, y_0) = f(x_1, y_1)$ は，f の最小値を与えています．以上をまとめて，つぎの結果がえられました．記述上独立変数を n 個にしましたが，まったく同じように証明できます．

定理 9C　$f(x_1, \cdots, x_n)$, $g_j(x_1, \cdots, x_n)$ $(j = 1, \cdots, m)$ が C^1 級の凸関数で，$\frac{\partial g_j}{\partial x_k} = 0$ $(k = 1, \cdots, n)$ が同時に成立することはないとする．$\Omega = \{g_j \leqq b_j \ (j = 1, \cdots, m)\}$ が有界とし，

$$F(\boldsymbol{x}; \lambda) = f(\boldsymbol{x}) + \sum_{j=1}^{m} \lambda_j (g_j(\boldsymbol{x}) - b_j), \quad \boldsymbol{x} = (x_1, \cdots, x_n)$$

とおく．さて Ω のある点 $\boldsymbol{x}^0 = (x_1^0, \cdots, x_n^0)$ およびある $(\lambda_1^0, \cdots, \lambda_m^0)$ の値について

$$\frac{\partial F(\boldsymbol{x}^0)}{\partial x_i} = 0 \quad (i = 1, \cdots, n), \tag{19}$$

$$\lambda_j^0 \geqq 0, \quad g_j(\boldsymbol{x}^0) \leqq b_j, \quad \sum_{j=1}^{m} \lambda_j (g_j(\boldsymbol{x}^0) - b_j) = 0$$

が成立するならば，$\boldsymbol{x}^0$ は Ω 中で f の最小値を与える点の一つである．

関連事項補充

これは美しい定理ですが，凸柱の条件が強く，意外と実用範囲は狭いようです．

例題 9F $x+y \leq 1$, $x \geq 0$, $y \geq 0$ で，x^2+y^2-3x を最小にする．

解 定理 9C の条件にあてはまります．
$$F = x^2+y^2-3x+\lambda_1(x+y-1)-\lambda_2 x-\lambda_3 y$$
とおいて(19)をためせばよく，条件は
$$\frac{\partial F}{\partial x} = 2x-3+\lambda_1-\lambda_2 = 0, \quad \frac{\partial F}{\partial y} = 2y+\lambda_1-\lambda_3 = 0,$$
$$\lambda_1 \geq 0, \quad \lambda_2 \geq 0, \quad \lambda_3 \geq 0, \quad \lambda_1(x+y-1)-\lambda_2 x-\lambda_3 y = 0$$
です．$\lambda_1 = 0$ とすると $x \geq \frac{3}{2}$ となり，$x+y \leq 1$ と矛盾します．また $\lambda_3 = 0$ とすると $y = \lambda_1 = 0$ となります．したがって残る可能性は
$$x+y = 1, \quad \lambda_2 = 0, \quad y = 0 \tag{20}$$
だけです．けっきょく $x=1$, $y=0$, $\lambda_1=1$, $\lambda_2=0$, $\lambda_3=1$ となり，最小値は -2 です．実際には $x \geq 0$, $y \geq 0$ は制約条件中に入れず，$F = x^2+y^2-2x+\lambda(x+y-1)$ とおき $\frac{\partial F}{\partial x} \geq 0$, $\frac{\partial F}{\partial y} \geq 0$, $x\frac{\partial F}{\partial x}+y\frac{\partial F}{\partial y} = 0$, $\lambda \geq 0$, $\lambda(x+y-1) = 0$ として計算したほうが賢明かもしれません．しかしこのときの計算は $\frac{\partial F}{\partial x} = \lambda_2$, $\frac{\partial F}{\partial y} = \lambda_3$ であって，上とまったく同じになります． □

第10話 曲線の長さと曲線で囲まれる面積

この章の内容の大半は1変数の微分積分学の話題ですが，線積分との関連でとりあげました．

10.1 曲線の長さ

曲線の長さはそれに内接する折れ線の長さの上限として定義されます．曲線 C が媒介変数

$$x = \xi(s), \quad y = \eta(s), \quad a \leqq s \leqq b \tag{1}$$

で表され，ξ, η が s について微分可能で導関数が連続ならば，(1) で表される曲線の長さは積分

$$L = \int_a^b \sqrt{\left(\frac{d\xi}{ds}\right)^2 + \left(\frac{d\eta}{ds}\right)^2}\, ds \tag{2}$$

で表されます．この証明はたいていの教科書にありますから，ここでは繰り返しません．特に $y = \varphi(x)$, $a \leqq x \leqq b$ と表される曲線では，x 自体を媒介変数と考えれば

$$L = \int_a^b \sqrt{1 + \left(\frac{dy}{dx}\right)^2}\, dx \tag{2'}$$

となります．

ただしこのような公式を挙げても，特に (2') の形でうまく計算できる実例に乏しいため，平成十年代の指導要領では，曲線の長さが高等学校の正規の課程から削られました (その後復活)．従って大学に進んでから，その演習を補う必要

関連事項補充

があります．じっさい(2)が初等関数では計算できない例が多く，楕円の弧長の計算から楕円関数が導入されたように，いろいろの関数が導入されるきっかけにもなりました．

積分の計算技巧については本書の主題から外れますが，以下に二三の例を挙げます．ただし媒介変数で表されるルーレット曲線の類では，(2)によって簡単に計算できる例が少なくないので，併せて解説します．

空間曲線についても，成分を3個にして(2)と同様の公式が成立しますが，おもしろい例に乏しいので，本書では特にとりあげません．

10.2 曲線の長さの例

例題 10.A 懸垂線 $y = \frac{1}{2}(e^x + e^{-x})$ の，$a \leqq x \leqq b$ の範囲の弧長を求めよ．

解 公式(2')により

$$\frac{dy}{dx} = \frac{1}{2}(e^x - e^{-x}), \quad 1 + \left(\frac{dy}{dx}\right)^2 = 1 + \frac{1}{4}(e^{2x} + e^{-2x} - 2)$$
$$= \frac{1}{4}(e^{2x} + e^{-2x} + 2) = \frac{1}{4}(e^x + e^{-x})^2$$

だから，求める長さは次のようになる．

$$L = \int_a^b \frac{1}{2}(e^x + e^{-x})dx = \frac{1}{2}(e^x - e^{-x})\Big|_a^b$$
$$= \frac{1}{2}(e^b - e^{-b} - e^a + e^{-a}) = \frac{1}{2}(e^b - e^a)(1 + e^{-a}e^{-b}). \quad \square$$

例題 10.B 放物線 $y = cx^2$ の $a \leqq x \leqq b$ の範囲の弧長を求めよ．

解 公式(2')により

曲線の長さと曲線で囲まれる面積

$$1+\left(\frac{dy}{dx}\right)^2 = 1+4c^2x^2, \quad L = \int_a^b \sqrt{1+4c^2x^2}\, dx$$

このような2次式の平方根を含む積分の計算法は，多くの教科書にある通りだが，次のように扱うとよい．この不定積分を I とおき，部分積分を行うと

$$\begin{aligned} I &= \int \sqrt{1+4c^2x^2}\, dx \\ &= x\sqrt{1+4c^2x^2} - \int \frac{4c^2x^2}{\sqrt{1+4c^2x^2}}\, dx \\ &= x\sqrt{1+4c^2x^2} - \int \frac{1+4c^2x^2-1}{\sqrt{1+4c^2x^2}}\, dx. \end{aligned}$$

これから，右辺の積分を I と $\dfrac{1}{\sqrt{1+4c^2x^2}}$ の積分に分けて

$$I = \frac{1}{2} x\sqrt{1+4c^2x^2} + \frac{1}{2}\int \frac{dx}{\sqrt{1+4c^2x^2}}$$

となる．ところで（log は自然対数）

$$\begin{aligned} \frac{d}{dx} & \log(\sqrt{1+4c^2x^2}+2cx) \\ &= \frac{1}{\sqrt{1+4c^2x^2}+2cx}\left[\frac{4c^2x}{\sqrt{1+4c^2x^2}}+2c\right] \\ &= \frac{2c\sqrt{1+4c^2x^2}+4c^2x}{\sqrt{1+4c^2x^2}+2cx}\cdot \frac{1}{\sqrt{1+4c^2x^2}} \\ &= \frac{2c}{\sqrt{1+4c^2x^2}} \end{aligned}$$

となるので

$$I = \frac{1}{2} x\sqrt{1+4c^2x^2} + \frac{1}{4c}\log(\sqrt{1+4c^2x^2}+2cx) \tag{3}$$

と表される．ここで $x=b$ と $x=a$ での差をとって

$$L = \frac{1}{2}\left(b\sqrt{1+4c^2b^2} - a\sqrt{1+4c^2a^2}\right) + \frac{1}{4c}\log \frac{\sqrt{1+4c^2b^2}+2cb}{\sqrt{1+4c^2a^2}+2ca}$$

をえる． □

第2部

関連事項補充

もっともこれは初等関数で計算できたというだけです．積分 (3) などを定石どおりに計算すると，かなり厄介な式になることがあります．ただし近年の数式処理システムでは，(3) などは直ちに計算できます．

曲線の長さを計算する手頃な演習問題は，**導線** Γ に沿って転がる円に固定された点の描く**ルーレット曲線**に多くみられます．

例題 10.C 直線上を滑らず半径 1 の円が転がり，円に固定された一点が描く軌跡が**サイクロイド**である (図 10A)．導線が正の x 軸であり，最初原点において上から接していた半径 1 の円周上，最初原点にあった点の軌跡は

$$x = s - \sin s, \quad y = 1 - \cos s, \quad 0 \leq s \leq 2\pi \tag{4}$$

と表される (s はラジアン単位)．この一弧の長さ，すなわち s が 0 から 2π まで動くときの長さを求めよ．

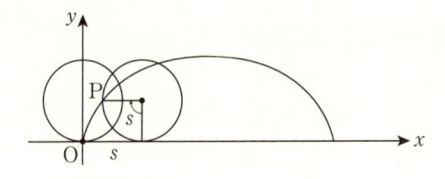

図 10A　サイクロイド

解 公式 (1) に従って計算すると

$$\frac{dx}{ds} = 1 - \cos s, \quad \frac{dy}{ds} = \sin s,$$

$$\left(\frac{dx}{ds}\right)^2 + \left(\frac{dy}{ds}\right)^2 = 2 - 2\cos s = 4\sin^2 \frac{s}{2}$$

である．$0 \leq s \leq 2\pi$ すなわち $0 \leq \frac{s}{2} \leq \pi$ の範囲では $\sin \frac{s}{2} \geq 0$ なので，平方根は正にとってよく

$$L = \int_0^{2\pi} 2\sin \frac{s}{2}\, ds = \int_0^{\pi} 4\sin t \, dt = 8 \quad \left(t = \frac{s}{2}\right)$$

をえる． □

曲線の長さと曲線で囲まれる面積

ルーレット曲線の長さも同様にできる例が多数あります．次の諸例は読者の演習問題にします（付録参照）．

例題 10.D 次の曲線の全長を求めよ．
（ⅰ）心臓形

$$x = \cos 2s - 2\cos s, \quad y = \sin 2s - 2\sin s, \quad 0 \leqq s \leqq 2\pi$$

全長 16 　　　　　　　　　　　　　　　　　　　　　　　　　　　(5)

（ⅱ）デルトイド

$$x = \cos 2s + 2\cos s, \quad y = \sin 2s - 2\sin s, \quad 0 \leqq s \leqq 2\pi$$

全長 16 　　　　　　　　　　　　　　　　　　　　　　　　　　　(6)

（ⅲ）アストロイド

$$x = \cos^3 s, \quad y = \sin^3 s, \quad 0 \leqq s \leqq 2\pi$$

全長 6 　　　　　　　　　　　　　　　　　　　　　　　　　　　　(7)

10.3 閉曲線で囲まれる図形の面積

平面図形の面積は，高等学校以来多数の例題を御存知と思います．しかし媒介変数(1)で表された閉曲線 C で囲まれる図形の面積 D に対する線積分の公式

$$S = \frac{1}{2}\int_C (xdy - ydx) = \frac{1}{2}\int_a^b \left(\xi \frac{d\eta}{ds} - \eta \frac{d\xi}{ds}\right)ds \tag{8}$$

は案外知られていません．(8) の最初の積分は C を正の向きに一周する線積分を意味します．線積分および下記のグリーンの定理は第1部第10講で解説しました．

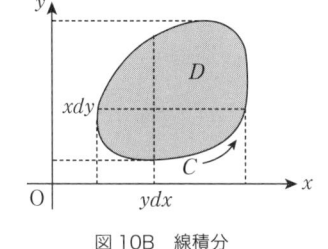

(8) の証明は C で囲まれた図形に対するグリーンの定理（他の名もある）によって

図 10B　線積分

229

関連事項補充

$$\frac{1}{2}\int_C (xdy - ydx) = \frac{1}{2}\iint_D (1dxdy + 1dxdy)$$
$$= D \text{の面積}$$

という形でできます．**グリーンの定理**は 2 変数関数に関する「微分積分学の基本定理」に相当します．この計算からわかるように，$S = \int_C xdy = -\int_C ydx$ ですが，多くの場合，単一の積分よりも (8) の形にしたほうが対称性が保たれて計算しやすいようです．

例題 10. E サイクロイド (4) の弧と x 軸で囲まれる図形の面積を求めよ．

解 その周を正の向きに一周するとすれば，まず直線上を 0 から 2π まで進み，次にサイクロイドに沿って 0 に戻る線積分をとる．前者では $xdy - ydx = 0$ なので，

$$S = \frac{1}{2}\int_{2\pi}^0 \left(\xi\frac{d\eta}{ds} - \eta\frac{d\xi}{ds}\right)ds, \quad \begin{cases} \xi = s - \sin s \\ \eta = 1 - \cos s \end{cases}$$

である．この計算を実行すると

$$\xi\frac{d\eta}{ds} - \eta\frac{d\xi}{ds} = (s - \sin s)\sin s - (1 - \cos s)^2$$
$$= s\sin s - 1 + 2\cos s - \cos^2 s - \sin^2 s$$
$$= -2 + s\sin s + 2\cos s$$

だから，積分はこれに負号をつけた

$$S = \frac{1}{2}\int_0^{2\pi}(2 - s\sin s - 2\cos s)ds$$

である．ここで第 1 項の積分は 4π，第 3 項の積分は 0 である．第 2 項は部分積分により

$$s\cos s|_0^{2\pi} - \int_0^{2\pi}\cos s\, ds = 2\pi$$

230

となる．合計して $S = \dfrac{1}{2}(4\pi + 2\pi) = 3\pi$ である． □

次の例題は読者への演習問題とします(付録参照)．

例題 10.F 例題 10.D に挙げた (5), (6), (7) によって囲まれる図形の面積を計算せよ．

答はそれぞれ (5) 6π (6) 2π (7) $\dfrac{3\pi}{8}$ です．

入学試験はともかくとして，数検 1 級にこの種の問題がよく出題されています．かつて (5) で囲まれる図形の面積が出題された折に，5π という誤答が半数近くあったと聞きました．その原因も質問があってわかりました．(5) が θ を媒介変数として

$$x = \cos 2\theta - 2\cos\theta, \quad y = \sin 2\theta - 2\sin\theta \tag{5'}$$

と書かれていたため，単なる媒介変数にすぎない θ を偏角だと早合点して，極座標での面積の公式

$$S = \dfrac{1}{2}\int_0^{2\pi} [p(\theta)]^2 d\theta, \quad \text{曲線の方程式 } r = p(\theta) \tag{9}$$

を使ったために生じた誤りでした．これを使うと $p^2 = x^2 + y^2 = 5 - 2\cos\theta$ となりますので，$S = 5\pi$ がでます．しかしこれは誤解に基づく別の図形の問題で，(5) に対する正しい答ではありません．記号の使い方に注意を要する例でしょう．

もちろん (9) を活用して面積を計算する場合もあります．対数らせん $r = e^\theta$ において $0 \leqq \theta \leqq a$ の間の面積が

$$S = \dfrac{1}{2}\int_0^a e^{2\theta} d\theta = \dfrac{e^{2a}-1}{4}$$

というのがその一例です．

231

第2部 関連事項補充

10.4　4次曲線で囲まれる面積

例題 10.G　4次曲線 $y = x^4 - 2ax^2 + bx + c = f(x)$, $a > 0$ には二重接線（2点で接する接線 ℓ）がある.

1°　ℓ が接する点の x 座標を求めよ.

2°　ℓ と平行なもう1本の接線 m の接点の座標を求めよ.

3°　m と4次曲線で囲まれる2個の部分，および ℓ と4次曲線とで囲まれる部分の面積の比を求めよ.

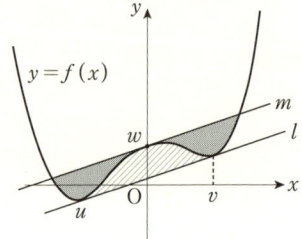

図10C　4次曲線と二重接線

解　1° 接点の x 座標を u, v $(u < v)$ とすると, $f'(u) = f'(v)$ かつ $f(v) - f(u) = f'(u)(v-u)$ が成立する. 前者から $u^3 - v^3 = a(u-v)$ をえるが, $u \neq v$ から $u^2 + uv + v^2 = a$. 後者で $f'(u)$ を $\frac{1}{2}(f'(u) + f'(v))$ とすると

$$u^3 + u^2 v + uv^2 + v^3 = 2(u^3 + v^3) \quad \text{から} \quad (u+v)(u-v)^2 = 0$$

をえる. $u \neq v$ なので $u + v = 0$. これから $u < v$ として $u = -\sqrt{a}$, $v = \sqrt{a}$ をえる. $f'(u) = f'(v) = b$ である.

2° 接点を w とすると $f'(w) = b$ から $w(w^2 - a) = 0$. しかし $w \neq u$, $w \neq v$ で $w^2 \neq a$ から $w = 0$ をえる. 接点の座標は $(0, c)$ である.

3° m の方程式は $y = bx + c$. これがふたたび4次曲線と交わる点は, $x \neq 0$ なので $x^2 - 2a = 0$ の解, すなわち $x = \pm\sqrt{2a}$ である. 所要の面積は, 左側, 右側がそれぞれ

$$\int_{-\sqrt{2a}}^{0} (-x^4 + 2ax^2) dx = \frac{8\sqrt{2}}{15} a^{\frac{5}{2}}, \quad \int_{0}^{\sqrt{2a}} (-x^4 + 2ax^2) dx = \frac{8\sqrt{2}}{15} a^{\frac{5}{2}}$$

で相等しい. 他方 ℓ と4次曲線とで囲まれる部分の面積は ($u = -\sqrt{a}$)

$$\int_{-\sqrt{a}}^{\sqrt{a}} [(x^4 - 2ax^2 + bx + c) - (u^4 - 2au^2 + bu + c) - b(x-u)] dx$$

232

$$= \int_{-\sqrt{a}}^{\sqrt{a}} (x^4 - 2ax^2 + a^4)dx = 2\left[\frac{x^5}{5} - \frac{2a}{3}x^3 + a^4 x\right]_0^{\sqrt{a}}$$
$$= \frac{16}{15} a^{\frac{5}{2}}$$

である．したがって所要の面積比は $1:1:\sqrt{2}$ である．　　　　　□

有名な問題であり，たいして難しくないと思います．しかし数検（準1級）に出題された折，成績がよくなかったという話です．W 型になる4次曲線のイメージがつかみにくかったのでしょうか？

10.5 ルーレット曲線に関する一般的な定理

ところでルーレット曲線類の長さや，それで囲まれる図形の面積を計算しますと，長さが 16，面積が 6π という答がよく現れます．それを一般化すると，次の結果が成立します．これは以前に「日本数学教育学会の会誌・数学研究」に発表したことがあります．

定理 10A 導線 $\Gamma: x = \xi(s), y = \eta(s)$ が滑らかで，余り急に曲がらない（具体的には曲率の絶対値が 1 以下）とする．このとき Γ に沿ってその両側に半径 1 の円板をおき，滑らないように転がして，最初 Γ に接していた点がふたたび Γ に接するまで（長さ 2π だけ）動かす．この操作で Γ の両側にできる該当する点の軌跡の全長 L は 16 で，それによって囲まれる部分の面積 S は 6π である．

この定理は直接役に立たなくても，検算になります．例えばサイクロイド（例題 10.C, 10.E）では，直線 Γ の両側にサイクロイドを作った場合に相当するので，片側のものは半分になって，長さが 8，面積が 3π です．また導線が半径 1 の円のときが心臓形です．このときは内側の曲線は動くことができず，長さ 0 面積 0 で，外側の長さが 16，面積が 6π です．

関連事項補充

定理の証明のために若干の準備をします．まず導線 Γ を表す媒介変数は始点からの弧長 s とします．s に関する微分を $'$ と表しますと，このとき

$$\xi'^2 + \eta'^2 = 1 \qquad \xi'\xi'' + \eta'\eta'' = 0 \qquad (10)$$

図10D　接線ベクトルと法線ベクトル

が成立します．s の進む方向 (ξ', η') が接線方向で，左側に垂直な $(-\eta', \xi')$ が法線上の単位ベクトルです．比例定数を

$$\xi'' = -\kappa\eta', \quad \eta'' = \kappa\xi' \tag{11}$$

とおくとき，$\kappa = \kappa(s)$（符号つき）が Γ の s に対する点の**曲率**です．(11)を**フルネ・セレの公式**とよびます．$\kappa(s)$ を s の関数として与えれば曲線 Γ が定まり，しかもこの表現は座標系によりません（**自然表現**）．ただし $\kappa(s)$ を簡単な関数としても，ξ, η が初等関数で表されない場合が多く，実用上には余り使われないようです．

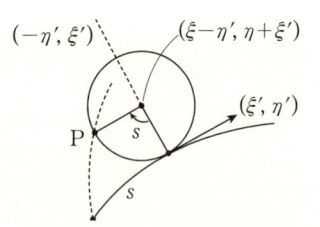

図10E　ルーレット曲線の方程式

定理10Aの証明　上のように表すと，s まで進んだときの回転角が s に等しく，Γ の左側を転がる円板上の点の軌跡は

$$\left.\begin{aligned}x &= \xi(s) - \eta'(s) - \xi'(s)\sin s + \eta'(s)\cos s \\ y &= \eta(s) + \xi'(s) - \xi'(s)\cos s - \eta'(s)\sin s\end{aligned}\right\} \tag{12}$$

と表される．右側の円では η', ξ' と $\cos, \sin$ の引き数の s の符号を変えた式になるが，ひとまず左側を計算する．(12)は変数 s を略して

$$\begin{cases}x = \xi - \xi'\sin s - \eta'(1-\cos s) \\ y = \eta + \xi'(1-\cos s) - \eta'\sin s\end{cases}$$

とまとめることができるので，その導関数は(11)から

234

$$\begin{aligned}
x' &= \xi' - \xi'\cos s - \xi''\sin s - \eta'\sin s - \eta''(1-\cos s) \\
&= (1-\kappa)[\xi'(1-\cos s) - \eta'\sin s], \\
y' &= \eta' - \eta'\cos s - \eta''\sin s + \xi''(1-\cos s) + \xi'\sin s \\
&= (1-\kappa)[\eta'(1-\cos s) + \xi'\sin s]
\end{aligned}$$

と表される．したがって

$$x'^2 + y'^2 = (1-\kappa)^2 \, (\xi'^2 + \eta'^2)[(1-\cos s)^2 + \sin^2 s]$$

となる．

$$\xi'^2 + \eta'^2 = 1, \quad (1-\cos s)^2 + \sin^2 s = 2 - 2\cos s = 4\sin^2 \frac{s}{2}$$

であり，$|\kappa| \leqq 1$，$0 \leqq s \leqq 2\pi$ で $\sin\frac{s}{2} > 0$ なので，平方根は

$$\sqrt{x'^2 + y'^2} = 2(1-\kappa)\sin\frac{s}{2} \tag{13}$$

である．同様に右側は s, κ の符号が逆になるが，積分を逆向きにとるので $2(1+\kappa)\sin\frac{s}{2}$ になる．合計して

$$L = \int_0^{2\pi} 4\sin\frac{s}{2}\, ds = 8\int_0^{\pi} \sin t\, dt = 16 \quad \left(t = \frac{s}{2}\right)$$

である． □

面積は，左側の曲線については

$$\begin{aligned}
xy' &= (1-\kappa)[\xi\eta'(1-\cos s) + \xi\xi'\sin s \\
&\qquad\qquad - \xi'^2 \sin^2 s - \eta'^2 \, (1-\cos s)^2 - 2\xi'\eta'(1-\cos s)\sin s] \\
yx' &= (1-\kappa)[\eta\xi'(1-\cos s) - \eta\eta'\sin s \\
&\qquad\qquad + \xi'^2 \, (1-\cos s)^2 + \eta'^2 \sin^2 s - 2\xi'\eta'(1-\cos s)\sin s]
\end{aligned}$$

であり，差をとると

$$\begin{aligned}
xy' - yx' &= (1-\kappa)\{(\xi\eta' - \eta\xi')(1-\cos s) + (\xi\xi' + \eta\eta')\sin s \\
&\qquad\qquad - (\xi'^2 + \eta'^2)[(1-\cos s)^2 + \sin^2 s]\}
\end{aligned}$$

関連事項補充

$$=(1-\kappa)\left[(\xi\eta'-\eta\xi')(1-\cos s)+(\xi\xi'+\eta\eta')\sin s-4\sin^2\frac{s}{2}\right] \quad (14)$$

である．右側の曲線では η', ξ', s および κ の符号が逆になり

$$(1+\kappa)\left[-(\xi\eta'-\eta\xi')(1-\cos s)+(\xi\xi'+\eta\eta')\sin s-4\sin^2\frac{s}{2}\right]$$

となる．積分するときの向きを考えると，この和の半分に負号をつけた関数が 0 から 2π への積分の被積分関数となり

$$\text{面積 } S=\int_0^{2\pi}\left[\kappa(\xi\eta'-\eta\xi')(1-\cos s)-(\xi\xi'+\eta\eta')\sin s+4\sin^2\frac{s}{2}\right]ds \quad (15)$$

である．この末尾の項は $8\int_0^{\pi}\sin^2 t\,dt=8\times\dfrac{\pi}{2}=4\pi$ $\left(t=\dfrac{s}{2}\right)$ である．第1項は(11)を逆に使うと

$$\kappa(\xi\eta'-\eta\xi')=-(\xi\xi''+\eta\eta'')$$
$$\frac{d}{ds}(\xi\xi'+\eta\eta')=\xi\xi''+\eta\eta''+\xi'^2+\eta'^2$$
$$=\xi\xi''+\eta\eta''+1$$

から，$\kappa(\xi\eta'-\eta\xi')=\dfrac{d}{ds}[s-(\xi\xi'+\eta\eta')]$ と表されるので，部分積分により

$$(1-\cos s)[s-(\xi\xi'+\eta\eta')]\Big|_0^{2\pi}-\int_0^{2\pi}\sin s[s-(\xi\xi'+\eta\eta')]ds$$
$$=-\int_0^{2\pi}s\sin s\,ds+\int_0^{2\pi}(\xi\xi'+\eta\eta')\sin s\,ds$$

となる．後ろの項は(15)の第2項と打ち消す．前の項は部分積分により

$$=s\cos s\Big|_0^{2\pi}-\int_0^{2\pi}\cos s\,ds=2\pi$$

である．合計して $s=6\pi$ をえる． □

ξ, η が具体的に与えられたときには，(13), (14)が長さや面積の計算に活用できます．

第 10 話
曲線の長さと曲線で囲まれる面積

例題 10. H 前記の (6) デルトイドは，半径 3 の円の内側を半径 1 の円が滑らずに転がるときの軌跡です．これに対して外側を転がる円は三つ鉢形の曲線 (図 10 F の外側)

$$\left.\begin{array}{l} x = 4\cos\theta - \cos 4\theta \\ y = 4\sin\theta - \sin 4\theta \end{array}\right\} \tag{16}$$

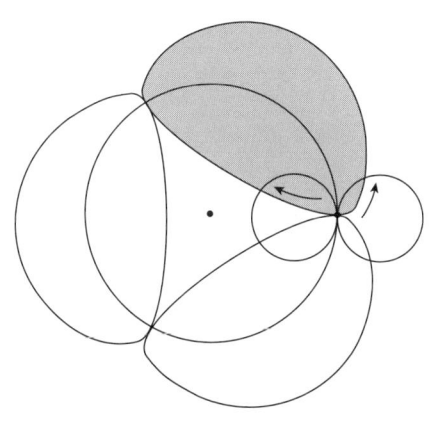

図 10F　デルトイドと外側の曲線

です．この全長は 32，これで囲まれる図形の全面積は 20π です．しかし (6) も (16) も 3 分の 1 回転で導線上に戻ります．一区間に限ると，周の長さは $\frac{1}{3}(16+32) = 16$，両方で囲まれる面積は $\frac{1}{3}(20\pi - 2\pi) = 6\pi$ であり，上の定理と合います．これが検算に有用だといった一例です．

第11話 調和関数の基本性質

11.1 調和関数の例

この章は本来第1部第10講,第11講で解説すべきでしたが,紙数の関係で割愛した部分です.主に2変数で論じますが3変数でも(局所的性質は)ほぼ同じです.但し距離 r のみの調和関数が2次元 $(\log r)$ と3次元 $(1/r)$ とで差があり,大域的性質には微妙な違いがあります.

調和関数とは C^2 級であって

$$\Delta u = \frac{\partial^2 u}{\partial x^2} + \frac{\partial^2 u}{\partial y^2} = 0, \quad 3\text{次元なら} \frac{\partial^2 u}{\partial x^2} + \frac{\partial^2 u}{\partial y^2} + \frac{\partial^2 u}{\partial z^2} = 0 \tag{1}$$

を満足する関数 u です.第10講で(第2講でも)述べたとおり,複素変数 $z = x + iy$ の微分可能な関数 $f(z) = u(x, y) + iv(x, y)$ の実と虚の成分 u, v はコーシー・リーマンの関係式を満足するので

$$\frac{\partial^2 u}{\partial x^2} = \frac{\partial}{\partial x}\left(\frac{\partial u}{\partial x}\right) = \frac{\partial}{\partial x}\left(\frac{\partial v}{\partial y}\right) = \frac{\partial}{\partial y}\left(\frac{\partial v}{\partial x}\right) = \frac{\partial}{\partial y}\left(-\frac{\partial u}{\partial y}\right) = -\frac{\partial^2 u}{\partial y^2}$$

であって,$\Delta u = 0$ を満足します(v も同様).ここで u, v は2回微分可能を前提にしましたが,複素関数論の結果(コーシーの積分定理など)を活用すると,1回微分可能なら自動的にそうなることが導かれます.

例題11.A 原点からの距離 r だけの関数である調和関数($r > 0$ において)を求めよ.

解 2次元のとき極座標 (r, θ) に変換すると

$$\frac{\partial^2 u}{\partial x^2} + \frac{\partial^2 u}{\partial y^2} = \frac{\partial^2 u}{\partial r^2} + \frac{1}{r}\frac{\partial u}{\partial r} + \frac{1}{r^2}\frac{\partial^2 u}{\partial \theta^2} \tag{2}$$

なので，$u(x, y) = h(r)$ が調和関数ならば前 2 項をまとめて

$$\frac{1}{r}\frac{d}{dr}\left(r\frac{dh(r)}{dr}\right) = 0 \quad \text{すなわち} \quad \frac{dh(r)}{dr} = \frac{a}{r} \ (a \text{ は定数})$$

したがって $h(r) = a \log r + b$ となる．定数 b は自明な調和関数なので，これを除くと $\log r$ の定数倍に限る．

3 次元のときは 3 次元の極座標 (r, θ, ϕ) に変換すると

$$\begin{aligned}&\frac{\partial^2 u}{\partial x^2} + \frac{\partial^2 u}{\partial y^2} + \frac{\partial^2 u}{\partial z^2} \\ &= \frac{\partial^2 u}{\partial r^2} + \frac{2}{r}\frac{\partial u}{\partial r} + \frac{1}{r^2}\left(\frac{\partial^2 u}{\partial \theta^2} + \frac{\cos\theta}{\sin\theta}\frac{\partial u}{\partial \theta} + \frac{1}{\sin^2\theta}\frac{\partial^2 u}{\partial \phi^2}\right)\end{aligned} \tag{3}$$

なので，$u(x, y, z) = h(r)$ が調和関数ならば

$$\frac{1}{r^2}\frac{d}{dr}\left(r^2\frac{dh(r)}{dr}\right) = 0 \quad \text{から} \quad \frac{dh(r)}{dr} = \frac{c}{r^2} \ (c \text{ は定数})$$

となり，$h(r) = -\dfrac{c}{r} + b$ である．自明な定数 b を除き，$-c = a$ とおくと $\dfrac{a}{r}$ である．すなわち $\dfrac{1}{r}$ の定数倍に限る． □

2 次元では $r \to \infty$ のとき $\varphi(r) \to \pm\infty$ になるのに対し，3 次元では $\varphi(r) \to 0$ となるのが著しい差です．なお公式(2), (3)は第 1 部第 1 講，第 3 講で解説した合成関数の微分に関する一般公式から計算できます．

11.2 調和関数の性質

定理 11. A 第 1 部 10.3 節 図 10.3 の条件を満たす閉曲線 C で囲まれた領域 D があるとする．$f(x, y)$, $u(x, y)$ が $D \cup C$ でそれぞれ C^1 級，C^2 級であり，u が調和ならば

239

関連事項補充

$$\int_C f\left(-\frac{\partial u}{\partial y}\,dx + \frac{\partial u}{\partial x}\,dy\right) = \iint_D \left(\frac{\partial f}{\partial x}\frac{\partial u}{\partial x} + \frac{\partial f}{\partial y}\frac{\partial u}{\partial y}\right)dxdy$$
$$= \int_a^b \left[\int_{\alpha(x)}^{\beta(x)} (\mathrm{grad}\,f \cdot \mathrm{grad}\,u)dy\right]dx \tag{4}$$

が成立する．

略証 第1部10.3節の式(9)を(11)の形に修正した式において

$$p = -f\frac{\partial u}{\partial y}, \quad q = f\frac{\partial u}{\partial x}$$

とおくと

$$\frac{\partial q}{\partial x} - \frac{\partial p}{\partial y} = f\left(\frac{\partial^2 u}{\partial x^2} + \frac{\partial^2 u}{\partial y^2}\right) + \frac{\partial f}{\partial x}\cdot\frac{\partial u}{\partial x} + \frac{\partial f}{\partial y}\cdot\frac{\partial u}{\partial y}$$

である．u が調和ならば右辺第1項 $= 0$ である． □

系 同じ条件で u が調和ならば

$$\int_C (-u_y dx + u_x dy) = 0 \tag{5}$$

略証 (4)で $f = 1$ とおく． □

定理 11. B（平均値定理） u が調和なら，1点を中心とする円周上の平均値は円の半径 R によらず一定で，中心値に等しい．

証明 問題の点を原点として一般性を失わない．極座標 (r, θ) をとり原点中心の同心円環 $D = \{\rho \leq r \leq R\}$ をとる（$0 < \rho < R$ である定数）．D の境界は2本の円周からなるが，外側の円周 C_R を正の向き，内側の円周 C_ρ を負の向きに回る曲線の合併を C としてグリーンの定理が成り立つ．f として D で調和な $\log r$ を採る（3次元なら $f = 1/r$ とする）．このとき(4)の右辺は f と u とについて対称なので

$$\int_C f(-u_y dx + u_x dy) = \int_C u(-f_y dx + f_x dy) \tag{6}$$

である．しかし f は C_R, C_ρ のおのおのの上で定数であり，(5)によって(6)の左辺 $= 0$ である．他方 $r = R$ のとき

$$\frac{\partial f}{\partial x} = \frac{x}{R^2}, \quad \frac{\partial f}{\partial y} = \frac{y}{R^2}, \quad dy = -R\sin\theta d\theta, \quad dy = R\cos\theta d\theta$$

$$-\frac{\partial f}{\partial y} dx + \frac{\partial f}{\partial x} dy = (\sin^2\theta + \cos^2\theta)d\theta = d\theta$$

である．$r = \rho$ でも同様であり，(6) の右辺 $= 0$ は

$$\int_{C_R} u d\theta = \int_{C_\rho} u d\theta \quad (= 一定) \tag{7}$$

を意味する．平均値は(7)を 2π（θ の変域の長さ）で割った値である．$u(x, y)$ は原点で連続であり，$\rho \to 0$ とすれば C_ρ 上の平均値は中心の値 $u(0, 0)$ に近づくから，C_R 上の平均値＝中心値である． □

系（最大値の原理） 定数でない調和関数は定義域の内部で最大値，最小値をとることはない．

略証 もし内部の点 (x_0, y_0) で最大値をとったら，平均値定理により (x_0, y_0) を中心とする円周上でもすべて同一の値をとる．この操作を反復拡大すれば，u は定義域（連結と仮定）全体で定数になる． □

逆に C^2 級関数 $u(x, y)$ が平均値定理を満たせば調和関数です．このことは C_r を原点中心の半径 r の円周とするとき C^2 級関数 $u(x, y)$ について

$$\lim_{r \to 0} \frac{1}{r^2}\left[\frac{1}{2\pi}\int_{C_r} u d\theta - u(0, 0)\right] = \frac{1}{4}\Delta u(0, 0) \tag{8}$$

から確かめられます．(8) は定理 11.A の証明と同様にできますが，u を原点でテイラー展開して計算してもできます．これは読者諸氏への演習問題とします（付録参照）．

関連事項補充

　3次元の場合も曲面積分(球面上の積分)に修正して($\log r$ を $1/r$ で置き換えるなど)，同様に平均値定理，最大値の原理を証明することができます．

　調和関数には他にも多くの興味深い性質がありますが，上記の諸性質がグリーンの定理の応用として容易に導かれることに注意します．

第12話 曲面積

12.1 曲面積の定義

　曲線の長さは，それに内接する折れ線の長さの上限として定義できます．しかし曲面積はそれに内接する三角形の面積の上限あるいは極限としては定義できません．その反例が有名なシュワルツの提灯（ちょうちん）です（図12A）．

　それは半径 r，高さ h の直円柱の側面について，円周を n 等分，高さを m 等分し，円周方向の分点を次々に隣りの面上の分点の中央においた反柱状の三角形分割した図形です．ここで $m = n \to \infty$ とすれば，期待される値 $2\pi rh$ に近づきます．しかし $m = n^2 \to \infty$ とすれば $2\pi r\sqrt{h^2 + r^2\pi^2}$ になり，$m = n^3 \to \infty$ とすれば ∞ になります．これは m を大きくしすぎたため，極端につぶれた三角形が提灯のように折りたたまれて，全体として大きな面積になるからです．

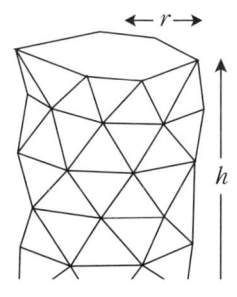

図12A　シュワルツの提灯

　このために曲面積の定義がいろいろ考えられました．それだけで大部の書物になるくらい研究があります．しかも相異なる定義が同一の図形に異なる値を与える場合が生じたりして「曲面積のパラドックス」などとよばれたこともあります．これは一見簡単な「曲面積」の厳密な定義が，予想以上に面倒な概念であることを表します．

　しかし通常の滑らかな曲面については，内接する三角形を「**正則な三角形**」に限って小さくするので十分です．

第2部
関連事項補充

定理 12.A $(x, y) \in D$ 上の曲面 $z = f(x, y)$ の曲面積は，正則な内接三角形の面積の極限として，おなじみの公式

$$S = \iint_D \sqrt{1 + \left(\frac{\partial f}{\partial x}\right)^2 + \left(\frac{\partial f}{\partial y}\right)^2}\, dxdy \tag{1}$$

で表される．

　この略証は第1部第11講11.1節に述べました．そこでの重要な論点は三角形分割を正則なものに限るため，曲面上の点 P_0 を一頂点とする小三角形が，その辺を小さくすると P_0 での接平面に近づくことです（第1部第2講参照）．そのためにその面積が (x, y) 平面に射影した三角形の面積の $\sqrt{1 + (\partial f/\partial x)^2 + (\partial f/\partial y)^2}$ 倍に十分近くなり，所要の結果をえることができます．

12.2　曲面積の基本公式

　これも第1部11.1節で述べましたが，いくつかの変形を挙げます．結果の重複はお許し下さい．

定理 12B　曲面が媒介変数 (u, v) により

$$x = \xi(u, v),\quad y = \eta(u, v),\quad z = \zeta(u, v),\quad (u, v) \in \Omega \tag{2}$$

と表されるときには，曲面積は重積分

$$\iint_\Omega \sqrt{\left[\frac{\partial(\xi, \eta)}{\partial(u, v)}\right]^2 + \left[\frac{\partial(\eta, \zeta)}{\partial(u, v)}\right]^2 + \left[\frac{\partial(\zeta, \xi)}{\partial(u, v)}\right]^2}\, dudv \tag{3}$$

で表される．ここで

$$\frac{\partial(\xi, \eta)}{\partial(u, v)} = \frac{\partial \xi}{\partial u}\frac{\partial \eta}{\partial v} - \frac{\partial \xi}{\partial v}\frac{\partial \eta}{\partial u} \quad (\text{ヤコビ行列式})$$

などを表す．(3) の被積分関数を曲面の微分幾何学では $\sqrt{EG - F^2}$，ここに

$$E = \left(\frac{\partial \xi}{\partial u}\right)^2 + \left(\frac{\partial \eta}{\partial u}\right)^2 + \left(\frac{\partial \zeta}{\partial u}\right)^2,$$
$$F = \frac{\partial \xi}{\partial u}\frac{\partial \xi}{\partial v} + \frac{\partial \eta}{\partial u}\frac{\partial \eta}{\partial v} + \frac{\partial \zeta}{\partial u}\frac{\partial \zeta}{\partial v}, \tag{4}$$
$$G = \left(\frac{\partial \xi}{\partial v}\right)^2 + \left(\frac{\partial \eta}{\partial v}\right)^2 + \left(\frac{\partial \zeta}{\partial v}\right)^2$$

と表すのが普通である(いわゆる**第一基本量**).

略証 第6講で述べた重積分の変数変換公式による．(4)は計算による変形である． □

特に回転面の曲面積には次の公式があります．

定理 12C 十分滑らかな曲線 $C: y = f(x), f(x) \geq 0$, $a \leq x \leq b$ を x 軸のまわりに回転してえられる回転面の曲面積 S は, C 上の点の始点からの弧長を s, 全長を L とするとき

$$S = 2\pi \int_a^b f(x)\sqrt{1+(f'(x))^2}\, dx = 2\pi \int_0^L r\, ds \tag{5}$$

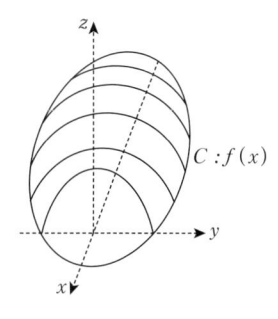

で与えられる．

図 12B　回転面の曲面積

略証 回転面の上半分は $z = \sqrt{(f(x))^2 - y^2}$ と表される．その曲面積は, $D = \{|y| < f(x),\ a < x < b\}$ での公式 (1) により計算できる．全表面積は下半分も加えてその 2 倍なので

$$\begin{aligned} S &= 2\iint_D \sqrt{1 + \left[\frac{f(x)f'(x)}{\sqrt{(f(x))^2 - y^2}}\right]^2 + \left[\frac{-y}{\sqrt{(f(x))^2 - y^2}}\right]^2}\, dxdy \\ &= 2\int_a^b \left[\int_{-f(x)}^{f(x)} \frac{\sqrt{(f(x))^2 + [f(x)f'(x)]^2}}{\sqrt{(f(x))^2 - y^2}}\, dy\right] dx \\ &= 2\int_a^b f(x)\sqrt{1+(f'(x))^2} \cdot \arcsin\frac{y}{f(x)}\bigg|_{-f(x)}^{f(x)}\, dx \\ &= 2\pi \int_a^b f(x)\sqrt{1+(f'(x))^2}\, dx \end{aligned}$$

関連事項補充

となる．(5) の後の式は $\dfrac{ds}{dx} = \sqrt{1+(f'(x))^2}$ により変数変換して得られる．□

回転面の表面積の公式 (5) は，以前には一部の高等学校数学Ⅲの教科書に載っていました．知っていて損はしない公式と思います．

12.3 曲面積の実例

例題 12. A 半径 r の球面上で $a \leqq x \leqq a+h$ の範囲の面積を求めよ．ここで $-r \leqq a < a+h \leqq r$ とする．

解 $y = \sqrt{r^2-x^2}$, $a \leqq x \leqq a+h$ の回転面とすると

$$S = 2\pi \int_a^{a+h} \sqrt{r^2-x^2}\, \frac{\sqrt{r^2}}{\sqrt{r^2-x^2}}\, dx = 2\pi rh$$

である．これは高さ h の円柱の側面積と等しく，a の位置によらない．特に $a=-r$, $h=2r$ とすれば，全球面の表面積であって，$4\pi r^2$ に等しい．□

例題 12. B 三軸不等の楕円面 $\dfrac{x^2}{a^2} + \dfrac{y^2}{b^2} + \dfrac{z^2}{c^2} = 1$ の全表面積は楕円積分になるが，特に $b=c$ である**回転楕円面**の全表面積は初等関数で表される．それを計算せよ．

解 $y = b\sqrt{1-\left(\dfrac{x}{a}\right)^2}$, $0 \leqq x \leqq a$ の回転体の表面積の 2 倍であり

$$S = 4\pi \int_0^a b\sqrt{1-\left(\frac{x}{a}\right)^2 + \left(\frac{bx}{a^2}\right)^2}\, dx$$
$$= 4\pi ab \int_0^1 \sqrt{1-\left[1-\left(\frac{b}{a}\right)^2\right]t^2}\, dt \quad (x=at)$$

と表される．この積分は a, b の大小によって別の形になる．第 10 話で計算した放物線の弧長と同様の方法で，最終的には次の式で表すことができる．

246

類似の計算はすでに本書の何箇所かで扱いました．

$0<b<a$ のときは
$$S = 2\pi\left[b^2 + \frac{a^2 b}{\sqrt{a^2-b^2}}\arccos\left(\frac{b}{a}\right)\right]$$

$0<a<b$ のときは
$$S = 2\pi\left\{b^2 + \frac{a^2 b}{\sqrt{b^2-a^2}}\log\left[\frac{1}{a}\left(\sqrt{b^2-a^2}+b\right)\right]\right\} \qquad \square$$

特に扁平楕円体 $a<b$ のとき，$b-a$ が十分小さいとすると，これと等体積の球の半径は $r = \sqrt[3]{ab^2}$，等表面積の球の半径は
$$\rho = \left[\frac{b^2}{2} + \frac{a^2 b}{2\sqrt{b^2-a^2}}\log\frac{b+\sqrt{b^2-a^2}}{a}\right]^{\frac{1}{2}}$$

です．差が小として $\varepsilon = \dfrac{\sqrt{b^2-a^2}}{b}$ とおくと
$$\frac{1}{b}(r-\rho) = (1-\varepsilon^2)^{\frac{1}{6}} - \left[\frac{1}{2} + \frac{1-\varepsilon^2}{4\varepsilon}\log\frac{1+\varepsilon}{1-\varepsilon}\right]^{\frac{1}{2}}$$

です．ここで ε についてテイラー展開すると，最初の項は $1 - \dfrac{\varepsilon^2}{6} - \dfrac{5\varepsilon^4}{72}\cdots\cdots$，後の項は
$$\left[\frac{1}{2} + \frac{1}{2}(1-\varepsilon^2)\left(1 + \frac{\varepsilon^2}{3} + \frac{\varepsilon^4}{5} + \cdots\cdots\right)\right]^{\frac{1}{2}}$$
$$= \left(1 - \frac{\varepsilon^2}{3} - \frac{\varepsilon^4}{15}\cdots\cdots\right)^{\frac{1}{2}} = 1 - \frac{\varepsilon^2}{6} - \frac{\varepsilon^4}{30} - \frac{\varepsilon^4}{72} - (\varepsilon^6 \text{ 以上の項})$$

となり，全体として最初に現れる項は
$$\left(\frac{1}{30} + \frac{1}{72} - \frac{5}{72}\right)\varepsilon^4 = \frac{-\varepsilon^4}{45} < 0$$

です．地球について $b = 6378\,\text{km}$，$b-a = 21\,\text{km}$ とすると，$\varepsilon = 0.08108\cdots\cdots$，$\rho - r = b\varepsilon^4 \div 45 = 0.00612\,\text{km}$ すなわち約 6m です．

第2部

関連事項補充

例題12.C 球面 $x^2+y^2+z^2=1$ 上において，上半 $z \geq 0$ にあり，かつ (x, y) が $\left(\pm\frac{1}{2}, 0\right)$ を中心とする半径 $\frac{1}{2}$ の2個の半円の外側にある部分の面積を求めよ(図12C)．

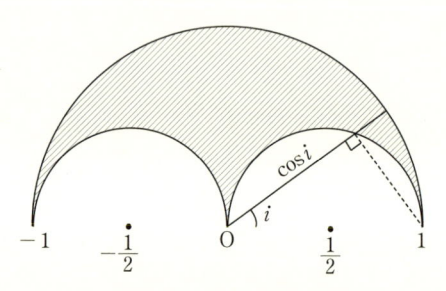

図12C　2個の半円の外側

解 (x, y) 平面上の極座標 (ρ, θ) をとると，半円の周はそれぞれ $\rho = \cos\theta$, $0 \leq \theta \leq \frac{\pi}{2}$；$\rho = -\cos\theta$, $\frac{\pi}{2} \leq \theta \leq \pi$ と表される．円柱座標 (ρ, θ, z) に直すと

$$z = \sqrt{1-x^2-y^2},$$

$$1+\left(\frac{\partial z}{\partial x}\right)^2+\left(\frac{\partial z}{\partial y}\right)^2 = 1+\frac{x^2+y^2}{1-x^2-y^2}$$

$$= -\frac{1}{1-x^2-y^2} = \frac{1}{1-\rho^2}$$

である．所要の曲面積は平面の極座標 (ρ, θ) により

$$\int_0^{\frac{\pi}{2}}\left[\int_{\cos\theta}^1 \frac{\rho}{\sqrt{1-\rho^2}}\,d\rho\right]d\theta + \int_{\frac{\pi}{2}}^{\pi}\left[\int_{-\cos\theta}^1 \frac{\rho}{\sqrt{1-\rho^2}}\,d\rho\right]d\theta$$

と表される．この第1項は

$$\int_0^{\frac{\pi}{2}} -\sqrt{1-\rho^2}\,\big|_{\cos\theta}^1\,d\theta = \int_0^{\frac{\pi}{2}} \sin\theta\,d\theta = 1$$

である．第2項は $\frac{\pi}{2} \leq \theta \leq \pi$ において $\sin\theta \geq 0$ に注意して

$$\int_{\frac{\pi}{2}}^{\pi} -\sqrt{1-\rho^2}\,|_{-\cos\theta}^{1}\,d\theta = \int_{\frac{\pi}{2}}^{\pi} \sin\theta\,d\theta = 1$$

である．したがって合計 2 に等しい． □

答に円周率 π が現れないのがいささか奇妙に感じます．

例題 12.D サイクロイドの一弧
$$x = s - \sin s, \quad y = 1 - \cos s, \quad 0 \leqq s \leqq 2\pi$$
を x 軸のまわりに回転してえられる曲面の表面積を求めよ（s は媒介変数）．

解 公式(5)を媒介変数に変換して
$$S = 2\pi \int_0^{2\pi} y \sqrt{\left(\frac{dx}{ds}\right)^2 + \left(\frac{dy}{ds}\right)^2}\,ds \tag{6}$$
とすると，
$$\left(\frac{dx}{ds}\right)^2 + \left(\frac{dy}{ds}\right)^2 = (1-\cos s)^2 + \sin^2 s = 2 - 2\cos s = 4\sin^2\frac{s}{2}$$
であり，面積は次のようになる．
$$S = 2\pi \int_0^{2\pi} 4\sin^3\frac{s}{2}\,ds = 16\pi \int_0^{\pi} \sin^3 t\,dt \quad \left(t = \frac{s}{2}\right)$$
$$= 16\pi \int_0^{\pi} (\sin t - \sin t \cdot \cos^2 t)\,dt$$
$$= 16\pi \left(-\cos t + \frac{\cos^3 t}{3}\right)\bigg|_0^{\pi} = \frac{64\pi}{3}. \qquad \square$$

中央の最大切り口の周囲が 8π，高さが 2π であり，納得できる数値と思います．

12.4 球面三角形の面積

球面三角形とは球面上の測地線である大円 3 本で囲まれる図形です (図 12 D). 球面が正の定曲率空間であるため, その内角の和は π (180°) より大きくなります.

2 本の大円で囲まれる球面月形 (つきがた) の面積は, その交わる角に比例します. 単位球面 (半径 1) で内側の交角 α をラジアン単位で表すと, その面積は 2α です.

内角が α, β, γ である球面三角形について, 各辺を延長して 3 個の球面月形を作りますと, 球面は頂角 α, β, γ の月形で覆われ, それら 3 個ずつの共通部分が球面三角形とその対称図形になります.

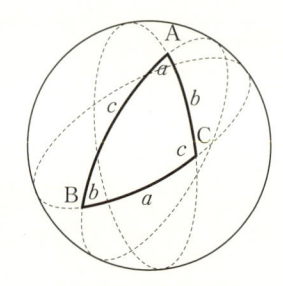

図 12D 球面三角形

したがって球面三角形の面積 S は, 次の関係式を満たします.

定理 12 D $\qquad 2(2\alpha + 2\beta + 2\gamma) - 2 \times 2S = 4\pi, \quad S = \alpha + \beta + \gamma - \pi \qquad$ (7)

(7) の右辺は**角過剰**と呼ばれます.

球面三角形の辺の長さは, その中心角で測ります. ABC の各頂点に対する辺の長さを a, b, c とするとき, 空間ベクトルの内積の関係を使うと, **正弦余弦定理**

$$\cos c = \cos a \cdot \cos b + \sin a \cdot \sin b \cdot \cos \gamma \qquad (8)$$

を導くことができます. これは平面三角形の余弦定理に該当します. (8) を $\cos \gamma$ について解くと

$$\sin^2 \gamma = 1 - \cos^2 \gamma = 1 - \frac{(\cos c - \cos a \cdot \cos b)^2}{\sin^2 a \cdot \sin^2 b}$$

$$= \frac{1 - \cos^2 a - \cos^2 b - \cos^2 c + 2\cos a \cos b \cos c}{(\sin a \cdot \sin b)^2}$$

をえます. これから

$$\frac{\sin \gamma}{\sin c} = \frac{\sqrt{1-\cos^2 a - \cos^2 b - \cos^2 c + 2\cos a \cos b \cos c}}{\sin a \cdot \sin b \cdot \sin c} \tag{9}$$

は a, b, c について対称式であり，**正弦定理**

$$\frac{\sin \alpha}{\sin a} = \frac{\sin \beta}{\sin b} = \frac{\sin \gamma}{\sin c} \tag{10}$$

をえます．ただし平面三角形と違って，(10)の比は外接円の半径などと直接の関係はありません．

単位球の表面積は全体を 4π として，ステラジアン単位で測ることになりますが，その数値をラジアンに読み換えると，球面三角形の**ヘロンの公式**と呼ばれる次の公式をえることができます．

定理 12E

$$1 - \cos S = \frac{1 - \cos^2 a - \cos^2 b - \cos^2 c + 2\cos a \cos b \cos c}{(1+\cos a)(1+\cos b)(1+\cos c)} \tag{11}$$

$$\sin S = \frac{(1+\cos a + \cos b + \cos c) \times (9)\text{の右辺の分子}}{(1+\cos a)(1+\cos b)(1+\cos c)} \tag{12}$$

略証 (7)を加法定理で展開し，$\cos \gamma$ は(8)から，$\sin \gamma$ は(9)から求める． □

ちょっとした計算練習です（付録参照）．ただし S は 0 から 4π まで動くので，S の値がどの象限にあるのかを十分注意しないと，誤った答をえることがあります．さらに(11)の右辺が正で 2 以下であり，(12)の右辺の絶対値が 1 以下であることなども，不等式の例題になります．そのためには $a < b+c$, $b < c+a$, $c < a+b$, $a+b+c < 2\pi$ という制限に注意してください．

例題 12.E 正四面体，正八面体，正二十面体に対し，一辺が中心においてなす角（の余弦）を求めよ．

解 中心から単位球面に射影して一辺（中心角）の正三角形の面積がそれぞれ

$\dfrac{1}{4}$, $\dfrac{1}{8}$, $\dfrac{1}{20}$ になるように定める．(11)によれば $\cos a = x$ としてそれぞれ

$$\dfrac{1-3x^2+2x^3}{(1+x)^3} = 1 - \cos\dfrac{4\pi}{n} \quad (n=4,\ 8,\ 20)$$

$n=4$ のときは $1-3x^2+2x^3 = 2(1+x)^3$，整理して $1+6x+9x^2 = 0$ で $x = -1/3$．

$n=8$ のときは $1-3x^2+2x^3 = (1+x)^3$，整理して $x(3+6x-x^2) = 0$．しかし許される解は $x=0$ のみ（$3+2\sqrt{2}$ は $|x|>1$ で不可，$3-2\sqrt{3}$ は $S=3\pi/2$ に対応する）．

$n=20$ のときは $1-3x^2+2x^3 = \dfrac{3-\sqrt{5}}{4}(1+x)^3$，整理して計算すると

$(\sqrt{5}\,x-1)(x^2-(6-2\sqrt{3})x-1) = 0$ とまとめられるが，許される解は $x = \dfrac{1}{\sqrt{5}}$ のみである． □

もちろんこれは個々にも計算できます．$n=8$ のとき $a=90°$ は明らかです．$n=4$ のときの角ほぼ $109.5°$ はダイヤモンド型結晶の隣りどうしの原子価間の角です．

12.5 高次元超球面の表面積

ついでに n 次元単位球面 $x_1^2 + \cdots\cdots + x_n^2 = 1$ の表面積 σ_n を計算しておきます．これは n 次元単位球 $x_1^2 + \cdots\cdots + x_n^2 \leqq 1$ の体積を ω_n としますと，表面付近の厚さ h の薄皮の体積がほぼ

$$\sigma_n h \fallingdotseq \omega_n [1-(1-h)^n]$$

であることから，$h \to 0$ とした極限において

$$\sigma_n = n\omega_n$$

となります．そして ω_n は 1 次元低い超球の体積を積分して漸化式

第 12 話

曲面積

$$\omega_n = \omega_{n-1} \int_{-1}^{1} (1-t^2)^{\frac{n-1}{2}} dt, \quad \omega_1 = 2, \quad \omega_2 = \pi \tag{13}$$

で計算できます．(13) の積分は $t^2 = u$ と置き換えると，ベータ関数およびガンマ関数 $\Gamma(x)$ の公式により

$$\frac{2}{2} \int_0^1 (1-u)^{\frac{n-1}{2}} u^{-\frac{1}{2}} du = B\left(\frac{n+1}{2}, \frac{1}{2}\right) = \Gamma\left(\frac{n+1}{2}\right) \Gamma\left(\frac{1}{2}\right) \div \Gamma\left(\frac{n+2}{2}\right)$$

と表されます．n が偶数と奇数と場合を分けると

$$\frac{\omega_{2k}}{\omega_{2k-1}} = \Gamma\left(\frac{2k+1}{2}\right) \Gamma\left(\frac{1}{2}\right) \div \Gamma(k+1)$$

$$= \frac{2k-1}{2} \cdot \frac{2k-3}{2} \cdots\cdots \frac{1}{2} \sqrt{\pi} \sqrt{\pi} \div k!$$

$$= \frac{(2k-1)!! \, \pi}{2^k k!}$$

ただし $(2k-1)!! = (2k-1)(2k-3)\cdots\cdots 5\cdot 3\cdot 1$ とおきます．

$$\frac{\omega_{2k+1}}{\omega_{2k}} = \Gamma\left(\frac{2k+2}{2}\right) \Gamma\left(\frac{1}{2}\right) \div \Gamma\left(\frac{2k+3}{2}\right) = \frac{k! \, 2^{k+1}}{(2k+1)!!}$$

これから

$$\frac{\omega_{2k+1}}{\omega_{2k-1}} = \frac{2\pi}{2k+1}, \quad \omega_{2k+1} = \frac{2^{k+1} \pi^k}{(2k+1)!!}$$

$$\frac{\omega_{2k}}{\omega_{2k-2}} = \frac{\pi}{k}, \quad \omega_{2k} = \frac{\pi^k}{k!}$$

となります．したがって σ_n は

$$\sigma_n = \begin{cases} n \text{ が偶数 } 2k \text{ のとき } \dfrac{2\pi^k}{(k-1)!} \\ n \text{ が奇数 } 2k+1 \text{ のとき } \dfrac{2^{k+1} \pi^k}{(2k-1)!!} \end{cases}$$

と表されます．特に $\sigma_2 = 2\pi$, $\sigma_3 = 4\pi$, $\sigma_4 = 2\pi^2$ です．n が 2 増加するごとに，π が 1 乗ずつ増加するのに注意してください．

ここで $n \to \infty$ とすると $\sigma_n \to 0$ です．では σ_n が最大になる n はいくつでしょうか？ 比をとると

253

関連事項補充

$$\frac{\sigma_{2k+1}}{\sigma_{2k}} = \frac{2_k(k-1)!}{(2k-1)!!} = \frac{2\cdot 4 \cdots (2k-2)}{3\cdot 5 \cdots (2k-1)} \times 2,$$

$$\frac{\sigma_{2k}}{\sigma_{2k-1}} = \frac{(2k-3)!!\,\pi}{2^{k-1}(k-1)!} = \frac{3\cdot 5 \cdots (2k-3)}{2\cdot 4 \cdots (2k-2)} \times \pi,$$

$$\frac{\sigma_4}{\sigma_3} = \frac{\pi}{2},\quad \frac{\sigma_5}{\sigma_4} = \frac{4}{3},\quad \frac{\sigma_6}{\sigma_5} = \frac{3\pi}{8},\quad \frac{\sigma_7}{\sigma_6} = \frac{16}{15}$$

は 1 より大きいが,$\dfrac{\sigma_8}{\sigma_7} = \dfrac{5\pi}{16} < 1$, $\dfrac{\sigma_9}{\sigma_8} = \dfrac{32}{35} < 1$ で,以後は 1 より小さい数が掛けられ, $\sigma_7 = \dfrac{16\pi^3}{15} = 33.0733 \cdots$ が最大です.

上に活用したベータ関数とガンマ関数の公式 $B(p, q) = \dfrac{\Gamma(p)\Gamma(q)}{\Gamma(p+q)}$ は有名です.これに対する一つの証明を重積分の変数変換の定理の応用として示しました (第 1 部 6,2 節, 例 6.2).

少し回りくどいが初等的な証明は,直交座標と極座標の変換公式 (第 1 部 4.4 節, 定理 4.3) を活用する方法です.変数変換して ($t = u^2$ と変換)

$$\Gamma(p) = \int_0^\infty e^{-t} t^{p-1} dt = 2\int_0^\infty e^{-u^2} u^{2p-1} du$$

$$\Gamma(q) = \int_0^\infty e^{-t} t^{q-1} dt = 2\int_0^\infty e^{-v^2} v^{2q-1} dv$$

の積を (u, v) 平面の第 1 象限での積分として極座標に直すと (厳密には第 2 部第 7 話で扱った正値関数の変格積分として積分域を正方形から円に変換した上で)

$$\Gamma(p)\Gamma(q) = 4\int_0^\infty \int_0^\infty e^{-u^2-v^2} u^{2p-1} v^{2q-1} du dv$$

$$= 4\int_{r=0}^\infty \int_{\theta=0}^{\pi/2} -r^2 r^{2p+2q-2} r \cos^{2p-1}\theta \sin^{2q-1}\theta\, dr d\theta$$

$$= 2\int_0^\infty e^{-r^2} r^{2(p+q)-1} dr \times 2\int_0^{\pi/2} \cos^{2p-1}\theta \sin^{2q-1}\theta\, d\theta$$

です.ここで右辺第 1 項が $\Gamma(p+q)$ です.第 2 項は $w = \sin^2\theta$ と変換すると $2\sin\theta\cos\theta d\theta = dw$ から

$$2\int_0^{\pi/2} \cos^{wp-1}\theta \sin^{2q-1}\theta d\theta = \int_{w=0}^1 (\cos^2\theta)^{p-1}(\sin^2\theta)^{q-1}dw$$
$$= \int_0^1 w^{q-1}(1-w)^{p-1}dw = B(q,p) = B(p,q)$$

となります．合せて $\Gamma(p)\Gamma(q) = \Gamma(p+q)B(p,q)$ であり，これが所要の公式です．　　　　　　　　　　　　　　　　　　　　　　　　　　　　　□

ガンマ関数には他にも多くの知っていて損はしない公式がありますが，それらは専門書を御参照下さい．特に漸近展開などは，実変数の範囲で論ずるよりも複素変数の関数として考案するほうが明快です．

最後は曲面積自体からは逸脱しましたが，積分の計算の工夫と理解してください．

付録　解説補充と例題の略解

第1部 第2講（p21）

例2.6 は凸性の活用などでもできますが，次のようにすれば微分法を使わずに解くことができます：

$z = \pi - (x+y)$ から $\cos z = -\cos(x+y)$，これと加法定理から
$$2\cos x \cdot \cos y = \cos(x-y) + \cos(x+y) \leq 1 - \cos z$$
である．そして $\cos z > 0$ としてよく，2次関数の変形で
$$\cos z \cdot (1 - \cos z) = 1/4 - (\cos z - 1/2)^2 \leq 1/4$$
である．両者を併せて
$$2\cos x \cdot \cos y \cdot \cos z \leq \cos z \cdot (1 - \cos z) \leq 1/4, \quad 積 \leq 1/8$$
を得る．等号は $x = y$, $z = \pi/3$（正三角形）のときであり，それが最大値 $1/8$ を与える． □

この種の技法は個別の工夫を要し一概にエレガントとはいえないかもしれませんが，微分法にこだわらない考え方も重要と思います．

次の例2.7では，θ を止めて x の最大値を求めると $\cos\theta = (1-2x)/(1-x)$ から $x = (1-\cos\theta)/(2-\cos\theta)$ となり，これを $f(x,\theta)$ に代入して値は $\sin\theta/(2-\cos\theta)$ です．この θ による微分 $=0$ とおくと $2\cos\theta = \cos^2\theta + \sin^2\theta = 1$ となり，$\theta = \pi/3\,(60°)$, $x = 1/3$ が最大値になります． □

第1部 第4講（p42）

式(10)の積分を直接に計算するには部分積分法を活用します．被積分関数を $1 \times \sqrt{a^2 - x^2}$ と考えて部分積分すると
$$\int \sqrt{a^2 - x^2}\, dx = x\sqrt{a^2 - x^2} - \int \frac{-x^2}{\sqrt{a^2 - x^2}}\, dx$$
$$= x\sqrt{a^2 - x^2} - \int \sqrt{a^2 - x^2}\, dx + \int \frac{a^2}{\sqrt{a^2 - x^2}}\, dx$$

となります．右辺第 2 項を左辺とまとめ，右辺第 3 項を
$$a^2 \int \frac{1}{\sqrt{1-(x/a)^2}} \, d\left(\frac{x}{a}\right)$$
と変形すると，次の所要の式 (10)：
$$\int \sqrt{a^2-x^2}\, dx = \frac{1}{2}\left[x\sqrt{a^2-x^2} + a^2 \arcsin\frac{x}{a}\right]$$
になります．

第 1 部 第 5 講 (p56) 例 5.4 の計算

所要の積分は 2 個に分けて
$$\iint_{\{bx>ay\}} \exp(b^2 x^2) dx dy + \iint_{\{bx<ay\}} \exp(a^2 y^2) dx dy$$
$$= \int_{x=0}^{a} \frac{bx}{a} \exp(b^2 x^2) dx + \int_{y=0}^{b} \frac{ay}{b} \exp(a^2 y^2) dy$$
です．それぞれで bx, ay を積分変数と考えて計算すると
$$\text{与式} = \frac{1}{2ab} \exp(b^2 x^2)\Big|_{x=0}^{a} + \frac{1}{2ab} \exp(a^2 y^2)\Big|_{y=0}^{b}$$
$$= [\exp(a^2 b^2) - 1]/ab$$
となります．

第 1 部 第 6 講 (p66) 例 6.5 の計算

左右対称なので（図 6.3 参照）所要の積分は右半分での積分の 2 倍です．まず y で積分する累次積分として
$$\text{与式} = 2\int_{x=0}^{2} \left[\int_{y=x-1}^{x^2/4} (x^2 - 2y) dy\right] dx$$
$$= 2\int_{x=0}^{2} \left[(x^2 y - y^2)\Big|_{y=x-1}^{x^2/4}\right] dx$$
です．この被積分関数は
$$x^2 \cdot \frac{x^2}{4} - \left(\frac{x^2}{4}\right)^2 - x^2(x-1) + (x-1)^2 = \frac{3x^4}{16} - x^3 + 2x^2 - 2x + 1$$

257

であり，その積分値は次のようになります．
$$2\left(\frac{3\times 2^5}{16\times 5}-\frac{2^4}{4}+\frac{2\times 2^3}{3}-2^2+2\right)=2\left(\frac{6}{5}-4+\frac{16}{3}-4+2\right)$$
$$=2\left(\frac{1}{5}+\frac{1}{3}\right)=\frac{16}{15}.$$

第1部 第8講（p85）

複素数平面上 $w=z^2$ による写像（p.85 の式 (4)）によって (x,y) 平面上の直線 $x=a\,(\neq 0;\text{定数})$ は
$$u=a^2-y^2,\quad v=2ay\quad\text{すなわち}\quad 4a^2(u-a^2)=-v^2$$
に写されます．これは $u^2+v^2=(u-2a^2)^2$ と表され，原点を焦点，$u=2a^2$ を準線とする放物線です．同様に $y=b\,(\neq 0;\text{定数})$ は $4b^2(u+b^2)=v^2$ という放物線に写ります．

任意の直線 $y=mx+b$ の像も直接に計算して放物線になることが確かめられますが，適当な回転 $z=\alpha z'\,(\alpha\neq 0)$ をして z' 平面の虚軸に平行な直線に移し，その像を w 平面に戻す（逆向きに偏角の2倍回転する）と，主軸が斜めの放物線になります．但し原点を通る直線は原点から出る半直線に退化します．

他方 $u=a$ あるいは $v=b$（定数）は (x,y) 平面の直角双曲線に対応します．一般の直線は平面を回転させて考えれば，その原像は主軸が斜めの直角双曲線です．

第1部 第9講（p100）　　定理 9.5 の略証

一般性を失うことなく $g_y(x_0,y_0)\neq 0$ としてよい．$g(x,y)=b$ を解いて $y=\varphi(x)$ とし，$f(x,\varphi(x))$ が $x=x_0$ で極小であるとしてその2階微分係数 $\geqq 0$ とする．ここで $\lambda=f_y/g_y>0$ としてヘシアンを計算すると
$$H_1=g_y^2(f_{xx}-\lambda g_{xx})-2g_xg_y(f_{xy}-\lambda g_{xy})+g_x^2(f_{yy}-\lambda g_{yy})$$
である．同様に $\mu=g_y/f_y=1/\lambda$ とし，$f=a$ の下で g が (x_0,y_0) において極大とし，その2階微分係数 $\leqq 0$ とする．ヘシアンを計算すると

258

$$H_2 = g_y^2(-\mu f_{xx} + g_{xx}) - 2glxg_y(-\mu f_{xy} + g_{xy}) + g_x^2(-\mu f_{yy} + g_{yy})$$
だから，$H_1 = -\lambda H_2$ である．$\lambda > 0$ だから $H_1 \geqq 0$ (f が極小) と $H_2 \leqq 0$ (g が極大) とは同値である．□

第 1 部 第 10 講 (p112)

「穴がない」とよんだのは厳密には「単一連結性」です．この定義もいろいろありそれらの同値性が重要ですが，トポロジーでの標準的な定義は「その中の任意の閉曲線をその中で連続的に変形して一点に縮めることができる」という性質です．単位円から中心を除いた集合では，中心を囲む閉曲線をその集合の中で一点に連続変形できません．中心に穴があるのが障害になります．

第 2 部 第 2 話 (p151)

細かい注意ですが，各点で微分可能な 1 変数関数 $y = f(x)$ の導関数 $f'(x)$ は必ずしもリーマン積分可能とは限りません．これは 19 世紀中頃大きな課題でしたが，ボルテラ (当時ローマ大学の学部学生) が反例を作りました．その場合には積分が定義できないので，同ページの式 (6) の左辺が無意味という意味で (6) が成立しません．そのために積分の概念の拡張が不可避となり，けっきょくルベーグ積分の登場によって一応この問題にけりがつきました．

ボルテラの例はかなり複雑であり，また原論文がイタリア語だったために余り知られていないのが残念です．そのあらましは文献 [7] 中に解説しましたので，必要なら御参照下さい．

第 2 部 第 3 話 (p160)　例題 3.D の解

例題 3C の (誤った) 解の線に沿って，チェヴァの条件
$$(1-x)(1-y)(1-z) = xyz$$
付きの $f(x, y, z)$ の極値問題としても解くことが可能ですが，計算が大変です．むしろ以下のように重心座標によるほうが早いでしょう．

259

付録

解説補充と例題の略解

重心座標の要は適当な起点 O からのベクトルにより
$$\overrightarrow{OP} = x\cdot\overrightarrow{OA} + y\cdot\overrightarrow{OB} + z\cdot\overrightarrow{OC}, \quad x+y+z=1$$
と一意的に表現できるので，(x, y, z) を点 P の表現に使うことです．P が △ABC の内部にあれば $x, y, z > 0$ であり，AP の延長と辺 BC の交点 D は $(0, y/(y+z), z/(y+z))$ と表されるなどに注意すると，△DEF の面積ともとの三角形との比を行列式で表せば，条件式 $x+y+z=1$ の下で

$$\frac{1}{(y+z)(z+x)(x+y)} \begin{vmatrix} 0 & y & z \\ x & 0 & z \\ x & y & 0 \end{vmatrix} = \frac{2xyz}{(1-x)(1-y)(1-z)}$$

の最大値を求める問題です．逆数をとり条件式を使えば $x+y+z=1$ の下で

$$\frac{xy+yz+zx-xyz}{xyz} = \left(\frac{1}{x}+\frac{1}{y}+\frac{1}{z}\right) - 1 \quad (\text{定数を除く})$$

の最小値です．ここでコーシーの不等式により $(x+y+z)\left(\frac{1}{x}+\frac{1}{y}+\frac{1}{z}\right) \geqq 9$，等号は $x=y=z$ のときから，求める極値は $x=y=z=1/3$，すなわち P が重心のときとなります． □

微分法を使わないほうがかえって簡単な例が多く，この本の演習問題としては不適切かもしれませんが，手法は時と場合に応じて適切に活用するものです．

P.162 の式 (7) の計算は微分法と無関係で式も繁雑なので省略します．

近年問題 3G (p.163) のような対称式の極値問題に対して，最初から「極値は中心点に決まっている」といった「手抜き解」が激増しているのが気にかかります．実用上そうなる場合が多く，一つの有力候補として着眼するのは重要ですが，吟味を怠ると誤りになる例を (多少意図的に) 第 3 話にいくつか挙げました．

第 2 部 第 4 話 (p177)

星型曲線は "astroid" なのでアストロイドが正しい表記です．アストロイドは小惑星 (asteroid) との混同です．私自身も以前には誤っていました．

第 4 話は曲線の話が中心で偏微分を意図的に避けたので若干異質ですが，関連話題と御理解下さい．

第 2 部 第 6 話（p187） 例題 6.B

所要の面積は次のように計算できます．
$$\int_0^1 (\sqrt{x} - x^2)dx = \frac{2}{3} - \frac{1}{3} = \frac{1}{3}.$$

第 2 部 第 7 話（p195） 例題 7.B

大きな正方形 $\{-R < x < R, \, -R < y < R\}$ 内での積分は，対称性から
$$4\int_0^R e^{-x}dx \times \int_0^R e^{-2y}dy = \frac{4}{2}(1-e^{-R})(1-e^{-2R})$$
です．$R \to \infty$ とすれば極限値は 2 になります．

第 2 部 第 7 話（p197） 例題 7.D

極座標に変換すると $\{\alpha \leqq \theta \leqq \beta, \, 0 < r < \infty\}$ において
$$\iint r^2(\cos^2\theta - \sin^2\theta)\exp(-2r^2\cos\theta\sin\theta)rd\theta dr$$
$$= \iint r^3\cos 2\theta \cdot \exp(-r^2\sin 2\theta)drd\theta$$
です．θ を止めて r に関する累次積分を，$r^2 = t$ と置換して計算すれば，与式は
$$\int_\alpha^\beta \frac{\cos 2\theta}{2}\left[\int_0^\infty t \cdot \exp(-t\sin 2\theta)dt\right]d\theta$$
となります．[ ]内の積分は部分積分により
$$\frac{1}{\sin 2\theta}\left[-t \cdot \exp(-t\sin 2\theta)\Big|_0^\infty + \int_0^\infty \exp(-t\sin 2\theta)dt\right]$$
$$= \frac{1}{\sin^2 2\theta} \quad (\sin 2\theta > 0 \text{ に注意})$$
なので，最終的に次の結果をえます．

付録

解説補充と例題の略解

与式 $= \int_\alpha^\beta \dfrac{\cos 2\theta}{2\sin^2 2\theta}\,d\theta = \dfrac{-1}{4\sin 2\theta}\Big|_\alpha^\beta = \dfrac{1}{4}\left(\dfrac{1}{\sin 2\alpha} - \dfrac{1}{\sin 2\beta}\right)$ □

第2部 第8話（p210） 例題8F

例題8Fの式から式(17)を導くのは大変ですが，(17)がもとの式を満足することは直接に確かめられます．
$$x+y = t^2 + t^{-2} - 2(t+t^{-1}), \quad xy = 5 - 2(t^3 + t^{-3})$$
です．$t+t^{-1} = T$ とおいてもよいが，
$$x^3 + y^3 = (t^6 + t^{-6}) - (6+8)(t^3 + t^{-3}) + 2\times 12$$
$$x^2 y^2 = 4(t^6 + t^{-6}) - 20(t^3 + t^{-3}) + 25 + 8$$
と計算すれば次のようになります．
$$4(x^3 + y^3) - x^2 y^2 = -36(t^3 + t^{-3}) + 63 = 18xy - 27$$ □

媒介変数表示(17)が既知ならそれを変形し
$$2t^3 + t^2 x - 1 = 0, \quad t^3 - ty - 2 = 0$$
を t に関する連立方程式とみなして，t に関する終結式を計算しても（6次の行列式で計算は少し厄介だが）
$$4x^3 + 4y^3 - x^2 y^2 - 18xy + 27 = 0$$
を導くことができます．

第2部 第10話（p229 と p231） 例題10.D と例題10.F

（ⅰ）心臓形（カージオイド）
$$x = \cos 2s - 2\cos s, \quad y = \sin 2s - 2\sin s, \quad 0 \le s \le 2\pi$$
の全長は，公式(12)から
$$\int_0^{2\pi} 2\sqrt{(-\sin 2s + \sin s)^2 + (\cos 2s - \cos s)^2}\,ds$$
です．この根号内は展開して

262

$$\sin^2 2s - 2\sin 2s \cdot \sin s + \sin^2 s + \cos^2 2s - 2\cos 2s \cdot \cos s + \cos^2 s$$
$$= 2[1-(\sin 2s \cdot \sin s + \cos 2s \cdot \cos s)] = 2(1-\cos s)$$
$$= 4\sin^2(s/2)$$

です．$0 \leqq s \leqq 2\pi$ のとき $0 \leqq s/2 \leqq \pi$，$\sin(s/2) \geqq 0$ なので積分は，$s/2 = t$ と置換して

$$\int_0^{2\pi} 2\times 2\left(\sin\frac{s}{2}\right)ds = 8\int_0^{\pi}\sin t\, dt = 8\,(-\cos t)\Big|_0^{\pi} = 16$$

となります．

それの囲む面積は $\int x\,dy$ により，次のとおりです．

$$\int_0^{2\pi} 2(\cos 2s - 2\cos s)(\cos 2s - \cos s)ds$$
$$= 2\int_0^{2\pi}(\cos^2 2s + 2\cos^2 s - 3\cos s \cdot \cos 2s)ds$$
$$= 2(\pi + 2\pi - 3\times 0) = 6\pi$$

(ⅱ) デルトイド

$$x = \cos 2s + 2\cos s, \quad y = \sin 2s - 2\sin s, \quad 0 \leqq s \leqq 2\pi.$$

(ⅰ)とほぼ同様です．弧長の被積分関数の根号内は

$$4[(-\sin 2s - \sin s)^2 + (\cos 2s - \cos s)^2]$$
$$= 8[1+(\cos 2s \cdot \cos s - \sin 2s \cdot \sin s)] = 16\sin^2(3s/2)$$

です．積分区間を 3 等分すると ($t = 3s/2$)

$$\text{全長} = 3\int_0^{2\pi/3} 4\sin\frac{3s}{2}\,ds = \frac{12\times 2}{3}\int_0^{\pi}\sin t\,dt = 16$$

です．それの囲む面積は $\int x dy$ により次のようになります．

$$\int_0^{2\pi} -2(\cos 2s + 2\cos s)(\cos 2s - \cos s)ds$$
$$= 2\int_0^{2\pi}(2\cos^2 s - \cos^2 2s - \cos s \cdot \cos 2s)ds$$
$$= 2(2\pi - \pi - 0) = 2\pi$$

□

(ⅲ) アストロイド
$$x = \cos^3 s, \quad y = \sin^3 s, \quad 0 \leqq s \leqq 2\pi$$
弧長の被積分関数の根号内は
$$(3\cos^2 s \cdot \sin s)^2 + (3\sin^2 s \cdot \cos s)^2 = 9\sin^2 s \cdot \cos^2 s$$
です．弧長は各象限ごとに分けると $(t = 2s)$
$$4 \times 3 \int_0^{\pi/2} \sin s \cdot \cos s \, ds = 6 \int_0^{\pi/2} \sin 2s \, ds = 3 \int_0^{\pi} \sin t \, dt = 6$$
です．それの囲む面積は $\frac{1}{2} \int (x dy - y dx)$ により
$$\frac{3}{2} \int_0^{2\pi} (\sin^2 s \cdot \cos^4 s + \cos^2 s \cdot \sin^4 s) ds = \frac{3}{8} \int_0^{2\pi} \sin^2(2s) ds = \frac{3}{8}\pi$$
です．xdy や $-ydx$ の積分は計算が厄介です．

第 2 部 第 11 話（p241） 定理 11.B 系の略証

u を原点でテイラー展開して
$$u(x, y) = u(0, 0) + x \cdot u_x(0, 0) + y \cdot u_y(0, 0)$$
$$+ (1/2)[x^2 \cdot u_{xx}(0, 0) + 2xy u_{xy}(0, 0) + y^2 \cdot v_{yy}(0, 0)] + (高次の項)$$
とする．これを C_r 上で積分すると，1 次の項と xy の項の積分は 0 となり，
$$\frac{1}{2\pi} \int_{C_r} u d\theta - u(0, 0) = \frac{1}{4\pi} \left[u_{xx}(0, 0) \int_{C_r} x^2 d\theta + u_{yy}(0, 0) \int_{C_r} y^2 d\theta \right]$$
$$+ (高次の項の積分)$$
だが，x^2, y^2 の積分はともに $r^2\pi$ に等しく，$1/r^2$ 倍の極限値は $\Delta u(0, 0)/4$ になる．高次の項の積分は r^2 で割って $r \to 0$ としたとき 0 に近づく． □

第 2 部 第 12 話（p251） 定理 12.E

(8) と (9) とから
$$\cos \gamma = \frac{\cos c - \cos a \cdot \cos b}{\sin a \sin b}, \quad \sin \gamma = \frac{\Delta}{\sin a \cdot \sin b}$$
ここに $\Delta = \sqrt{1 - \cos^2 a - \cos^2 b - \cos^2 c + 2\cos a \cos b \cos c}$ とおく

264

です．$α, β$ の三角関数も同様です．加法定理により
$$\sin S = \sin(α+β+γ-π)$$
$$= \sin α \sin β \sin γ - \sin α \cos β \cos γ - \cos α \sin β \cos γ - \cos α \cos β \sin γ$$
であり，これに $α, β, γ$ の三角関数を代入すると
$$\sin S = \frac{\varDelta}{\sin^2 a \sin^2 b \sin^2 c}[\varDelta^2 - (\cos b - \cos a \cos c)(\cos c - \cos a \cos b)$$
$$-(\cos a - \cos b \cos c)(\cos c - \cos a \cos b)$$
$$-(\cos a - \cos b \cos c)(\cos b - \cos a \cos b)]$$

です．計算を簡略化するために $\cos a = A, \cos b = B, \cos c = C$ と略記すると，上式の[ ]内は次のようになります．
$$1 - A^2 - B^2 - C^2 + 2ABC - (BC + CA + AB) + AB^2 + AC^2 + A^2B$$
$$+ BC^2 + A^2C + B^2C - A^2BC - AB^2C - ABC^2$$
$$= 1 - (A+B+C)^2 + (AB+BC+CA) + (A+B+C)(AB+BC+CA)$$
$$- ABC - ABC(A+B+C)$$
$$= (1+A+B+C)[1-(A+B+C)+(AB+BC+CA)-ABC]$$
$$= (1-A)(1-B)(1-C)(1+A+B+C).$$

ここで分母を $(1-A^2)(1-B^2)(1-C^2)$ として $(1-A)(1-B)(1-C)$ を約せば(12)をえます．(11)も同様にできますが，
$$(1+\cos S)(1-\cos S) = \sin^2 S, \quad (1+\cos S)+(1-\cos S) = 2$$
に注意すると，式(11)に相当する次の結果がわかります．
$$1 - \cos S = \frac{\varDelta^2}{(1+A)(1+B)(1+C)}. \qquad \Box$$

このとき次の式も同様に求められます．
$$1 + \cos S = \frac{(1+\cos a + \cos b + \cos c)^2}{(1+\cos a)(1+\cos b)(1+\cos c)}.$$

いずれも a, b, c, S を $a/R, b/R, c/R, SR^2$ としテイラー展開して最初(4次)の項をとって $R \to \infty$ とすれば，平面三角形のヘロンの公式 $16S^2 = -a^4 - b^4 - c^4 + 2(a^2b^2 + b^2c^2 + c^2a^2)$ に近づきます．

参考文献

　多変数の微積分の教科書は（1変数の部分を併せたものも含めて）多数あります．以下に掲げるのは，この本の執筆に直接に参考としたもの，および特定の事項について引用したものに限定しました．その意味で極めて限られた文献表であり，これ以外の本が不要という意味ではないことを御了承下さい．

　全般的なもの
[1] 藤原松三郎，数学解析第一部・微分積分学第二巻，内田老鶴圃，初版 1938．
[2] 藤田宏，大学での微分積分 II，岩波書店，2004．（同書 I は 1 変数の微分積分学）．
[3] 一松信，微分積分学入門第三課，近代科学社，1990．
[4] P.D.Lax, S.Z.Burstein, A.Lax 共著，竹之内脩訳，解析学概論，現代数学社，1972．

陰関数定理について，上記の他
[5] L.Pontrjagin 著，千葉克裕訳，常微分方程式，改訂版，共立出版，1968 の補章 I

線積分・面積分について，上記の他
[6] 一松信，ベクトル解析入門，森北出版，1994．

[7] 一松信，コーシーの数学――近代解析学への道，現代数学社，2009．

索引

あ行

アストロイド　177, 229
鞍点　21, 99, 159

泉なし　15, 128
一次従属　90
一様に微分可能　4, 5, 144
1階線型方程式　132
一般化された混合型2階偏微分係数　26
一般化された2階微分係数　204
陰関数　71, 73, 208
陰関数定理　73, 78
陰関数の微分の公式　71

渦なし　15, 128
裏　121

オストログラズキの定理　124
表　121

か行

解（全微分方程式の）　130
外積　13
回転指数　112
回転楕円面　246
回転面の曲面積　245
回転量　14
外微分　152
ガウスの定理　115, 124
ガウス・グリーンの公式　115
角過剰　250
下積分　50

下積和　50
加法性（線積分の）　108
管状　128
関数関係をもつ　86
関数行列　19, 83
完全解　130
完全積分可能　133
完全微分式　129, 131
完備性　79
ガンマ関数　83, 254
関連収束半径　183

擬似重心　163
逆関数（1変数の）　75
逆向点　210
逆写像　83
逆正接関数　75
逆向き　107
球座標　20
九点円　180
球面三角形　250
狭義の凸関数　201
極座標（3次元の）　20, 64
極座標（2次元の変数変換）　45, 62
極性ベクトル　15
曲線　106
曲線で囲まれた面積　116, 229
曲面積　119, 121, 243
曲率　234

区間縮小法　147
くさび積　122
クノップ・シュミットの定理　87
グラム行列式　93

267

グリーンの定理　110, 153, 230
グルサの定理　115
クーン・タッカーの定理　221

結合法則（たたみこみの）　44
懸垂線　226

広義の積分　194
勾配ベクトル　8, 14
コーシー・アダマールの定理　183
コーシーの積分定理　115
コーシーの不等式　207
コーシー・リーマンの関係式　10, 115
弧長に関する線積分　107
混合型偏導関数　24

さ行

サイクロイド　228, 230, 249
最終乗式　137
最大値の原理（調和関数の）　241
サードの定理　49, 65, 88
差分商　4
三角形分割　49, 52
三重積（ベクトルの）　13
三重積分　51
三星形　180

C^1 級　7
C^m 級　25
軸性ベクトル　15
指数的原始関数　132
自然表現　234
始点　106
シムソン線　180
重心　192

重積分　50
終点　106
縮小写像　79
主値（重積分の）　43
シュワルツの提灯　120, 244
シュワルツの不等式　207
順序交換定理（積分と微分の）　57
順序交換定理（偏微分の）　25, 27
順序交換定理（累次積分の）　37, 54
準ニュートン法　82
条件つき極値問題　94, 212
上積分　50
上積和　50
剰余項　30, 32
処罰法　103
ジョルダン零集合　48
心臓形　229
シンプソンの積分公式　191

ストークスの定理　115, 126
スラック変数　101

正弦定理（球面三角の）　251
正弦余弦定理　250
正則曲面　122
正則な三角形　17, 119, 146, 243
正値性　51
制約条件　94
積分（全微分方程式の）　133
積分因子　131
積分可能（重積分）　50
積分可能条件（全微分方程式の）　133
積分路　106
積和　49, 106
接合積　44
接する一次変換　65
接線　145

268

接線ベクトル 72
絶対収束（積分） 196
接平面 16, 17, 72, 145
全曲率 33
線型計画法 219
線型性 51
潜在価格 98, 213
線積分 126
尖点 210
全微分可能 8
全微分方程式 130

相加平均・相乗平均の不等式 207
相関係数 193
双曲型 18
双曲幾何 140
双対問題 96, 220
疎零関数 87
ソレノイダル 128

た行

第一基本量 245
対数らせん 231
楕円型 18
たたみこみ 44
縦線型集合 125
多変数の関数 2
ダルブー和 49
端点 106
単峰極大 156

中間積分 140
中間値の定理 151
超球面の表面積 252
調和関数 25, 114, 238

月形 250

テイラー展開 34
停留点 21, 94
デカルトの葉形 72, 210
デルトイド 180, 229, 237
天井（曲面） 58
天頂角 20

樋の問題 21
導関数 4
動径 20
等高線 2
等高面 2
導線 228
特異点 110
凸関数 201
凸集合 201

な行

内積 13, 93
長さ（曲線の） 225
ナブラ 9
滑らかな曲線 106

2階偏導関数 24
2元連立全微分方程式 135
二重接線 232
二重等比級数 182
2変数の平均値定理 153

は行

罰金関数 103

269

罰金法　103
発散量　14, 124
発散量定理　124
ハルドグスの定理　184
汎関数　78

非回転的　128
微分学の基本定理　147
微分可能（複素関数の）　10, 115
微分積分学の基本定理　151
微分法の平均値定理　125, 150
ビールマン・ルメールの公式　184

不等式制約条件　100, 217
不動点　79
フルネ・セレの公式　234
フルラニの積分　58

ペアノの例　91
閉曲線　109
平均曲率　33
平均値定理（調和関数）　240
平均値定理（微分法）　125, 150
平均値の不等式　148
平均変化率　111
閉微分式　109
ベキ級数（多変数の）　182
ベクトル積　18
ベクトル・ポテンシャル　14, 128
ヘシアン　33
ベータ関数　53, 55, 63, 191, 254
ヘルダーの不等式　207
変格積分　194
偏差分商　5
変数分離型　41
変数分離型の方程式　132
変数変換公式（重積分の）　61

偏積分　38
偏導関数　6
偏微分　6
偏微分可能　6

方位角　20
方向の場　130
方向微分　11
法線ベクトル　9, 109
法線方向の微分　114
放物線の弧長　226
法平面　76
包絡線　173
星型曲線　177
ポテンシャル　9, 109, 131
ボホナーの注意　116

ま行

ミンコフスキーの不等式　217

向きづけられる　121

面積の公式（極座標の）　231
面素による積分　121

目的関数　94

や行

ヤコビアン　19, 61, 83
ヤコビ行列　19
ヤコビの最終乗式　137

優極限　182

u 曲線　121

余剰変数　101
4 次曲線　232
四ッ谷鞍点　29

ら行

ラグランジュ乗数　95, 212
ラグランジュの乗数法　162
ラプラシアン　25, 114
ラプラスの演算子　25

リーマン和　49

累次積分　37
累次積分の順序交換　37, 54
ルモワーヌ点　163
ルーレット曲線　181, 228, 233

零集合　48
連鎖律　10
連続性　3
連立全微分方程式　135

ロンスキアン　90, 91

わ行

沸き出しなし　15

271

著者紹介：

一松 信（ひとつまつ・しん）

1926 年　東京で生まれる
1947 年　東京大学理学部数学科卒業
1954 年　理学博士（旧制）
　　1952 年より 1989 年まで，立教大学助教授，東京大学助教授，
　　　立教大学教授，京都大学（数理解析研究所）教授を経て
1989 年　京都大学定年退転，京都大学名誉教授
1989 年　東京電機大学（鳩山校舎）教授
1996 年　同上客員教授，2004 年退転
1994 年 – 2003 年　日本数学検定協会会長（現在名誉会長）

主な著書
解析学序説（新訂版）上，下　　　裳華房
留数解析　共立出版
暗号の数理（改訂版）　講談社ブルーバックス
初等幾何学入門，数学公式 I〜III（共著）　岩波書店
大数学者の数学　コーシー・近代解析学への道　現代数学社

多変数の微分積分学

2011 年　11 月 9 日　　初版 1 刷発行

検印省略

著　者　　一松　信
発行者　　富田　淳
発行所　　株式会社　現代数学社
〒 606-8425 京都市左京区鹿ヶ谷西寺ノ前町 1
TEL&FAX 075 (751) 0727　振替 01010-8-11144
http://www.gensu.co.jp/

印刷・製本　　モリモト印刷株式会社

Ⓒ Sin Hitotumatu, 2011
Printed in Japan

落丁・乱丁はお取替え致します．

ISBN 978-4-7687-0418-9